황미서의 *GPT*

# 발건강케어

황미서 GPT 발건강케어연구소 편저
유재범 연구원 자료수집

예신 Books

# 특 허 증
## CERTIFICATE OF PATENT

특 허 제 0485247 호

(PATENT NUMBER)

출원번호 제 2003-0013882 호
(APPLICATION NUMBER)

출원일 2003년 03월 06일
(FILING DATE:YY/MM/DD)

등록일 2005년 04월 15일
(REGISTRATION DATE:YY/MM/DD)

발명의명칭 (TITLE OF THE INVENTION)
내생발톱 성형용 인조 평발톱

특허권자 (PATENTEE)
등록사항란에 기재

발명자 (INVENTOR)
등록사항란에 기재

위의 발명은 「특허법」 에 의하여 특허등록원부에 등록
되었음을 증명합니다.
(THIS IS TO CERTIFY THAT THE PATENT IS REGISTERED ON THE REGISTER OF THE KOREAN
INTELLECTUAL PROPERTY OFFICE.)

2005년 04월 15일

특 허 청 장
COMMISSIONER, THE KOREAN INTELLECTUAL PROPERTY OFFICE

# 머리말

사람들은 얼굴을 관리하기 위해 화장품을 사고, 아름답게 보이기 위해 옷도 사며, 그 옷에 맞는 가방과 신발도 사면서 눈에 잘 띄는 몸에 많은 정성을 들입니다.

그러나, 우리가 생활할 수 있도록 몸을 지탱해 주는 고마운 발에는 얼마나 정성을 들일까요?

예전에는 대부분의 사람들이 발을 소홀히 다루었지만, 발이 건강해야 몸이 건강해진다는 것을 알게 되면서 점차적으로 많은 사람들이 발에 관심을 갖게 되었습니다.
하지만 지금도 '발' 하면 단순하게 마사지 정도로만 알고 있는 현실입니다.

1994년 독일에 발 건강 케어로 유학을 떠나면서 처음 인연을 맺었고 '발 건강 케어' 분야에 발을 들여 놓게 되었습니다. 우리나라에서는 전혀 듣지도 보지도 못한 직업이다 보니 모든 것이 새로운 분야였습니다.

독일에서 근무하는 동안 한 달에 한 번 정기적으로 발 건강 케어를 받은 노인들을 보면서 고령화 시대가 다가오는 우리나라에 새로운 직업으로 정착할 수 있으리라는 확신이 들었습니다.
생각과 현실은 크게 달랐지만 우리나라의 문화에 맞게 서비스를 만들었고 현재는 외국인 센터에 등록되어 있는 유일한 발 건강 케어숍으로 많은 사람들의 사랑받는 장소가 되었습니다.

우리나라는 어느 장소를 맨발로 방문하면 아주 큰 실례가 되던 문화였지만, 몇 년 전부터 남녀노소 사이에서 맨발로 다니는 것이 일상화되었습니다.
발 건강 케어는 젊은이들에게 아름답고 깨끗한 발을 만들어 줄 뿐만 아니라 고령화 시대에 노인들에게도 없어서는 안되는 서비스입니다.
노인들은 혈액순환이 잘 안되어 발톱이 두꺼워지고 굳은살이 많아지며 티눈과 파고드는 발톱 등이 생기기 때문에 전문가의 도움이 절대적으로 필요합니다.

10년을 넘게 발 건강 케어(general podiatry technic)를 하면서 충분한 임상을 토대로 책을 준비하게 되었습니다. 이 책이 발 건강 케어에 관심을 갖고 입문하는 사람들에게 올바른 길잡이가 될 것이라 믿습니다. 앞으로 더 많은 사람들이 이 직업에 종사하길 바라고, 교육을 통해 저의 모든 기술을 전달할 수 있도록 최선을 다하겠습니다.

저자 씀

## Vere Leserinnen und Leser

Füße haben es schwer£ ›schließlich sollen sie Sie ein ganzes Leben lang tragen. Wer in einem Menschenleben ca. 160,000km zurücklegt, der hat auch ein Recht auf gute Pflege und ein bisschen Verwöhnen.

Die medizinische Fußpflege oder Podologie hilft, die Füße gesund zu halten und stärkt so das gesamte körperliche Wohlbefinden.

Zur Behandlung gehören aber nicht nur ein entspannendes Fußbad mit aromatischen Zusätzen, das Schneiden und Feilen der Fußnägel oder das Entfernen von Hornhaut und eine anschließende, wohltuende Massage, sondern auch die fachgerechte Behandlung des diabetischen Fußes, Fußpilzbehandlung, Korrekturen von Fuß- und Nagelfehlstellungen usw.

Podologe ist in Deutschland ein Gesundheitsfachberuf, dessen Ausbildung in der Regel zwei Jahre dauert und mit einer Prüfung abschließt. Seit 2002 ist die Berufsbezeichnung ¡ Podologe/Podologin ¡ -und seit 2003 die Berufsbezeichnung ¡ Medizinischer Fußpfleger/Medizinische Fußpflegerin ¡ -gesetzlich geschützt. Nur mit einer staatlichen Erlaubnisurkunde darf man sich so nennen.

In Deutschland ist die medizinische Fußpflege weit entwickelt und wird zur Pflege und Therapie eingesetzt. Diese Daten und Fakten waren mir schon länger bewusst, aber ich selbst habe erst vor drei Jahren den Wert der medizinischen Fußpflege durch eine hervorragend qualifizierte und in Deutschland ausgebildete Podologin entdeckt£″Mi Seo Hwang. Probleme mit Hornhaut und eingewachsenen Fußnägeln - Resultat von vielen zu Fuß zurückgelegten Kilometern auf Seouls Straßen in manchmal zu engen Schuhen - fuhrten mich zu ihr. Meine Füße - und damit mein ganzer Körper - fühlten sich schon bald wieder wohl. Seitdem lasse ich meine Füße regelmäßig im Aroma Health Center pflegen und verwöhnen.

Hier in Seoul scheint das Leben vergleichsweise hektischer als in den meisten deutschen Städten. Diese Dynamik rund um die Uhr fordert nicht zuletzt auch den Füßen einen besonderen Tribut ab. Gleichzeitig wird die koreanische Gesellschaft immer älter und die Zahl der Diabetiker steigt. Damit gewinnt die medizinische Fußpflege an Bedeutung. Es wäre daher sehr zu begrüßen, wenn auch in Korea der Wert der medizinischen Fußpflege allgemein anerkannt würde und sich der Beruf des Podologen als Heilberuf etablieren könnte. Mi Seo Hwang ist eine Pionierin, die sich mit ihrem Podologie-Ausbildungsprogramm genau dieses Ziel gesetzt hat. Ich wünsche ihr viel Erfolg - unserer aller Füßen zuliebe!

**존경하는 독자 여러분께**

발의 인생은 평생 우리 몸을 싣고 다녀야 하기 때문에 참으로 고달픕니다. 일생동안 약 16만 킬로미터를 걸어 다닌 사람이라면 발을 잘 관리하고 조금 편하게 모실 필요가 있습니다.

의학적 발 관리는 전문 용어로 포돌로기(Podologie)라고도 하는데, 발의 건강을 보살필 뿐만 아니라, 우리 몸 전체의 건강을 강화시켜 줍니다.

발 관리는 향료 첨가물을 사용하여 발의 긴장을 풀어주는 족욕, 발톱 관리 또는 발의 각질 제거와 마무리로 행하는 발마사지뿐 아니라, 당뇨환자를 위한 전문적인 발 관리요법, 또한 발이나 발톱 교정 등도 포함합니다.

독일에서 발 관리 전문가(Podologe)라는 직업은 건강 관리를 위한 전문 직업군에 속하며, 보통 2년간의 전문 교육과 인증시험을 통해서 그 자격을 획득합니다. "발 관리 전문가 I (Podologe/Podologin)"라는 직업 명칭은 2002년부터, "발 관리 전문가 II (Medizinischer Fußpfleger/Medizinische Fußpflegerin)"라는 직업 명칭은 2003년부터 법적으로 관리되고 있습니다. 따라서 반드시 국가의 면허증이 있어야만 이 직업 명칭을 사용할 수 있습니다.

독일에는 발 관리가 매우 발달되어 건강 관리와 치료에도 사용되고 있습니다. 비록 이런 사실을 오래 전부터 알고 있었지만, 제가 발 관리의 가치를 직접 체험한 것은 불과 3년 전의 일입니다. 그때 저는 독일에서 발 관리 전문 교육을 받고 귀국한 매우 뛰어난 발 전문가 황미서 원장님을 만나게 되었습니다. 서울의 거리를, 그것도 때때로 폭 좁고 굽 높은 신발을 신고 수없이 걸었던 탓으로 생긴 각질과 살 속으로 파고들어간 발톱을 손질하기 위해서 제가 찾아간 사람이 바로 황 원장님이었습니다. 그날부터 제 발은 물론, 제 몸 전체가 빠른 속도로 정상을 되찾아갔습니다. 그 이후 저는 지금까지 Aroma Health Center에서 정기적으로 발 관리를 받고 있습니다.

이 곳 서울의 생활은 대부분의 독일 도시에서보다 더 분주한 것 같습니다. 끊임없이 요구되는 이런 숨 가쁜 생활에서 혹사되고 있는 것은 무엇보다도 발일 것입니다. 또한 한국 사회는 점점 노령화되어 가고 있고, 당뇨환자의 수도 증가하고 있습니다. 따라서 전문적인 발 관리의 중요성은 날로 높아지고 있습니다. 그러므로 전문적인 발 관리의 중요성이 한국 사람들에게도 제대로 인식되어 발 관리 전문가라는 직업이 건강 관리를 위한 직업으로 정착되는 것은 매우 바람직합니다. 바로 이런 목적을 위해서 한국에 발 관리 전문가 교육을 보급하려는 황미서 원장님은 분명히 이 분야에서 선구자 역할을 한다고 생각합니다. 앞으로 큰 성과가 있기를 희망합니다. 저와 여러분 모두의 발 건강을 위해서!

Anne Stern-Ko
Radio Korea International
HUSF Institute for Translation and Interpretation

*A. Stern-Ko*

17. Januar 2003

Sehr verehrte Frau Hwang

Verbunden mit den besten Wünschen
für das beginnende neue Jahr
möchte ich Ihnen bestens danken
für Ihre Arbeit ganz allgemein.
Mit Ihrer Dienstleistung füllen Sie
in Seoul eine Lücke – und dies
bestimmt nicht nur für die
Ausländer!
Mit freundlichem Gruss

Christian Mühlethaler

Christan Mühlethaler
Ambassador of Switzerland

To whom it may concern :

Seoul. Sep. 24. 2001

It is a big pleasure to write about Ms. Mi Seo Hwang, most probably the only German educated, but definitely the best podiatrist here in Korea.

Ms. Hwang, due to her German professional education and work experience, is able to make you feel comfortable and relaxed. she combines perfectly the knowledge of her studies with the skills and care of Asian talents. It is particularly impressive how much time she dedicates to each of the treatments, something I missed in other countries. In this way Ms. Hwang succeeds to make every session a most enjoyable experience.

I have been treated during my stay in Seoul during many years. Her kindess and care never showed a piece of routine, but remained always on the high professional level experienced the first time.

I can recommend Ms. Mi Seo Hwang without any limitations and can only wish others suffering, that as many as possible can share this positive experience with me.

with best regards

Franz Isslinger

# Contents

# 차 례

*general podiatry technic*

# 01 발 건강 케어의 입문

- 발 건강 케어란 무엇인가?

# 발 건강 케어란 무엇인가?

## 발 건강 케어(general podiatry technic)의 미용학적 관리와 의학적 관리

발이 건강하기 위해서는 신체를 지지하는 대지를 밟고, 서고, 걷고, 달리고 뛰는 등의 역할이 아주 중요하다.

발에는 걸을 때 충격을 완화해주는 아치의 기능과 혈액순환을 촉진시키는 펌프의 기능이 있다.

이와 같은 발의 입체구조인 아치가 신발이나 그 밖의 생활습관에 의해서 무너지면 형태가 변하면서 발의 건강과 아름다움에 문제가 생기기 시작한다.

### ● 미용학적 G.P.T 관리 (예방관리)

발의 문제를 예방하는 병원 가기 전 단계의 관리로 고객의 취향에 따라 발톱이나 발의 피부를 건강하고 아름답게 손질·관리하는 것이다.

• **발톱 관리** : 발톱을 건강하고 아름답게 만드는 관리로, 여러 가지 도구들을 사용하여 발톱 자르기, 다듬기, 갈아주기, 깎아주기, 윤기내기 등의 다양한 기술이 적용된다. (일반적으로 굳은살, 갈라지는 뒤꿈치, 파고드는 발톱, 티눈 등을 관리한다. 고객의 취향에 따라 에나멜을 바를 수 있다.)

• **피부(발) 관리** : 발의 피부에 맞는 기능성 발 제품이나 아로마를 사용하여 마사지를 하는 관리로, 발의 건강을 유지하고 혈액순환을 촉진시킴으로써 걸어 다니면서 생기는 통증이나 문제성을 예방할 수 있다.

### ● 의학적 G.P.T 관리

수술이나 그 밖의 관리로 발의 변형, 통증 등 발에 나타나는 특정한 유형을 치료한다.

예를 들면, 무지 외반증 수술, 파고드는 발톱을 뽑는 수술, 레이저요법 또는 얼음요법(사마귀, 티눈), 피부처방전(피부무좀, 습진) 등이 이에 속한다.

♥ **발 건강 케어**

발 관리라고 하면 우리는 흔히 발을 지압 기구로 자극하여 혈액순환을 돕는 발마사지를 연상하기 쉽다. 그러나 지금은 발마사지 단계를 넘어 발 자체의 건강과 손상 복구, 그리고 외형적 아름다움을 추구하는 전문 발 건강 케어로 차별화되고 진일보하게 되었다.

## 발 건강 케어의 미용학적 관리와 의학적 관리의 영역

발 건강 케어(G.P.T)는 미용학적 관리와 의학적 관리의 중간 단계로 둘과 밀접한 관계가 있다. 예를 들면, 파고드는 발톱이라도 병원에 가지 않고 기구를 이용하여 치료하는 미용학적 예방 관리가 있고, 발톱을 뽑아내는 수술을 하는 의학적 관리가 있다.

미용학적 관리는 일반적인 관리에서부터 생활에 불편함을 느끼는 통증 관리까지 다양하게 관리할 수 있다. 하지만, 통증 관리를 할 때 염증이 없어야 하며 염증을 가지고 있을 시는 의사의 관리를 받아야 한다.

미용학적 관리도 발에 관한 관리이므로 해부학적 · 이론학적으로 많은 임상과정을 거치고,  교육을 받은 후 관리를 하는 것이 바람직하다. 특히, 당뇨병이나 혈우병을 가지고 있는 사람의 발은 각별한 주의가 필요하므로 전문적인 교육이 아주 중요하다.

### 발 건강 케어가 필요한 사람들

발을 건강하고 아름답게 관리하고 싶은 사람, 혼자 발톱을 자르기 불편한 사람, 평상시 발을 유심히 살펴야 하는 사람(당뇨, 혈액순환장애, 림프순환정체 등), 발톱이 파고드는 사람, 티눈이 생긴 사람, 몸무게 등으로 인해 굳은살이 많은 사람, 발이 건조해 갈라지는 사람들에게 필요하다.

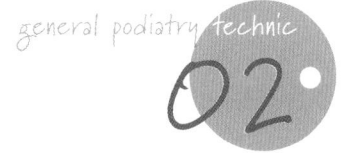

*general podiatry technic*

# 02 발의 구조와 해부생리학

- 발의 해부와 생리
- 손발톱의 해부와 생리
- 발의 구조
- 발의 근육
- 발의 신경과 혈관
- 발의 모형

# 발의 해부와 생리

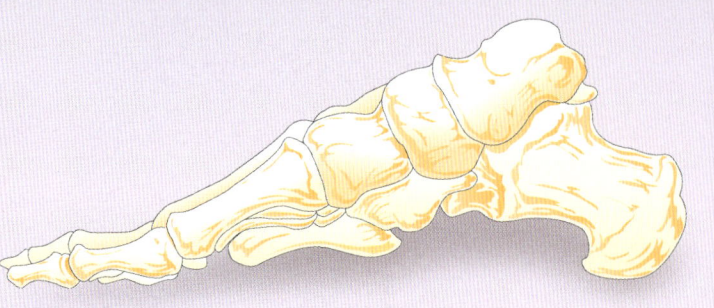

모든 의학 활동의 기초는 신체의 구조(해부)와 기능(생리)에 중심을 두고 있다. 피부는 사람의 신체 가운데 가장 큰 조직으로 몸 표면 전체를 덮고 있다. 그리고 어느 기관보다도 성장이 빠르고 일생을 통해 항상 새롭게 변한다.

피부의 표면적은 1.5~2m²이고 두께는 부위에 따라 손, 발바닥은 두껍고 눈꺼풀은 가장 얇으나 평균 1.5~5mm이다.

중량은 3kg이고 피하지방까지 합치면 20kg 정도가 된다.

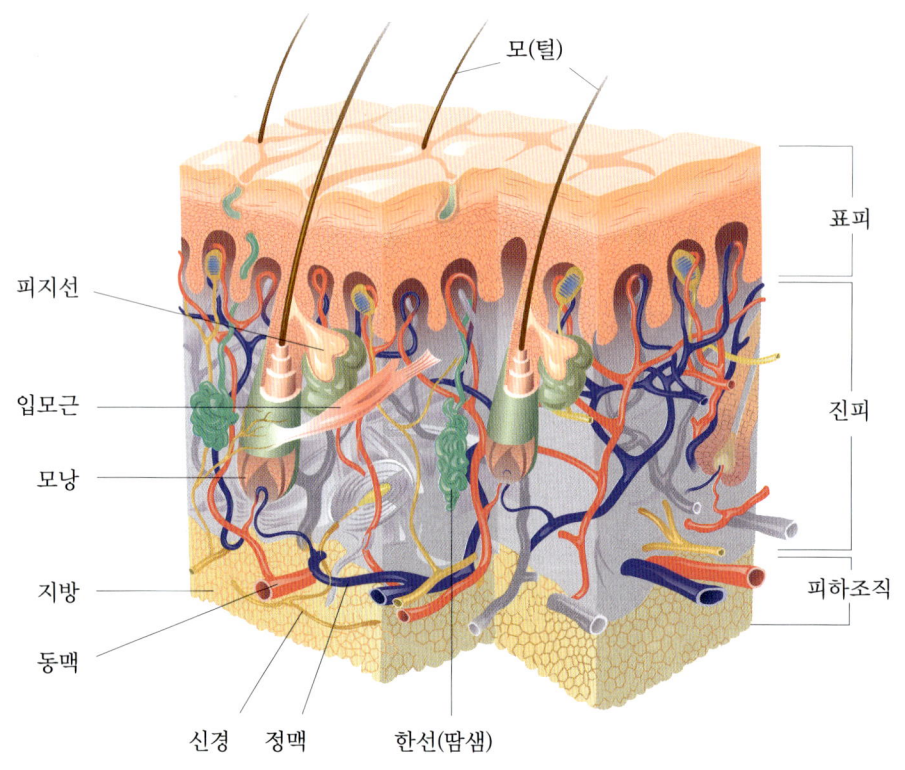

피부의 구조

### ◉ 피부의 표층

피부의 바깥층을 가리키며, 피부의 대부분을 차지한다. (예를 들면, 발등피부) 한선과 분비샘의 구멍들, 즉 털구멍과 피지선의 구멍들은 피부 표층의 꼭대기에 위치한다.

### ◉ 피부의 심층

발바닥과 손바닥에도 있다. 피부 심층의 겉모양은 유전학적 지식을 나타낸다.

한선은 피부 심층의 어귀에 있으며, 물기를 통해 피부의 감촉은 현저하게 높아진다. 그러나 피지선과 분비선은 여기에 없으며, 피부착색도 나타나지 않는다.

## 피부의 해부

피부는 3개의 층인 표피, 진피, 피하지방으로 구성되어 있다.

피부의 특별한 부속물로는 피부샘, 털, 손톱(발톱)이 있다.

### ◉ 표피

여러 층으로 이루어진 중층편평상피로 혈관이 없고 손, 발바닥의 두께는 $0.8 \sim 1.4\text{mm}$ 정도이다. 바깥층으로부터 각질층, 투명층, 과립층, 유극층, 기저층으로 구분된다.

- **각질층** : 완전 각질화되고 상피에서 벗겨지는 엷은 막의 세포들로 구성되어 있다. 약 20 개의 세포 덩어리가 있고 발바닥 부위에서는 100개가 넘는 세포 덩어리가 있다.

  각질층의 두께는 부위와 질병에 따라 서로 다르다.

- **투명층** : 세포들이 소실되고 어떠한 핵도 존재하지 않는다. 교소체가 남아 있어서 결합에 작용한다.

  투명층은 엘레이딘(eleidin)이라는 물질을 함유하고 있어 초자양 과립처럼 각질 형성에 기여한다. 손바닥과 발바닥에만 존재한다.

- **과립층** : 소수의 세포들만이 존재한다. 세포들이 각질성 초자양 과립을 함유하고 있다.

- **유극층** : 기저층과 가시세포층으로 나뉜다.

  세포 표면에 가시모양의 돌기가 있어 인접 세포와 다리 모양으로 연결한다.

- **기저층** : 세포분열이 일어나는 3차 세포상태로 이루어져 있다. 여기에 색소를 만드는 멜라닌 색소가 있다. 멜라닌 색소는 피부세포에 멜라닌을 제공하는데 자신뿐만 아니라 그 밑에 놓여 있는 조직들을 손상과 자외선으로부터 보호한다.

  색소는 자외선을 받을수록 강하게 형성될 수 있고, 지나치게 자외선에 노출되면 피부암의 위험성을 가중시킬 수 있다.

- **가시세포층** : 가시세포층은 특히 교소체로 풍부한 세포들로 이루어져 있다. 방어반응을 하는 세포들을 지니고 있고 피부발진에도 관여한다.

## ◉ 진피

표피와 결합되어 있는 섬유질이 풍부한 조직으로 이루어져 있다. 성별과 신체부위에 따라 상이한 두께를 나타내는데 발바닥의 경우 3mm 두께이다.

또한 두꺼운 혈관공급을 통해 온도조절에 기여한다.

진피는 유두층과 망상층으로 나누어진다.

- **유두층** : 진피의 상층에 해당하는 유두층은 유두 모양으로 되어 있으며 망상표피와 맞물려 있다. 맞물리는 구조를 통해 진피는 표피와 더 잘 결합되며 원활한 혈관공급을 통해 조직 재생층의 영양분을 제공해 준다. 또한 림프관과 항독세포가 풍부하게 들어 있어 피부의 항독작용에 결정적인 역할을 한다.

- **망상층** : 탄성섬유가 섞여 있는 아교 섬유조직으로 구성되어 있다.

따라서 아주 높은 탄력성을 부여해 준다.

> ♥ 진피 안에 있는 유두층과 망상층에는 신경분자와 자율신경조직이 들어 있는 신경섬유가 많다. 이 신경섬유들은 기계, 온도에 의한 자극과 화학적 자극을 받아들인다. 그에 반해 통증섬유들은 표피까지 차 있다. 털과 피부선은 진피 안에 놓여 있고 일부는 그 밑에 있는 피하조직에 있기도 한다.

## ◉ 피하지방

피하조직의 성긴 결합조직은 특히 활동 시 피부의 움직임에 도움을 준다. 피하조직은 진피 심층까지 닿아 있는 결합조직에 의해 다발로 형성되어 있다. 이 다발은 지방조직으로 채워져 있고 피부 밑 지방조직의 강도는 부위에 따라 다양하며 호르몬에 의해 촉진된다. 여성은 남성보다 피부와 피하조직 사이의 간격이 좁으며 얄팍한 진피를 갖고 있다. 피하조직이 강하게 발달하면 피하조직염이 된다. 그러나 어떤 병적인 진피의 상태를 의미하는 것은 아니다. 발등에는 쉽게 부스럼이 될 수 있는 대단히 성긴 결합조직이 있다. 반대로 지방조직은 발등에 없다. 발바닥의 피하지방조직은 아교섬유가 두껍게 나타나는 지방조직으로 구성되어 있으며 탄력성이 있고 완충작용을 한다.

## 🔹 피부의 부속기관

- **한선(땀샘)** : 긴 코일 모양으로 되어 있으며 진피와 피하조직의 경계에서 다발로 시작하여 꾸불꾸불한 통로를 거쳐 피부에 다다른다.

  땀샘은 발바닥의 피부 안쪽 면에 있는 유일한 피부 샘이다. 또한 피부 산성막을 형성하여 박테리아가 성장하는 것을 막아준다. 땀의 증발을 통해 냉각되고 땀과 함께 상이한 성분들이 배설된다. (신장병 환자의 경우 식염, 중금속, 요소)

- **피지선** : 털이 있는 곳은 어디든 전신에 분포한다. 피부선 세포가 피지선을 만들며 자연스럽게 없어지기도 한다. 그러므로 기저층에서 생기는 새로운 피부선 세포들이 계속 만들어진다. 피지선은 상피의 털주머니에서 이루어지며, 피지는 피부와 털을 매끄럽게 하고 물에 저항력이 있다. 예를 들어 지나친 목욕을 하면 피부가 쉽게 까칠까칠해지고 갈라지며 전염성에 노출되기 쉽다.

  날씨가 추울 때는 피지가 적게 만들어지므로 겨울에는 특히 피부가 탄력을 잃고 까칠해지는 것을 볼 수 있으며 피지 배출이 원활하지 않으면 박테리아 염증이 형성되어 여드름이 생기게 된다.

- **분비선** : 신체부위 중 겨드랑이, 생식기에만 나타난다. 사춘기와 함께 기름기 있는 알칼리성의 냄새가 배출된다. 산성막이 없어지면 피부 박테리아가 모여서 전염성을 일으킨다.

- **유선** : 남녀 모두에게 있지만 특히 여성에게 있어 임신과 출산 후에는 유선이 분비된다. 배출되는 경로는 젖꼭지를 통해서이다. 유선은 상이한 지방조직이 들어 있는 결합조직으로 둘러싸여 있다.

- **털** : 솜털과 긴 털로 구분된다. 성장은 털의 뿌리를 둘러싸고 있는 파이프 모양의 뿌리질에 의해 이루어지고 화재, 전기에 의한 응고로 뿌리질이 상하면 새로운 털이 형성되지 않으며 호르몬에 의해 촉진된다. 털뿌리의 바닥에 놓여 있는 멜라닌 색소들은 털의 색깔을 결정하고 백발은 멜라닌 색소가 감량되고 피질 내부에 공기가 들어가는 경우에 생긴다.

  털은 피부 속에 경사지게 감추어져 있고 진피의 뿌리질에는 털을 꼿꼿이 세울 수 있는 근육이 있다. (소름 등) 신경은 털에 관여하지 않는다.

- **솜털** : 신생아 몸 전체를 덮고 있으며 진피의 뿌리까지 닿아 있다.

- **긴 털** : 성인 여자의 경우 35%, 남자의 경우 95%까지 털이 빠진다. 털에는 머리털, 수염, 음모가 있고 뿌리는 피부조직까지 닿아 있다.

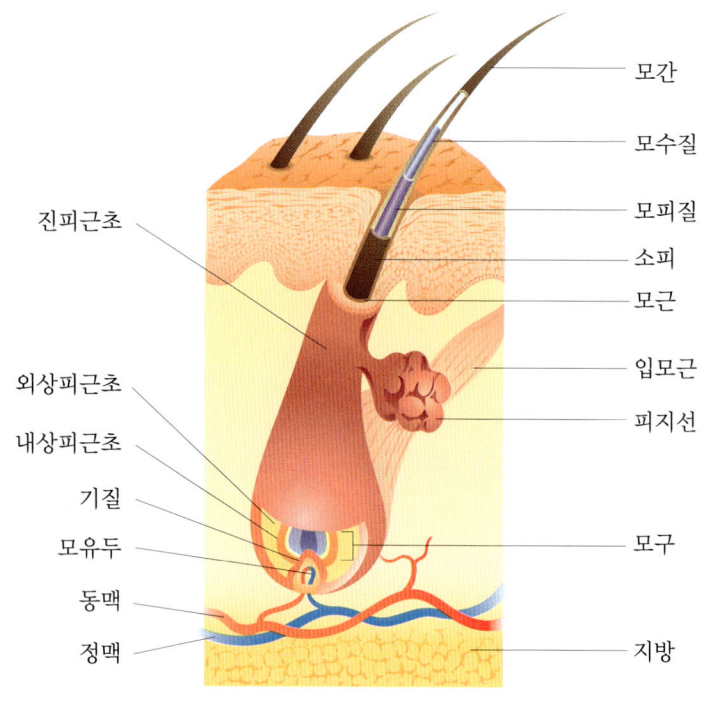

모간
모수질
모피질
소피
모근
입모근
피지선
모구
지방

진피근초
외상피근초
내상피근초
기질
모유두
동맥
정맥

모 발

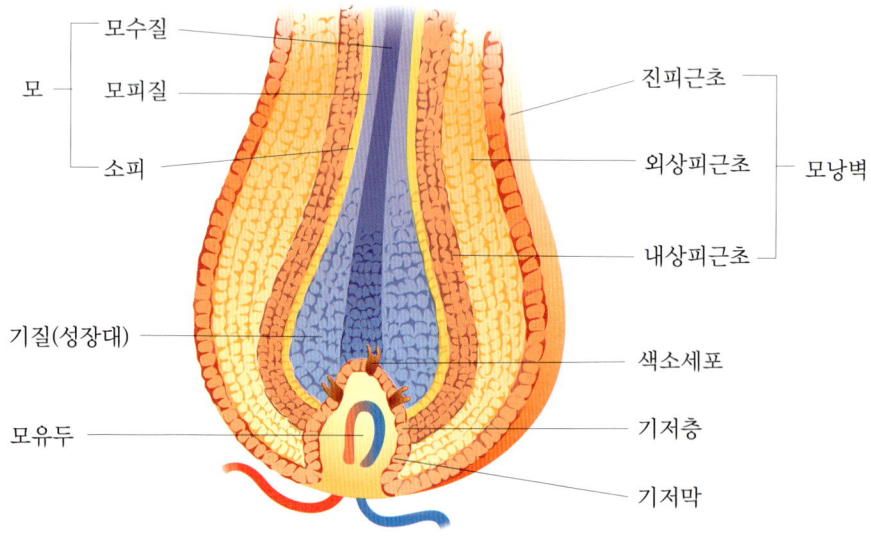

모
모수질
모피질
소피

진피근초
외상피근초
내상피근초

모낭벽

기질(성장대)
색소세포
모유두
기저층
기저막

모 낭

# 피부의 생리

- **방어기능** : 피부는 병균과 같은 미생물의 침입을 방어한다. 지방성이 적은 원료들과 수많은 약제들이 피부를 통해 극소수 흡수될 수 있다. 피부는 불규칙적인 신체 수분의 상실을 막아준다. 가장 큰 피부 손상은 화재 등으로 인한 수분 상실이다.

- **기계적 요구** : 발바닥의 피부는 견고성이 있어서 피하지방의 피지구조는 좋은 탄력성을 유지한다.

- **자외선 차단** : 멜라닌 색소의 형성을 통해 신체는 자외선으로 인한 손상으로부터 보호된다.

- **체온조절기능** : 좋은 피부혈색과 땀의 발산을 통해 체온은 외부세계에 대응한다. 그에 반해 체온이 떨어지면 피부혈색은 나빠진다. 머리털도 중요한 보호기능을 한다.

- **배설기능** : 피부를 통해 물(1일 약 1L), 소금 등 다른 것들이 배설된다. 그러나 피부를 통한 산소 호흡 또는 이산화탄소 배출은 불가능하다.

- **저항기능** : 피부는 수많은 면역 저항 메커니즘(홍역이나 수두에서의 발진 등)과 알레르기 반응(접촉성 습진, 심마진)에 관계한다.

- **저장기능** : 피하지방조직의 경우 건강한 사람은 약 2L의 물을 저장하고 특정한 질병(신장병, 심장병 등)이 있는 사람은 더 많은 물을 저장한다.

- **감각기능과 의사소통기능** : 피부에는 촉각, 압각, 통각, 냉각, 온각의 중요한 5가지 감각기관이 있다. 이 5가지 감각기관을 통해 외부세계에 대한 정보를 제공한다. 표피에서 모근과 통증섬유에 접해 있는 수령은 경계체계에 속한다.

# 피부의 노화과정

피부의 노화과정은 특히, 진피에서 관여한다. 신축성이 없어질 때 수분도 없어진다. 그러나 피부는 더 평평하게 되며 "종이와 같은" 모양을 하게 된다.

착색은 불규칙적으로 이루어지고 반점 모양으로 나타난다. 피부를 햇볕에 지나치게 노출시키거나 또는 흡연으로 인해 니코틴을 과도하게 흡수하면 혈관이 축소되고 피부의 노화가 촉진된다.

## 피부 손상

표피가 손상됐다고 해서 피가 나는 것은 아니다. 왜냐하면 표피조직에는 혈관조직이 없기 때문이다.

피부 손상은 상처 없이 완치된다. 그러나 진피에까지 미치는 깊은 상처는 흉터로 남는다. 착색된 모반이 반복적으로 손상되면 경우에 따라서 악성으로 변종될 수 있다. (면도 등)

## 피부색

- **피부색소** : 멜라닌 세포는 다양한 피부 색깔을 만들어 낸다. 피부와 머리색깔은 멜라닌 색소의 수와 관계방식에 따라 좌우되며, 암갈색의 흑빛피부, 황갈색의 피부가 그 예이다.
- **피부혈색** : 나쁜 피부혈색은 창백하고 차갑다. 동맥은 피부를 빨갛게 보이게 하고 정맥은 파랗게 보이게 한다.
- **카로틴** : 색소 $\beta$-카로틴은 해가 없는 노랑색 색소로서 피부에 저장된다.
- **병적인 피부변형** : 다양한 질병들은 발병률이 잦아 피부착색으로 변형되어 나타난다.

# 손발톱의 해부와 생리

손발톱은 피부의 부속기관에 해당한다.

손발톱은 연약한 손가락과 발가락의 버팀목 역할을 하며 손발톱이 빠졌을 때 주위를 보호하고 막아주는 감각기능을 상승시킨다. 동시에 손가락과 발가락의 끝을 보호하는 기능을 한다.

## 손발톱의 해부

손발톱은 둥근 모양의 각질이다.

손발톱을 통해 우리는 손톱 밑이 붉게 보이는 것을 알 수 있다.

그 뒤에 있는 부분은 더 밝고 반달 모양으로 경계지어져 있다.

손발톱 전체는 대략 0.5~1mm 두께이고 딱딱한 각막을 함유하고 있는 견고하게 결합된 각질세포로 구성되어 있다.

세포들 속에서 고정된 섬유들의 배열에 따라 손발톱은 3개의 층(상부 섬유층(종), 중간 섬유층(횡), 하부 섬유층(종))으로 나누어진다.

하부 섬유층은 상층부보다 더 연약한 층으로 되어 있다.

발톱 끝 살이라 불리는 발톱 밑과 발톱 바닥의 진피는 심층부에서 빽빽한 결합조직을 통해 그 밑에 놓여 있는 뼈와 결합되어 있다.

게다가 발톱은 끝 관절의 꼭대기까지 뻗어 있는 발톱주머니에 깊숙이 감추어져 있다. 그 때문에 발톱은 움직이지 않고 제 위치에 고정되어 있다.

바로 발톱 위에 놓여 있는 얄팍한 발톱주머니의 표피는 발톱의 각질층이라 불린다. 이것은 그 가장자리에 피부로 이루어진 혈관이 있는 발톱 살을 형성하고 있다.

발톱의 각질층은 대단히 부드러운 각질층을 형성하고 발톱주머니로부터 발톱이 매끄럽도록 도와주는 역할을 한다.

손발톱은 다음과 같이 나누어진다.

- **조근** : 뿌리는 0.5cm에 이른 발톱부위에 속하며 손발톱주머니, 즉 몸 가까이 있는 손발톱의 끝에 위치한 피부의 주름 속에 감추어져 있다.

- **조상** : 측면으로 근접해서 손발톱 벽에 둘러싸여 있다. (조판의 밑 부분)

- **자유연** : 손가락과 발가락 끝에 돌출되어 있다. 자유연은 상하기도 하고 잘라지기도 한다.

- **반월** : 흰색의 반달모양(조판의 베이스 부분)

- **조판** : 손톱 본체

- **조하막** : 손발톱 끝나는 부분의 피부

- **조상막** : 반월을 덮고 있는 큐티클 부분

- **큐티클** : 손발톱 주위를 덮고 있는 피부(미생물, 세균의 침입으로부터 보호)

## 손발톱의 생리

손발톱은 피부 속의 보이지 않는 부분인 발톱뿌리 밑에 있는 조모(발톱바닥)에 의해 만들어져 자란다. 발톱을 형성하는 조직의 한 부분은 발톱주머니에서 생겨나는 흰색의 반월로 나타난다.

조모는 피부의 재생조직과 밀접한 관계를 가진다.

발톱 밑은 표피세포의 대단히 얇은 층으로 덮여 있으며 발톱 밑과 고정되어 있는 세포들은 성장하는 발톱과 함께 발가락 끝으로 옮겨가고 그러고 나면 이 세포들은 각질화된다. 심층에 놓여 있는 세포들은 진피와 결합되어 있다.

조상과 옆에 인접한 표피는 밀접히 연결되어 있지 않아서 전염이 나타나기도 한다.

발톱은 일주일에 0.5~2mm 정도 성장한다. 성장속도는 가운데 발가락이 새끼발가락보다 빠르고 젊은이가 노인들보다 더 빠르다. 어른들은 하루에 약 0.1mm 자라며, 겨울보다 여름에 더 빨리 자란다.

발톱이 완전히 새롭게 되는 기간은 약 6주 정도이다.

발톱바닥에 외상이 있거나 건강한 발톱색이 나타나지 않으면 발톱이 성장하지 않으며 결과적으로 이후에 발의 변형이 나타나기 시작한다.

발톱바닥이 완전히 손상됐을 때는 발톱이 빠지면서 새로운 발톱이 나오지 않고 변형된 발톱으로 자라는 것을 볼 수 있다.

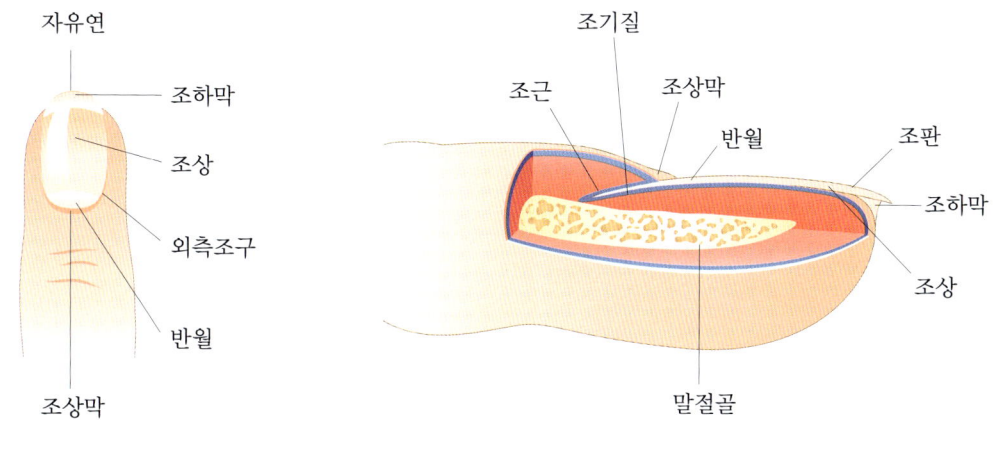

자유연

조하막

조상

외측조구

반월

조상막

조기질

조근

조상막

반월

조판

조하막

조상

말절골

손톱의 구조

## 손발톱으로 보는 건강

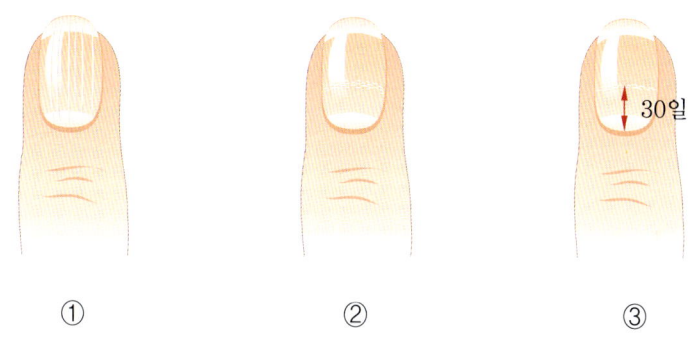

①        ②        ③

30일

① 세로로 홈이 생기거나 선이 생긴 손발톱은 정신적 스트레스로 인해 생기거나 노화현상의 하나이다.

② 가로로 선이 생겼다가 없어졌다면 일시적으로 건강이 약해졌다가 다시 건강을 되찾았다는 것이다.

③ 가로로 선이 생겼다면 약 한달 전부터 문제가 있었다는 것이다. (하루성장 : 0.1mm)

• **손발톱이 붉은 사람** : 관절이나 심장 쪽의 부분을 주의한다 (몸에 열이 많은 것이 특징이다)

• **손발톱이 푸른 사람** : 심장이나 간 쪽의 부분을 주의한다.

• **손발톱이 노란 사람** : 간이나 담 쪽의 부분을 주의한다.

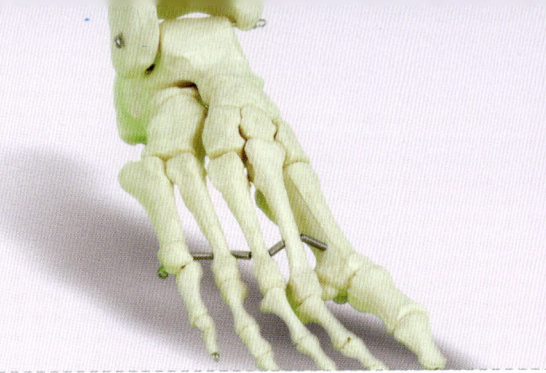

# 발의 구조

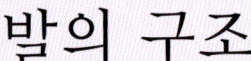

## 발의 골격

발은 발의 형태, 발가락의 길이와 연관하여 3가지 형태로 구분한다.

• **이집트형 발** : 엄지발가락이 가장 긴 발

• **그리스형 발** : 둘째 발가락이 엄지발가락보다 긴 발

• **정방형 발** : 처음 세 개의 발가락 길이가 같은 발

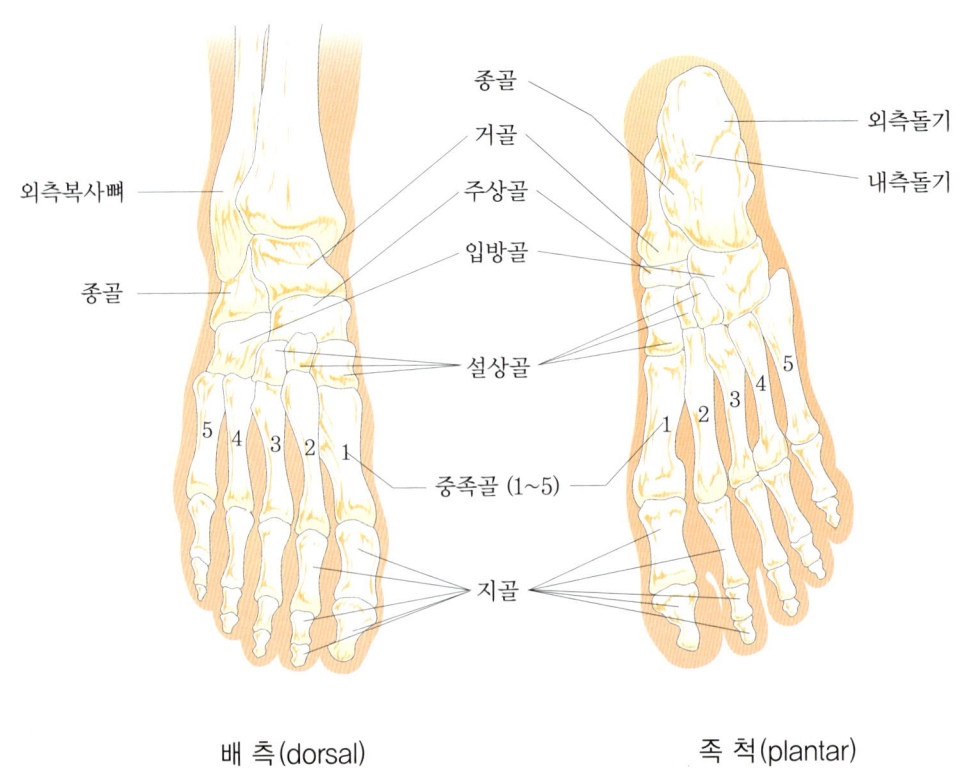

배 측(dorsal)                                    족 척(plantar)

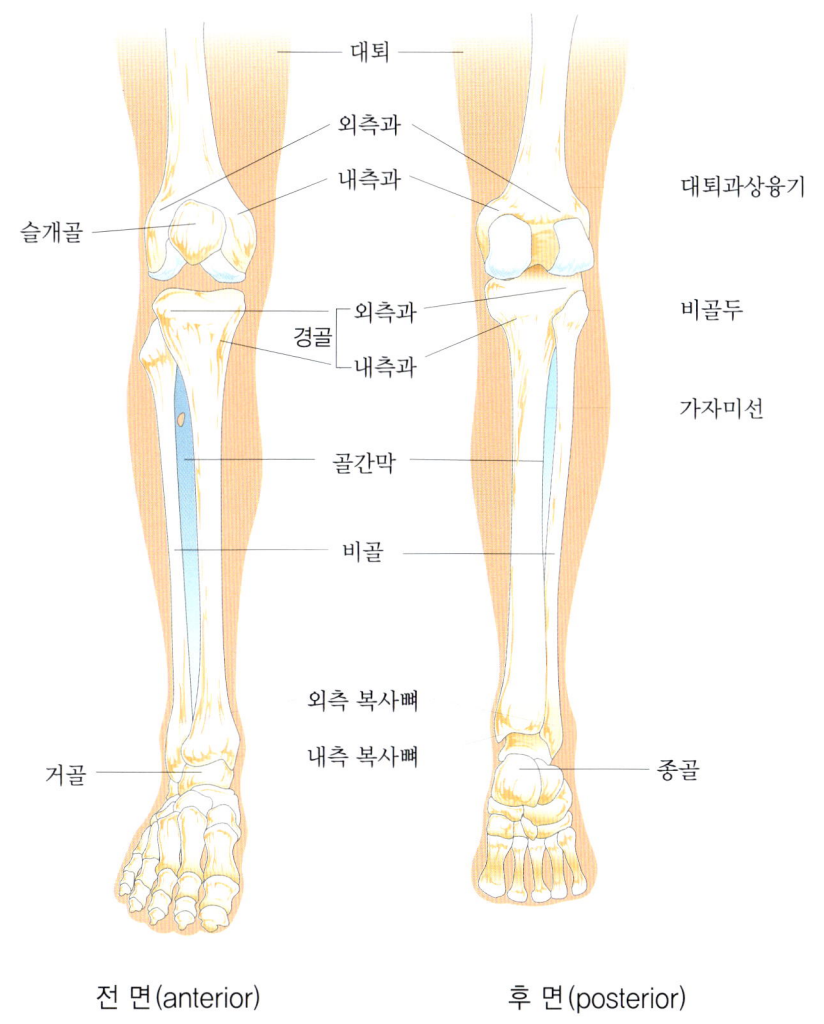

| 대퇴 |
| 외측과 |
| 내측과 |
| 대퇴과상융기 |
| 슬개골 |
| 외측과 |
| 경골 내측과 |
| 비골두 |
| 가자미선 |
| 골간막 |
| 비골 |
| 외측 복사뼈 |
| 내측 복사뼈 |
| 거골 |
| 종골 |

전 면(anterior)　　　　　후 면(posterior)

발은 26개의 뼈로 형성되어 있다.

- **14개의 지골** : 말절골, 중절골, 기절골. 엄지발가락에는 중절골이 없다.
- **5개의 중족골** : 압박에서 보호해 주고, 근육이 잘 회전하도록 돕는다.
- **3개의 설상골** : 체중을 지탱하고 중심을 잡는 역할을 한다.
- **1개의 주상골** : 발목의 중심부에 위치한다.
- **1개의 입방골** : 불규칙한 주사위 모양, 외측 발목 쪽에 위치한다.
- **1개의 종골** : 발꿈치에 해당, 서 있거나 걸을 때 체중을 유지한다.
- **1개의 거골** : 복사뼈에 해당, 위, 아래를 움직이는 지렛대 역할을 한다.

# 발의 아치형과 관절

발 골격의 뼈들은 서로 평평하게 이어져 있는 것이 아니다. 거골은 부분적으로 발 골격의 중간 가장자리에 솟아져 나와 있는 근골에 놓여 있다.

발의 아치형을 말할 때 전형적인 아치형은 이루어지지 않는다. 오히려 근육과 인대로 인하여 죄어지며 청소년기에 처음으로 형성된다.

- **종측 아치형** : 보이는 모양에 따라 높이 올라가 있는 내부 종측 아치형과 평평한 외부 종측 아치형으로 구분한다.

  족저건, 장 족저 인대, 판 인대 등 3가지의 인대에 의해 죄어진다.

  이 인대들은 다른 모든 인대들과 같이 콜라겐 섬유로 이루어져 있으며 이들은 신축성이 있지 않고 쉽게 지치지도 않는다. 그러나 갑자기 강하게 인대를 편다면 콜라겐 섬유는 길어진다.

  발의 짧아진 근육은 지나친 피로, 잘못된 신발로 인해 미세하게 긴장하고 인대가 길어지게 되므로 종측 아치형을 평평하게 한다.

- **횡측 아치형** : 배후 횡측 아치형과 전방 횡측 아치형으로 구분한다.

  배후 횡측 아치형은 장비골근과 후경골근의 건에 의해 단축된다.

  전방 횡측 아치형의 단축은 엄지발가락을 둘러싸고 있는 근육의 운동 부족과 작은 신발의 조여짐으로 인해 발이 편평해지고 선상족으로 변하게 된다.

*Note*

선상족은 가라앉으면서 내려가는 전방의 가로 모양이 특징이다.
앞발은 넓어지고 중족골의 뼈는 부채꼴 모양으로 바깥으로 연화한다. 특히, 높은 신발의 뒤축을 통해 증가된 앞발의 부하나 과체중의 압력을 통해 발가락들은 눌리고 점차적으로 변하게 된다.

- **발의 관절** : 상, 하측 과관절, 발목, 발가락 관절로 되어 있다.
- **거퇴관절(발목관절)** : 경골(정강이뼈)과 비골(종아리뼈)의 아랫부분에 있는 관절부분과 거골 활차 사이에 이루어지는 접번관절이다.

- **족근간관절** : 7개의 족근골(발목뼈)들 사이에 이루어지는 평면관절이다.
- **족근중족관절** : 원 위쪽 족근골(3개 이상의 설상골과 1개의 입방골)과 5개의 중족골 저부 사이에서 이루어지는 평면관절이다.
- **지절간관절** : 발가락뼈 사이에 기절골, 중절골, 말절골로 이루어지는 접번관절이다.
- **중족지절관절** : 5개의 중족골두와 5개의 기절골 저부 사이에 이루어지는 접번관절이다.

> *Note*
>
> ♥ 접번관절 : 문이 달려 있는 손잡이처럼 움직인다.
>
> ♥ 평면관절 : 돌로 쌓은 담장처럼 아주 작은 틈이 있을 뿐이며 서로 단단히 끼워져 있다.

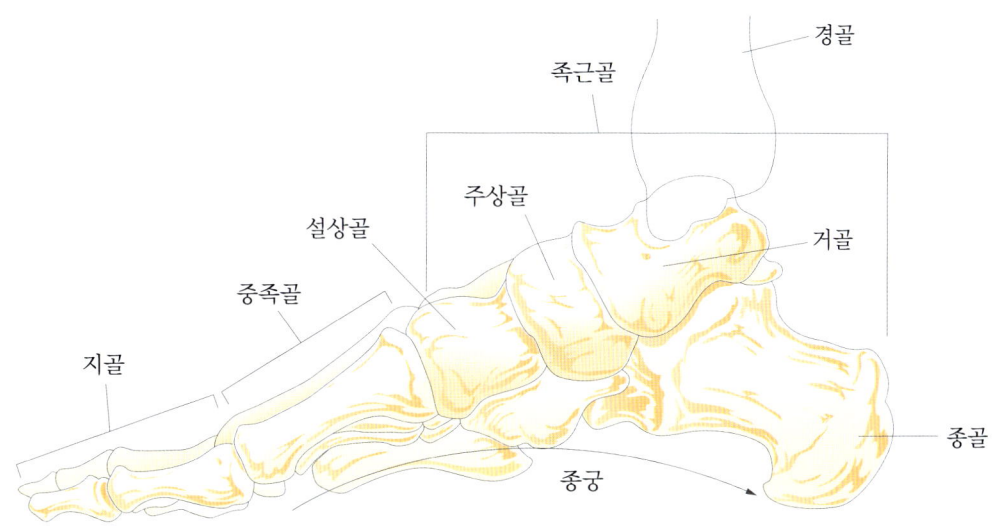

발 뼈의 구조

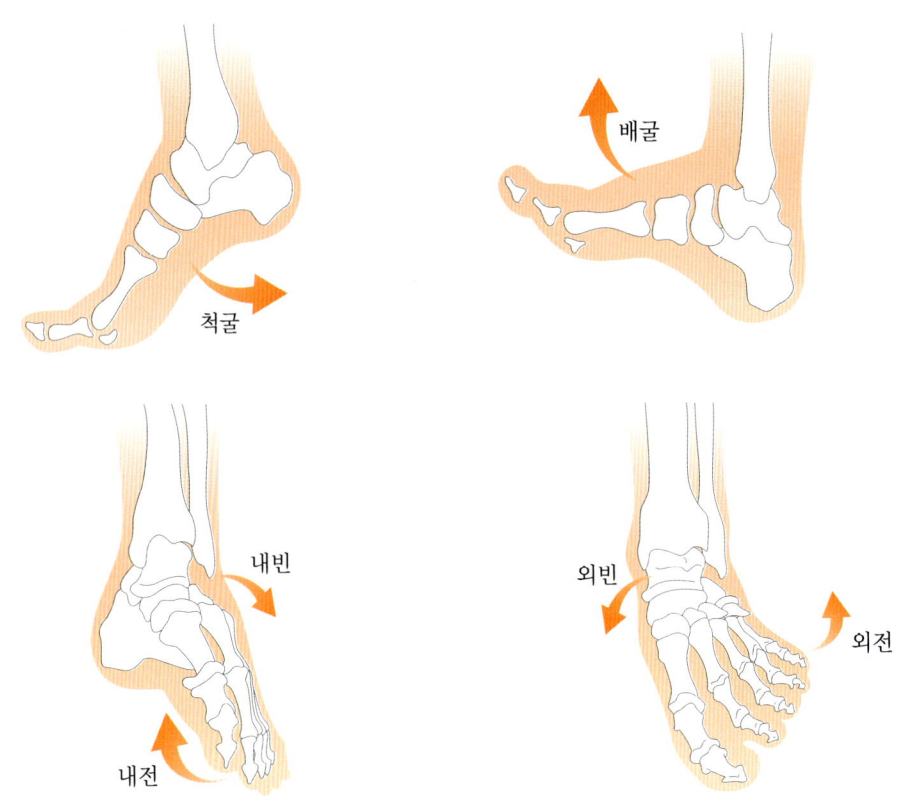

배굴

척굴

내빈

내전

외빈

외전

관절의 운동

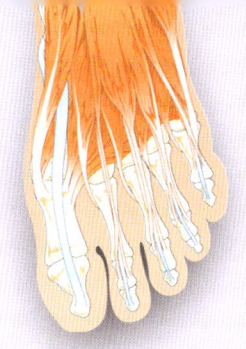

# 발의 근육

## 하퇴근육

발목과 발가락 운동에 관여하는 근육으로 전하퇴근, 외측하퇴근, 후하퇴근으로 구분된다. 또한, 몸무게를 받쳐주고 몸의 움직임을 원활하게 해주며, 가장 강한 근육들과 힘줄로 인해 몸을 보호하는 쿠션 역할을 한다.

- **전하퇴근** : 전경골근, 장지신근, 제3비골근, 장무지신근의 4개의 근육을 말하며 이 근육들은 심비골신경의 지배를 받고 발목의 배굴과 발가락의 신전에 관여한다.
- **전경골근** : 경골의 외측에 있는 삼각형의 근육으로 경골체 상외측에서 기시하여 제1설상골과 제1중족골의 내측면 또는 족저면에 정지한다.
- **장지신근** : 비골의 전면과 경골의 외측에서 기시하여 신근지대를 통과한 후 4개의 건이 되어 제2~5지의 중절골과 말절골의 배측 저부에 정지한다.
- **제3비골근** : 장지신근의 일부가 독립된 근으로 비골 하부에서 시작하여 제5중족골 배측 저부에 정지한다.
- **장무지신근** : 비골 전면에서 기시하여 전경골근과 장지신근 밑을 지나 무지의 말절골 저부에 정지한다.

- **외측하퇴근** : 장비골근과 단비골근 2개의 근육을 말하며 하퇴의 외측뼈인 비골에서 기시하는 이 근육은 천비골신경의 지배를 받고 발의 외번운동에 관여한다.
- **장비골근** : 비골두와 비골체에서 기시하여 외측 복사뼈인 비골외과의 뒤를 지나 발바닥의 전내측으로 비스듬히 진행하여 제1~2 중족골과 제1설상골에 정지한다.
- **단비골근** : 장비골근 밑, 비골체 외측면에서 기시하여 제5 중족골 밑의 부분에 정지한다.

- **후하퇴근** : 표층의 비복근, 가자미근, 족척근과 심층의 장지굴근, 장무지굴근, 후경골근, 슬와근을 말하며 하퇴의 후면인 종아리를 만드는 근육이다.

- **비복근** : 종아리를 형성하는 강대한 근육으로 대퇴골의 내, 외측상과에서 기시하여 하행하다 밑에서 주행하는 가자미근과 합쳐져 강인한 종골인 아킬레스건이 되어 종골융기에 정지한다.

- **가자미근** : 비복근 밑에 있는 넓고 얇은 근육으로 경골과 비골에서 기시하여 비복근과 공동의 건인 아킬레스건이 된다. 따라서 비복근 내, 외측두와 가자미근을 합하여 하퇴삼두근이라 하며 슬관절의 골곡과 발목관절의 족척굴에 작용한다.

- **족척근** : 대퇴골의 외측상과에서 기시하여 비복근과 가자미근 사이를 후내측으로 비스듬히 하행하다 종골 후면에 정지하는 긴 근육이다.

- **장지굴근** : 경골 후면에서 기시하여 경골내과 뒤를 지나 발바닥에 이르러 4개의 건으로 되어 제2~5지의 말절골에 정지한다.

- **장무지굴근** : 비골체 하부 2/3 지점에서 기시하여 장지굴근의 외측을 따라 하행하고 경골내과의 뒤를 지나 무지의 말절골에 정지한다.

- **후경골근** : 경골과 비골의 후면과 골간막 상부에서 기시하여 경골내과의 뒤를 지나 족척면에 넓게 퍼져 정지한다.

- **슬와근** : 대퇴골 외측과에서 기시하여 편평한 삼각형의 근육으로 슬와의 바닥을 이루며 경골 후면에 정지한다. 하퇴근육들의 작용이 원활하게 일어날 수 있도록 지렛목 역할을 하는 지지대는 3가지의 종류가 있다.

- **상·하 신근 지지대** : 전하퇴근의 건을 지지하는 부분

- **상·하 골근 지지대** : 비골외과와 종골을 연결하여 비골근들의 건을 지지하는 부분

- **굴근 지지대** : 경골의 내과와 종골을 연결하여 하퇴 후부의 심부 근육들의 건을 지지하는 부분

*Note*

♥ **종아리에 쥐가 나는 이유**

근육의 에너지원은 포도당이다. 운동을 계속하면 에너지가 소비되면서 포도당이 부족해진다. 이때 간에 축적된 글리코겐을 포도당으로 전환시켜 보급하는데 '젖산' 이라는 피로물질이 발생하여 근육으로 전달된다.
이 젖산이 근육에 축적되면 비복근과 전경골근이 서로 원활하게 운동을 하지 못하기 때문에 계속 수축된 피로한 상태가 되는데 이를 '쥐가 났다' 고 말하는 것이다.

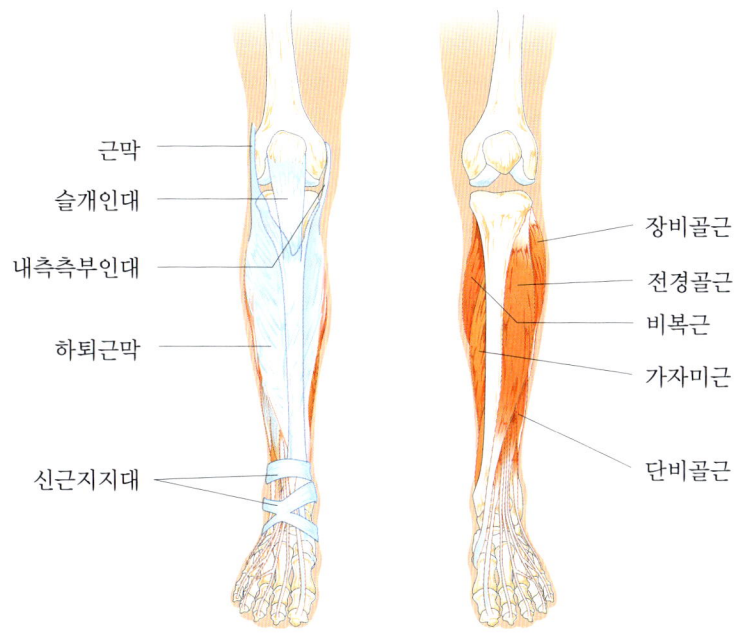

근막
슬개인대
내측측부인대

하퇴근막

신근지지대

장비골근
전경골근
비복근
가자미근

단비골근

전면 하퇴근육 Ⅰ

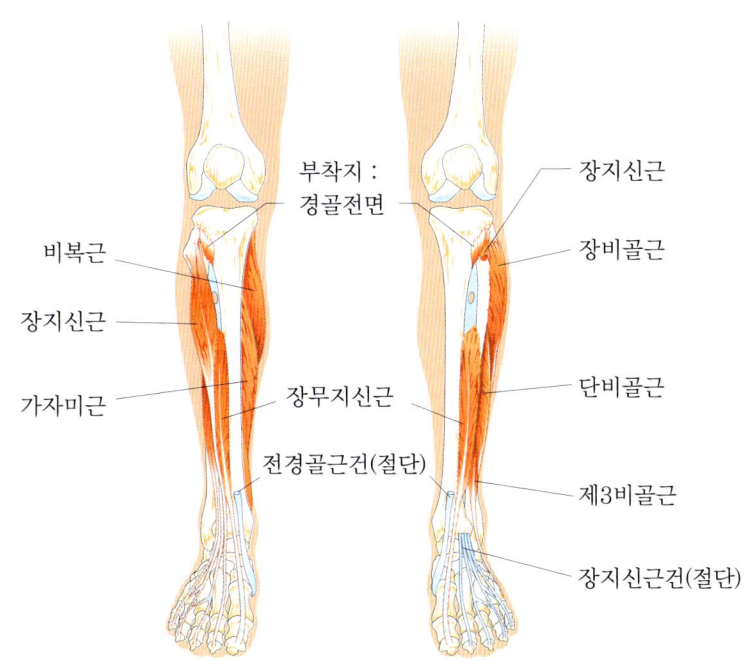

부착지 :
경골전면

비복근

장지신근

가자미근

장무지신근

전경골근건(절단)

장지신근

장비골근

단비골근

제3비골근

장지신근건(절단)

전면 하퇴근육 Ⅱ

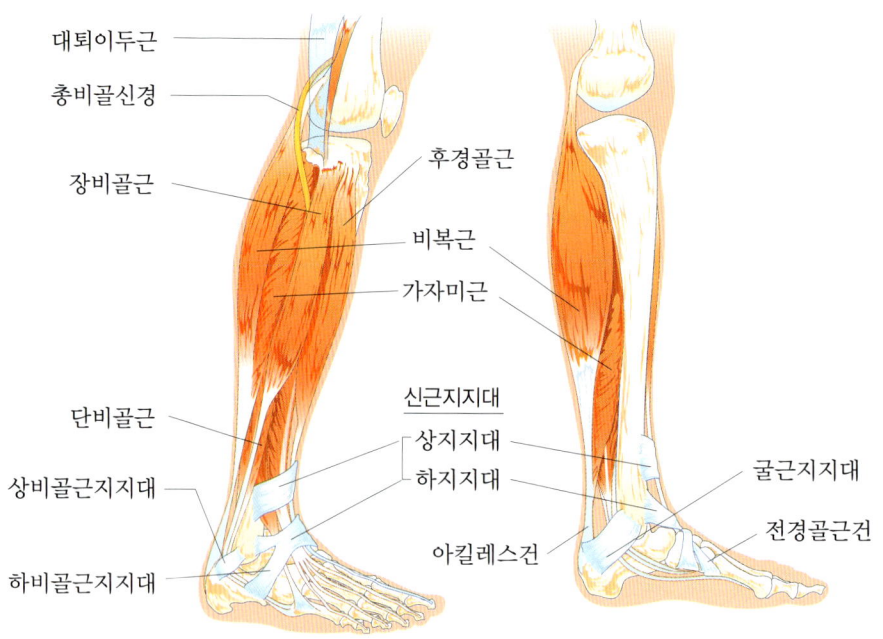

대퇴이두근

총비골신경

장비골근

후경골근

비복근

가자미근

단비골근

신근지지대
상지지대
하지지대

굴근지지대

상비골근지지대

전경골근건

하비골근지지대

아킬레스건

외측면 하퇴근육 Ⅰ

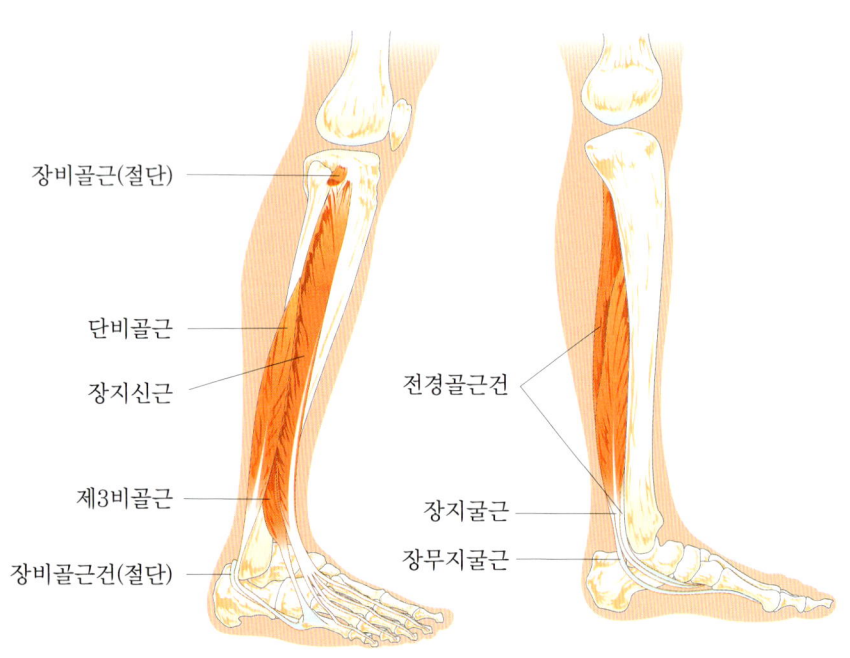

장비골근(절단)

단비골근

장지신근

전경골근건

제3비골근

장비골근건(절단)

장지굴근

장무지굴근

외측면 하퇴근육 Ⅱ

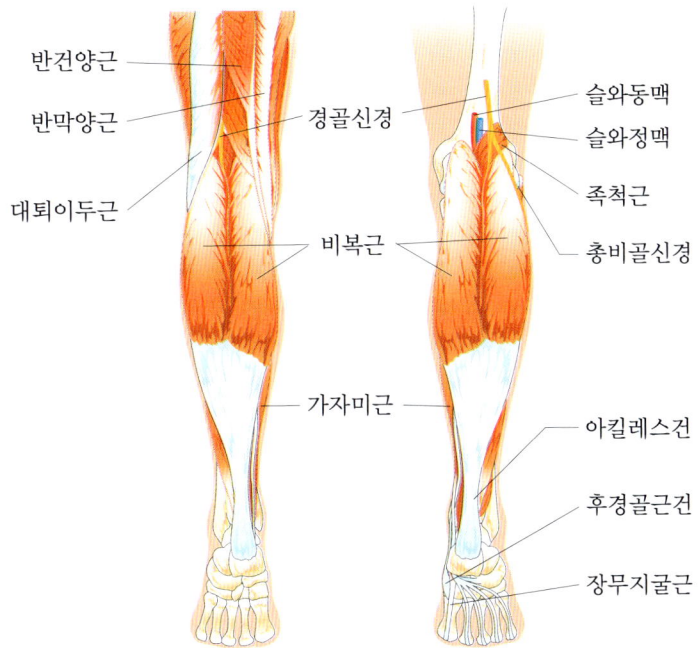

반건양근
반막양근
대퇴이두근
경골신경
비복근
가자미근
슬와동맥
슬와정맥
족척근
총비골신경
아킬레스건
후경골근건
장무지굴근

후면 하퇴근육 Ⅰ

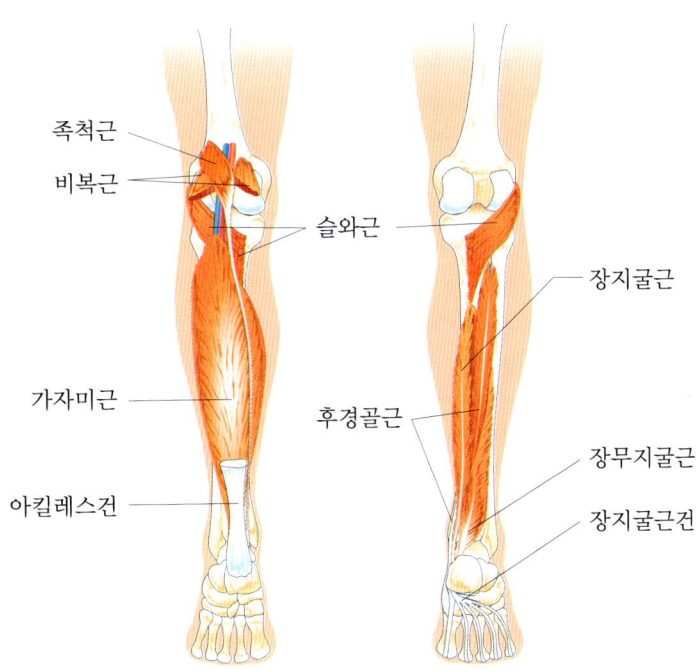

족척근
비복근
가자미근
아킬레스건
슬와근
후경골근
장지굴근
장무지굴근
장지굴근건

후면 하퇴근육 Ⅱ

# 발의 근육

발등을 이루는 족배근보다는 발바닥을 이루는 족척근이 더 발달되어 있다.

- **족배근 :** 단지신근과 단무지신근을 말하며 종골에서 기시하여 기절골에 정지하고 심비
골신경의 지배를 받으며 발가락 신전에 관여한다.

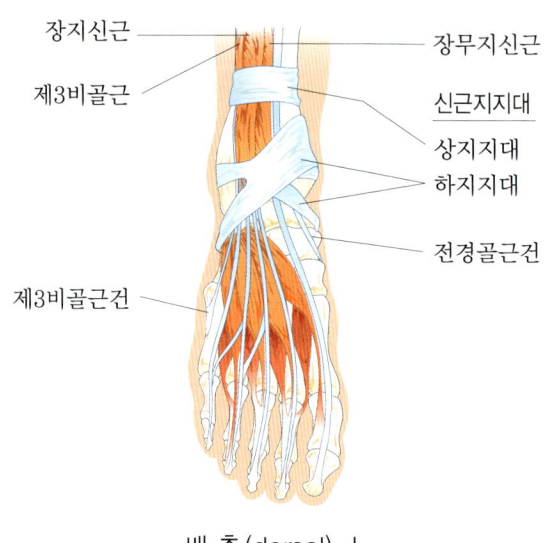

장지신근
제3비골근
장무지신근
신근지지대
상지지대
하지지대
제3비골근건
전경골근건

배 측(dorsal) Ⅰ

단지신근
단무지신근
중족골
배측골간근

배 측(dorsal) Ⅱ

- **족척근** : 내측족척근(무지쪽), 중앙족척근, 외측족척근(소지쪽)으로 구분된다.
- 내측족척근 : 무지외전근, 단무지굴근, 무지내전근으로 구성되고 엄지발가락의 외전과 굴곡, 내전에 관여한다.

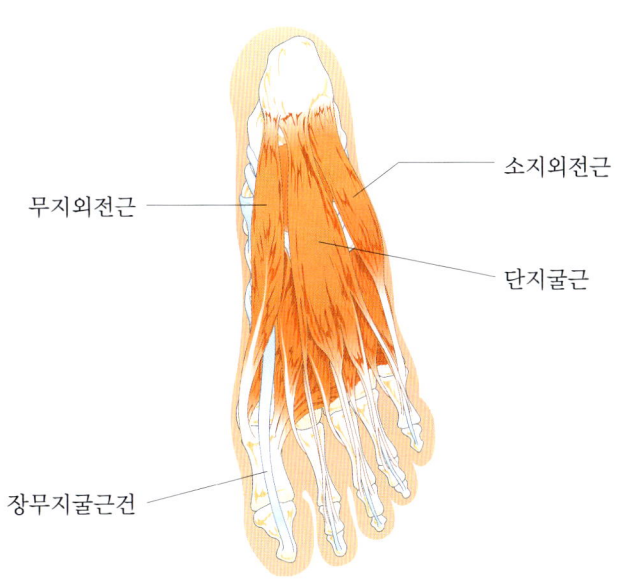

무지외전근
소지외전근
단지굴근
장무지굴근건

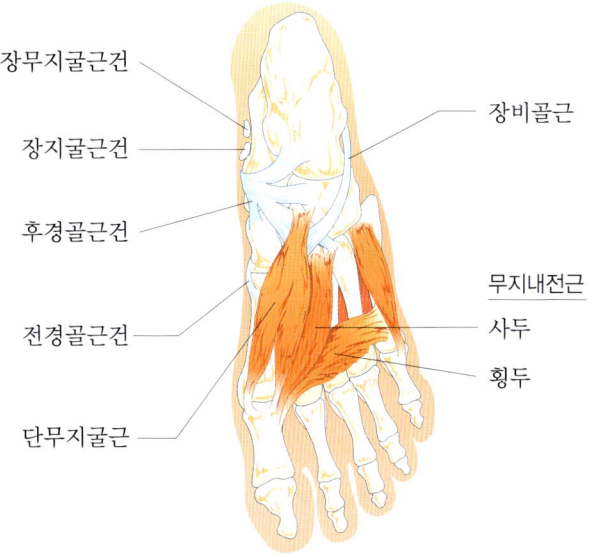

장무지굴근건
장지굴근건
후경골근건
전경골근건
단무지굴근
장비골근
무지내전근
사두
횡두

족 척 (plantar) ┃

- **중앙족척근** : 단지굴근, 족척방형근, 충양근, 척측골간근(배측골간근)으로 구성되고 제2
  ~5지의 운동에 관여한다.

- **외측족척근** : 소지외전근, 단소지굴근으로 구성되고 소지의 외전과 굴곡에 관여한다.

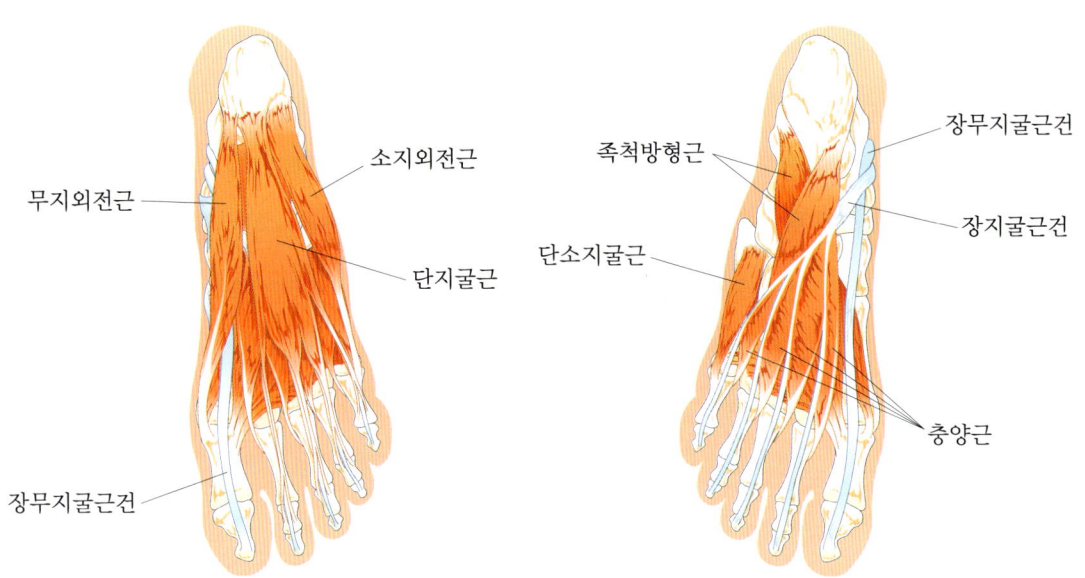

무지외전근

소지외전근

단지굴근

장무지굴근건

족척방형근

장무지굴근건

장지굴근건

단소지굴근

충양근

족 척 (plantar) Ⅱ

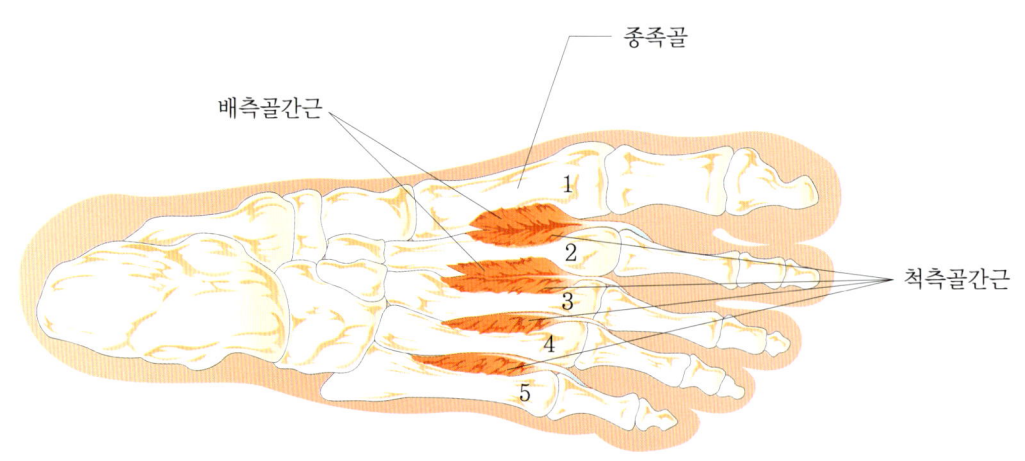

배측골간근

종족골

척측골간근

1
2
3
4
5

족 척 (plantar) Ⅲ

# 발의 점액낭과 건초

## 점액낭

뼈의 돌출부분에 건, 근육, 표피로 쿠션을 대고 있는 조직에서 밀려 변형된 것이다. 점액낭의 벽은 마치 관절낭과 같이 구성되어 있다.

점액낭은 윤활유를 함유하고 있으므로 주위의 관절과 연결되어 있음에 틀림없다.

발에서는 발꿈치 돌기, 아킬레스건 사이, 발가락 뿌리관절 사이에서 점액낭이 발견되고 뼈돌기와 피부 사이, 내외과관절에도 수많은 점액낭이 있다. 끊임없는 압박작용으로 인해 물리적으로 생긴 염증은 무지외반증으로 나타나기도 한다.

그러나 점액낭은 만성적인 압박 누적으로 인하여 새로 생길 수도 있으며 발가락 윗면의 두꺼워진 각피질에서도 찾아볼 수 있다.

## 건초

건을 싸고 있는 호스 모양의 점액낭 형성체이다.

발가락의 근육과 연결되어 있으며 각각의 건이 발목 부위에서 건초에 의해 묶여 있다.

실제적으로 발에 있는 모든 건은 관절 위의 건초로 뻗어 있다. 왜냐하면 그 건들은 고정인대에 의해 고정되어 있기 때문이다.

과중한 하중이나 압박은 전에는 거의 찾아 볼 수 없던 고통스러운 건초염으로 발전할 수 있다.

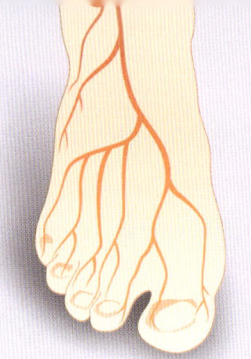
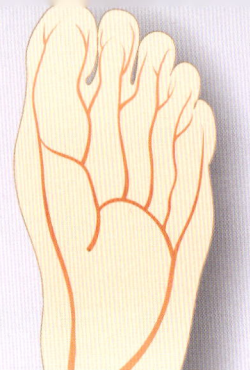

# 발의 신경과 혈관

- ● **발의 신경** : 발바닥 신경은 경골신경의 분지이다. 단신근과 첫째, 둘째 발가락 사이의 표피는 심비골신경에 의해 지배를 받는다. 발등의 표피는 상피 비골신경의 2개의 분지에 의해 지배를 받고, 측면 발 가장자리의 표피는 비복신경 분지와 경골신경 표피 분지의 신경 지배를 받는다. 좌골신경은 경골신경과 비골신경으로 나뉘어진다.

- • **대퇴신경** : 요신경총의 분지 중 가장 큰 신경이다. 피지는 대퇴부의 피부에 분포한다.

- • **폐쇄신경** : 폐쇄동, 정맥과 함께 골반강 측벽에서 폐쇄관을 지난다. 피지는 대퇴의 내측과 고관절 부위 피부에 분포한다. 하퇴의 뒤쪽에 있는 근육과 발바닥의 모든 근육을 지배하고, 하퇴부의 굴측과 발바닥 피부의 지각을 관장한다.

- • **경골신경** : 슬와 중앙선을 따라 하퇴로 내려가서 후경골동맥과 같이 가자미근의 하방을 지난다. 피지는 총비골신경의 피지와 하퇴의 중앙에서 서로 교통하여 비복신경을 형성하여 하퇴의 후면과 발의 외측면에 분포한다. 하퇴의 뒤쪽에 있는 근육과 발바닥의 모든 근육을 지배하고, 하퇴부의 굴측과 발바닥의 피부의 지각을 관장한다.

- • **총비골신경** : 하퇴의 상외측부에서 비골두를 돌아서 앞쪽으로 나가 천비골신경과 심비골신경으로 갈라진다. 피지는 하퇴 하부의 피부에 분포한다. 하퇴의 앞쪽에 있는 근육 및 발등의 모든 근육을 지배하고, 발등 부위 피부의 지각을 관장한다.

 Note

### ♥ 좌골 신경

천골신경총의 가지로서 다리를 지배하는 신경으로 궁둥뼈신경이라고도 하고 인체의 신경 중에서 가장 길고 굵다. (어른의 경우는 지름이 16~20mm 정도 됨)
골반에서는 이상근 앞에 놓이고 골반 속에서 나와 대둔근과 대퇴이두근에 쌓여 대퇴의 뒤쪽을 내려오면서 대퇴의 후측근에 가지를 내고 있다. 대퇴 중앙보다 약간 아래쪽이나 슬와 근처에서 바깥쪽의 총비골신경과 안쪽의 경골신경으로 나누어진다.

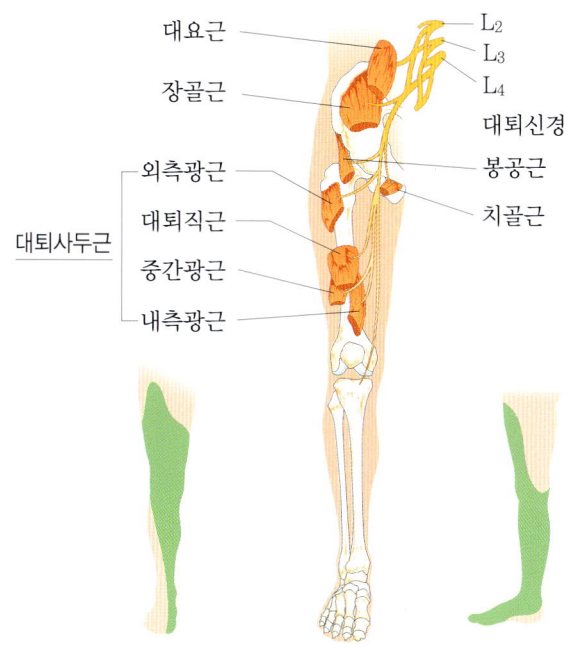

대요근

장골근

외측광근

대퇴직근

대퇴사두근

중간광근

내측광근

L₂

L₃

L₄

대퇴신경

봉공근

치골근

대퇴신경

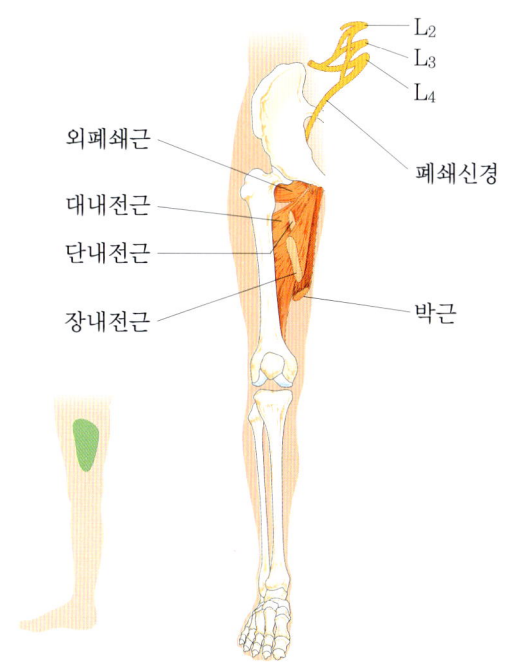

외폐쇄근

대내전근

단내전근

장내전근

L₂

L₃

L₄

폐쇄신경

박근

폐쇄신경

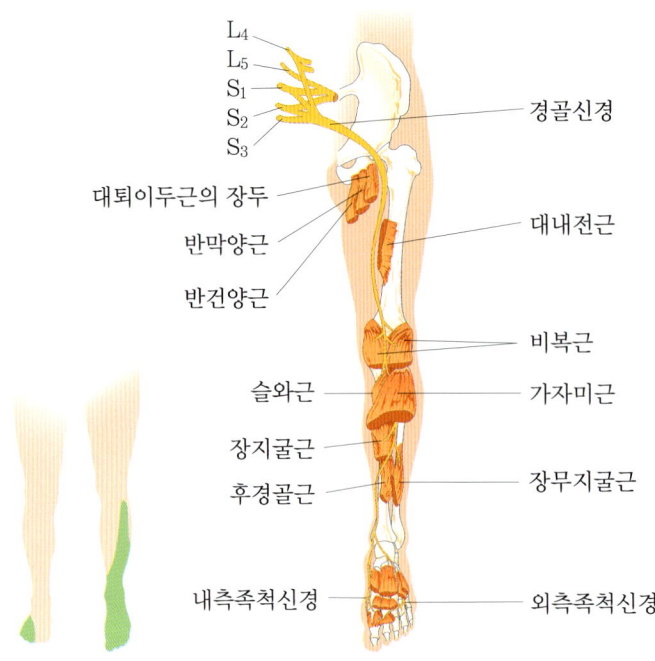

L₄
L₅
S₁
S₂
S₃

경골신경

대퇴이두근의 장두

반막양근

반건양근

대내전근

비복근

슬와근

가자미근

장지굴근

후경골근

장무지굴근

내측족척신경

외측족척신경

경골신경

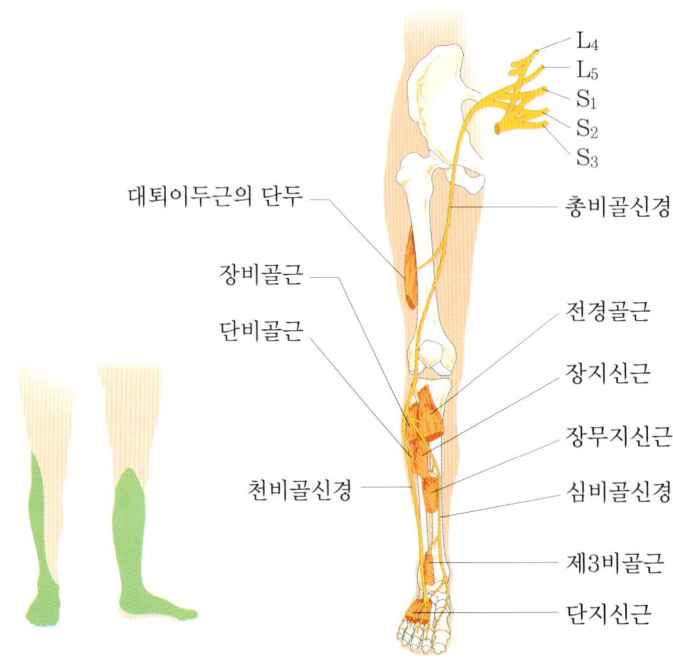

L₄
L₅
S₁
S₂
S₃

대퇴이두근의 단두

총비골신경

장비골근

전경골근

단비골근

장지신근

장무지신근

천비골신경

심비골신경

제3비골근

단지신근

총비골신경

## 발의 혈관

슬와동맥은 전경골동맥과 후경골동맥으로 나뉜다. 후경골동맥은 발목의 중앙 뒤쪽에서 발까지 이어지며 내·외족척동맥으로 분할된다. 이 두 개의 동맥은 무엇보다도 발바닥과 발가락을 지배한다. 발등에는 전경골동맥의 연장인 배측동맥이 뻗어 있다. 동맥과 더불어 정맥에는 배측 표피정맥망이 있다.

발의 정맥혈 역류에서는 두 가지의 분비물 처리가 중요하다.

• **발바닥 펌프** : 발근육조직에서 주기적으로 반복되는 수축 작용에 의해 그 사이에 놓인 정맥의 압박이 일어난다.

• **과관절 펌프** : 과관절의 움직임은 표피정맥망에서 압박효과와 림프효과를 일으킨다. 이러한 펌프작용이 일어나지 않는다면, 오랫동안 서 있을 때 모세관의 정맥혈 역류 정체와 발의 종창이 발생할 수 있다.

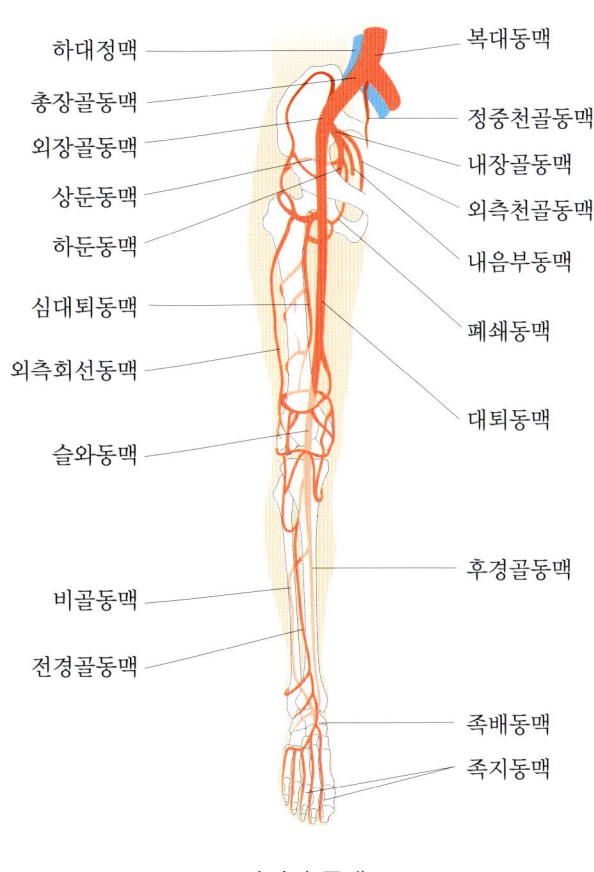

하지의 동맥

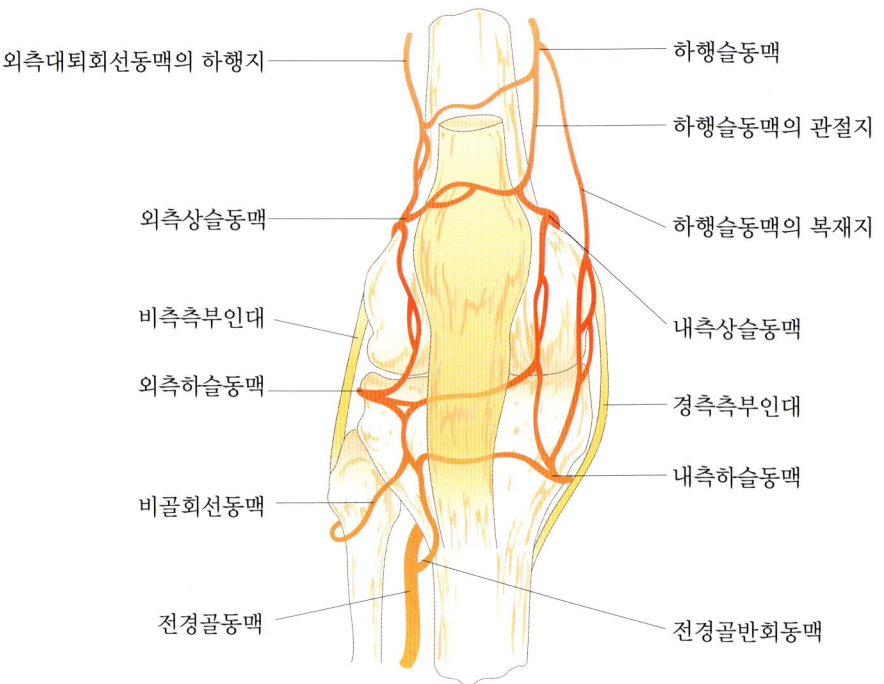

외측대퇴회선동맥의 하행지 ——————— ———————— 하행슬동맥

———————— 하행슬동맥의 관절지

외측상슬동맥 ——————— ———————— 하행슬동맥의 복재지

비측측부인대 ——————— ———————— 내측상슬동맥

외측하슬동맥 ——————— ———————— 경측측부인대

비골회선동맥 ——————— ———————— 내측하슬동맥

전경골동맥 ——————— ———————— 전경골반회동맥

슬관절 동맥망

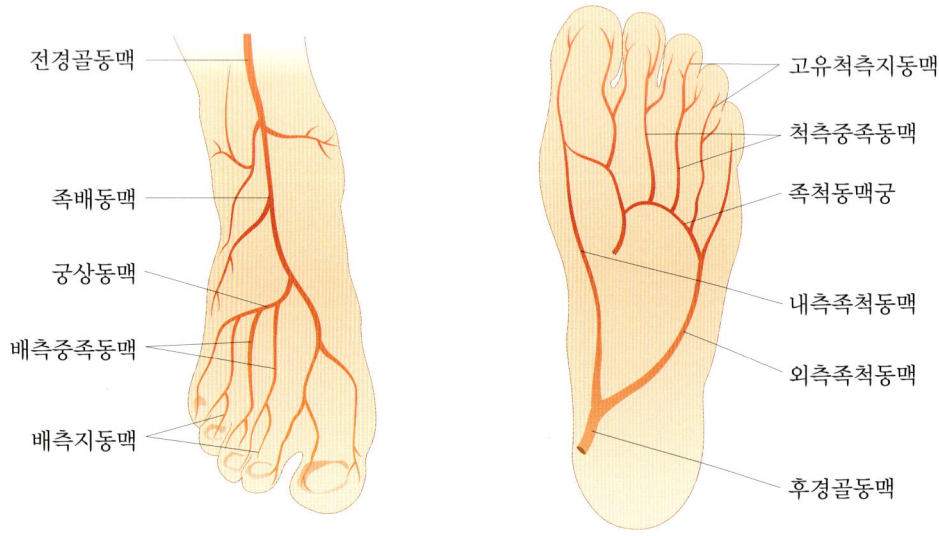

전경골동맥 ——————— ———————— 고유척측지동맥

———————— 척측중족동맥

족배동맥 ——————— ———————— 족척동맥궁

궁상동맥 ———————

배측중족동맥 ——————— ———————— 내측족척동맥

———————— 외측족척동맥

배측지동맥 ———————

———————— 후경골동맥

발등과 발바닥의 동맥

# 발의 모형

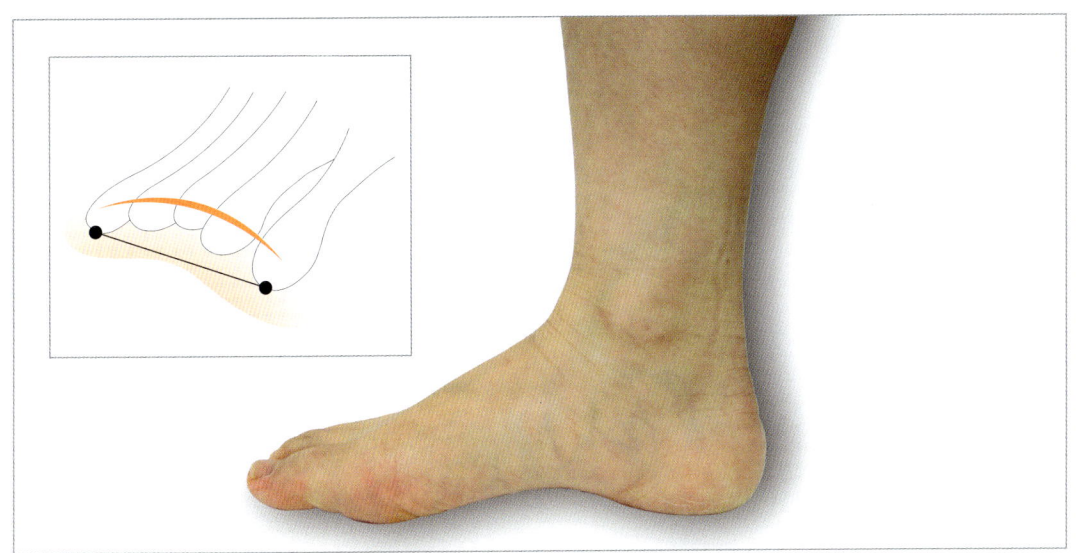

🔹 정상발

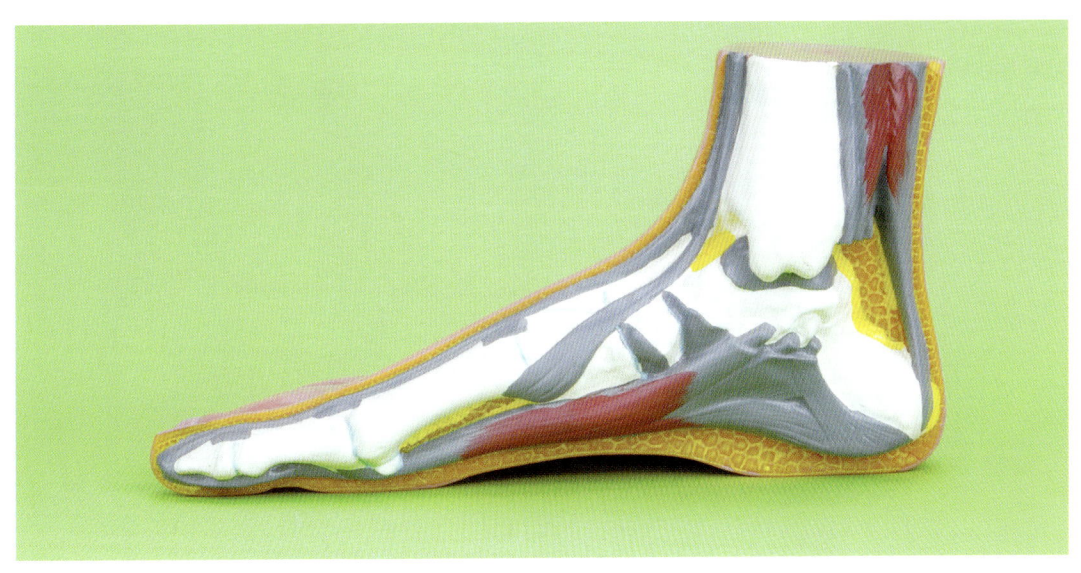

## ◑ 평 발

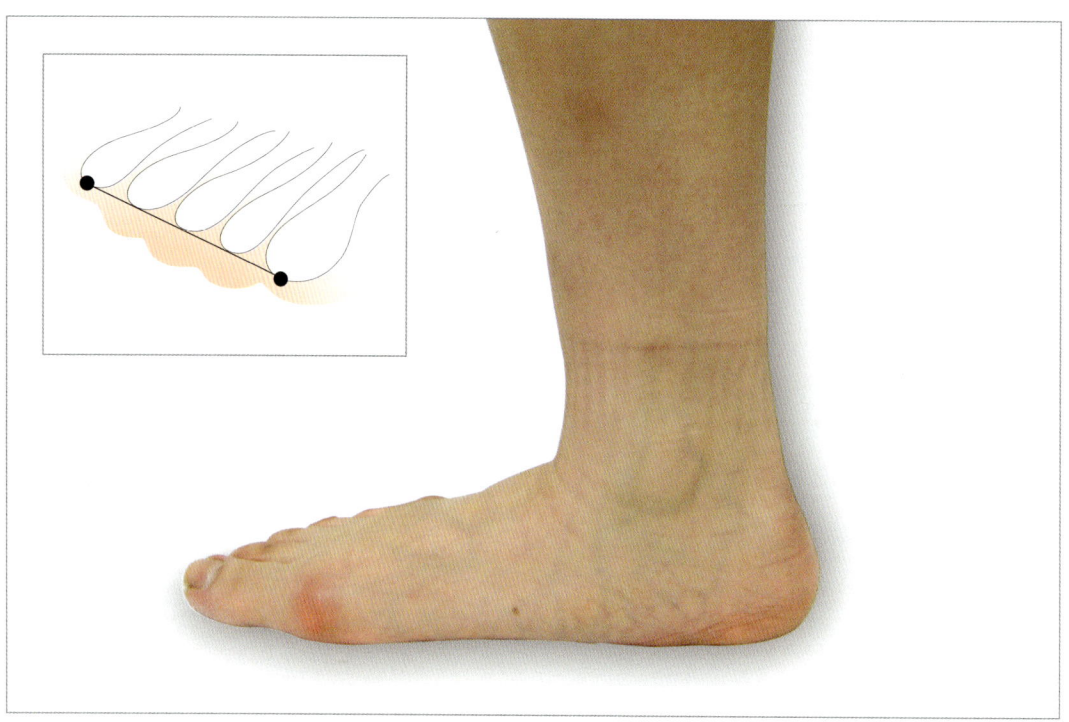

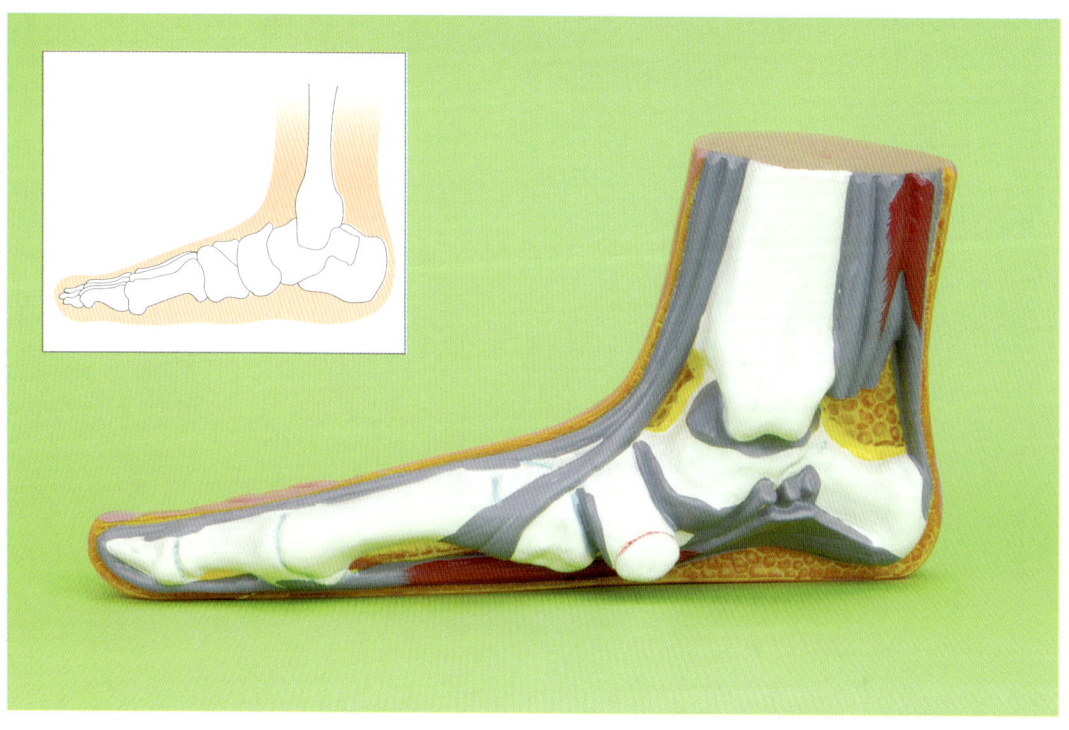

# 아치발

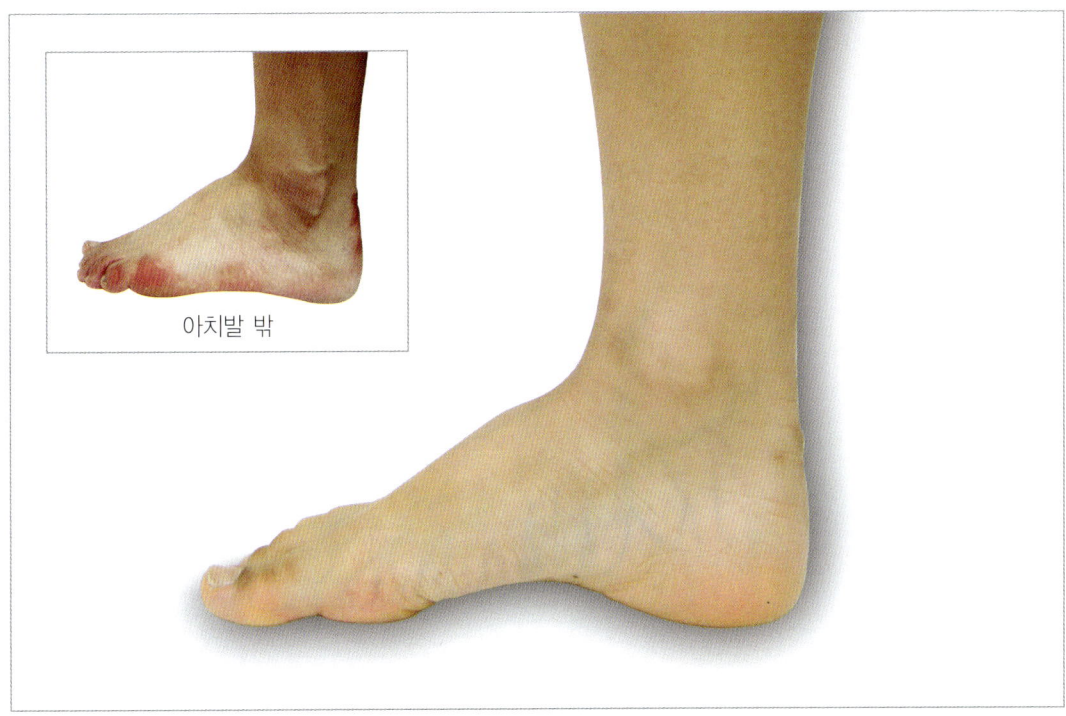

아치발 밖

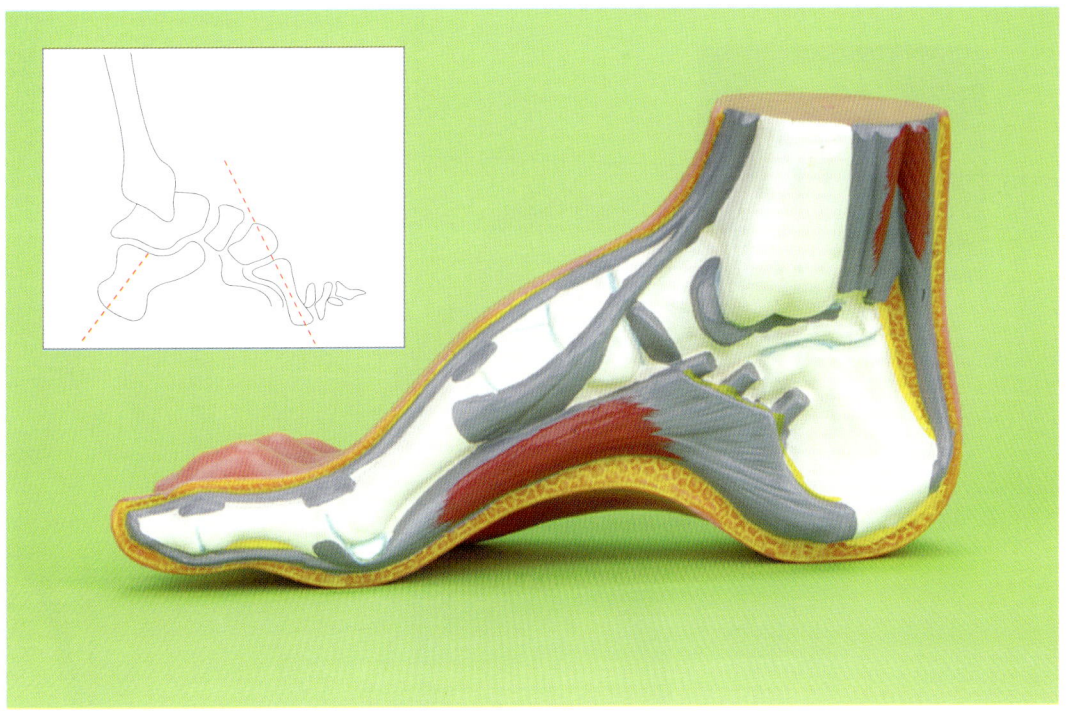

# ● 무지외반증

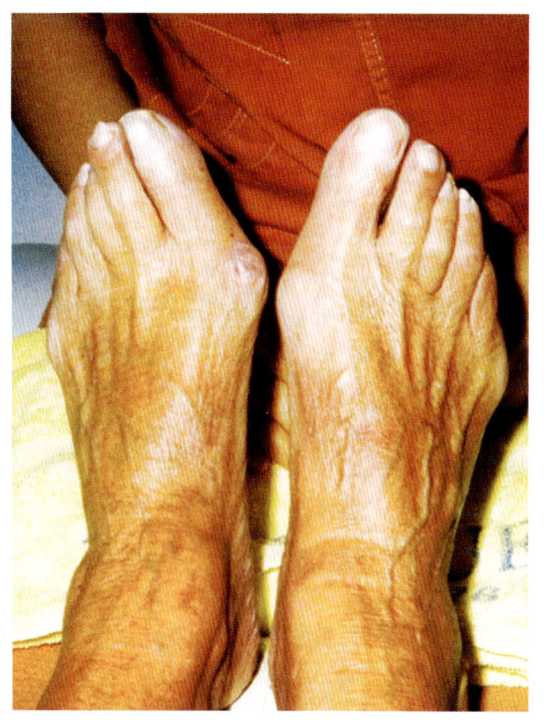

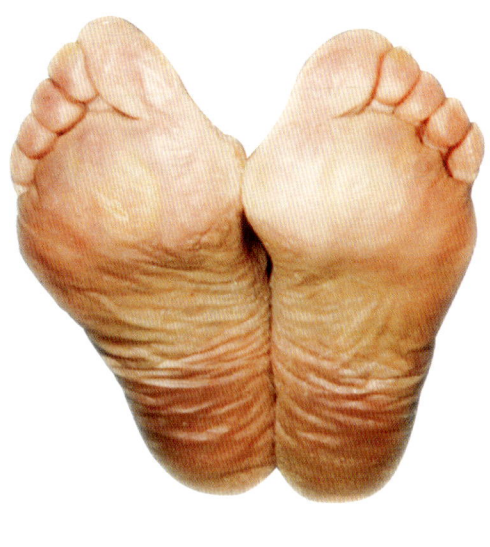

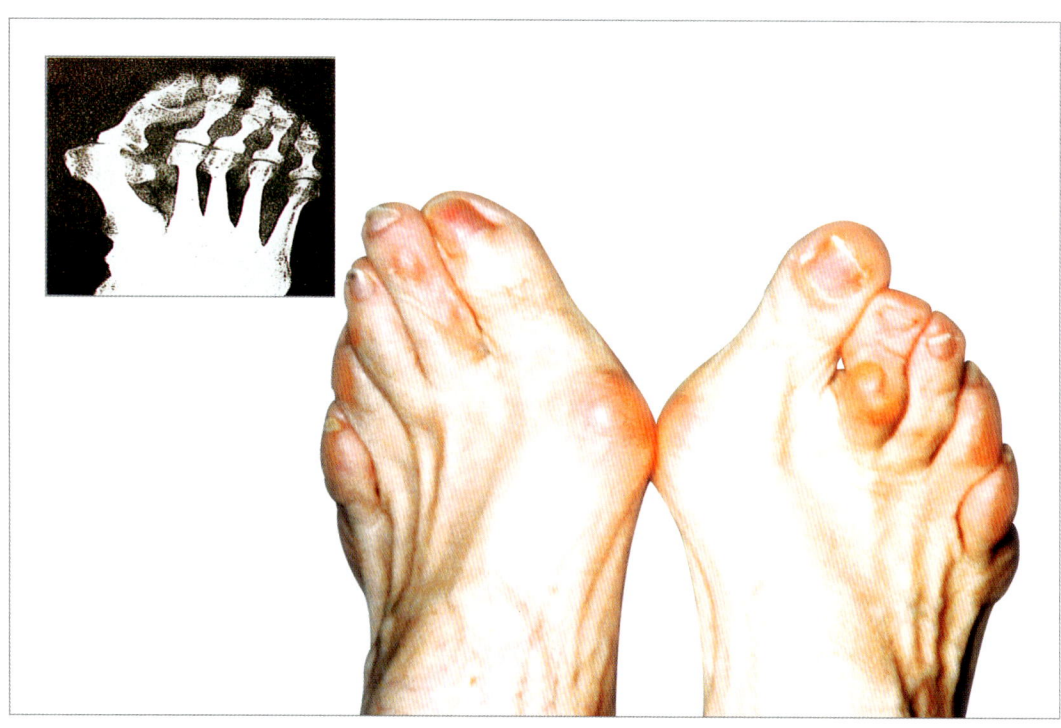

## ● 망치발가락

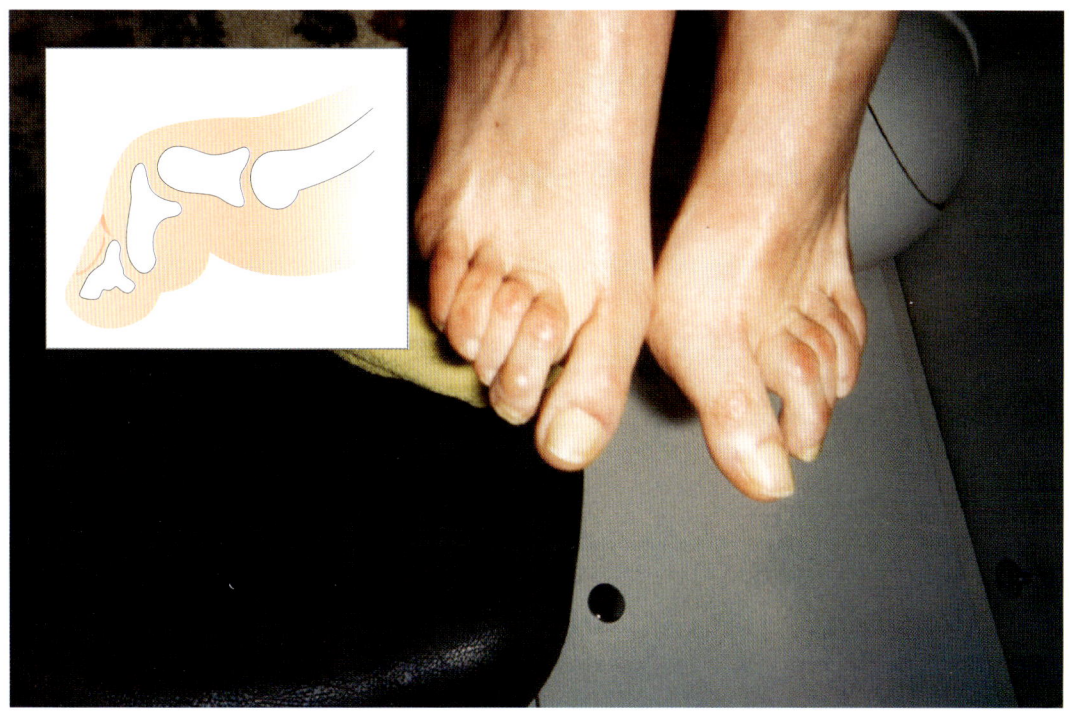

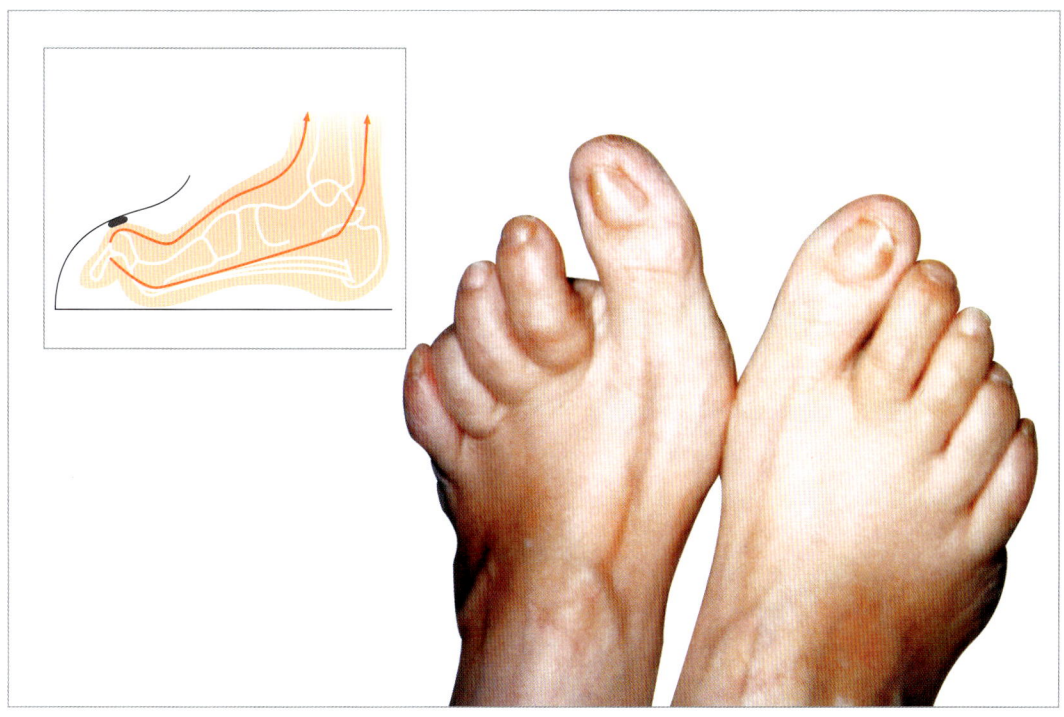

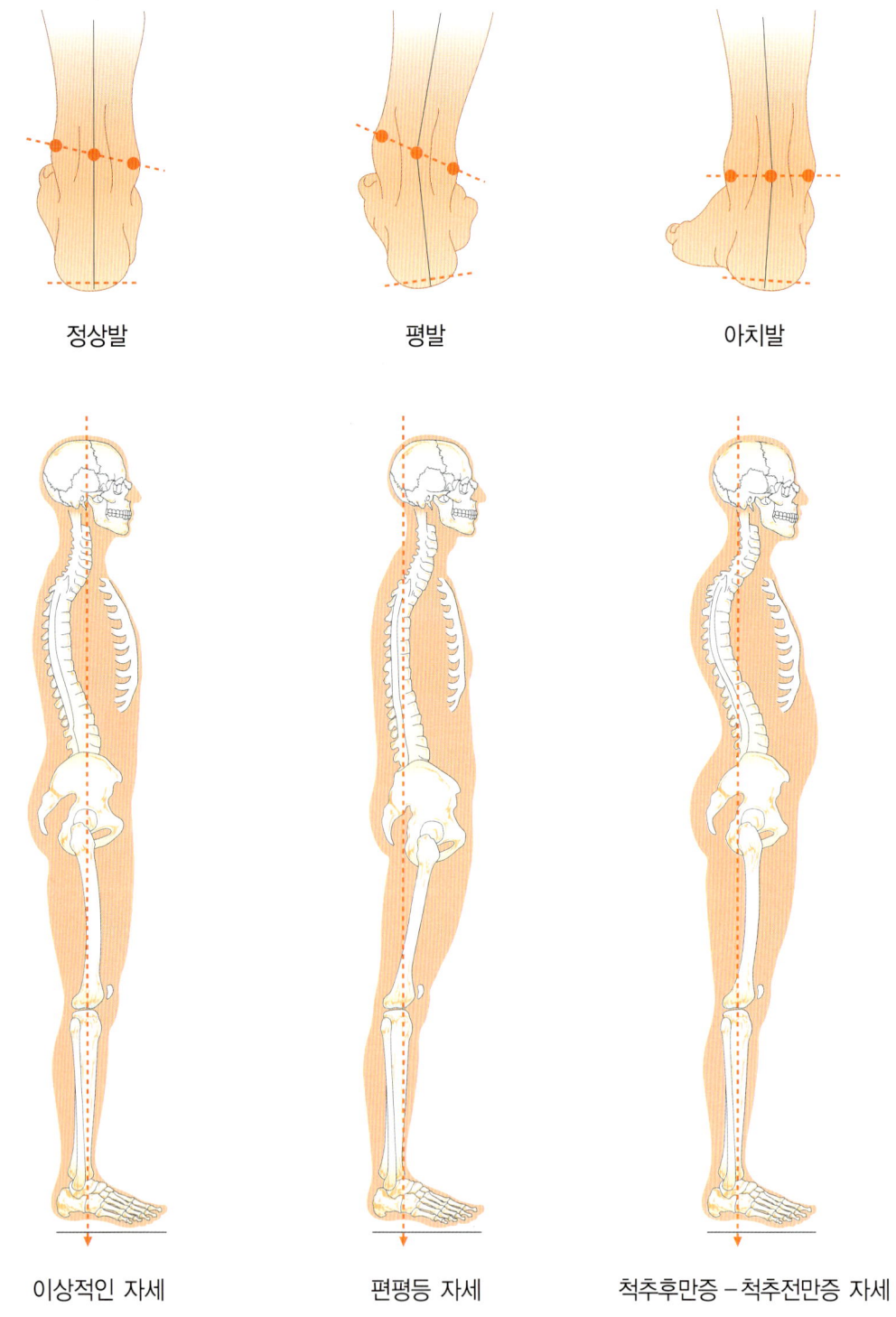

정상발         평발         아치발

이상적인 자세      편평등 자세      척추후만증 – 척추전만증 자세

general podiatry technic

# 03 발 위생 및 소독

- 주위환경 및 작업조건
- 발 건강 케어 시 위생관리

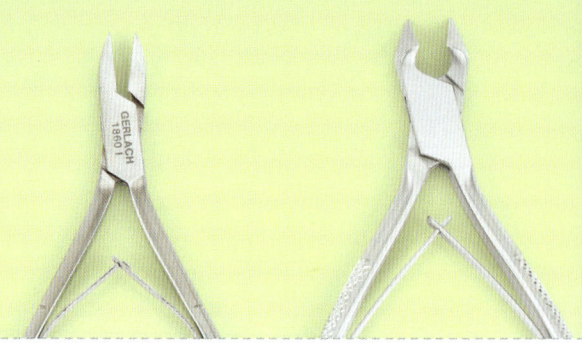

# 주위환경 및 작업조건

## 장소의 조건

- 관리실은 밝고 쾌적해야 한다.
- 가능하면 밝은 색의 벽지와 바닥을 선호한다. (바닥은 항상 청결해야 한다.)
- 관리실과 대기실이 분리되어 있는 것이 좋다.
- 화장실은 청결하고 사용하기에 편해야 한다. (비누와 일회용 티슈, 소독제, 쓰레기통이 준비되어 있어야 한다.)
- 관리실은 조명, 난방, 그리고 환기는 필수적이다.

## 작업의 조건

### ● 관리실

- **발 관리용 의자**
  - 안정성이 있고 높이 조절이 가능해야 한다.
  - 쿠션 준비를 한다.
  - 팔걸이 의자를 선호한다. (소독 가능한 가죽 선호)
  - 등받이 조절이 가능한 것이 좋다.
  - 머리 받침으로 고객을 편안하게 하며 긴장감을 줄이도록 한다.
- **스탠드** : 할로겐 스탠드나 형광등 스탠드를 사용한다.
- **쓰레기통** : 뚜껑이 있는 쓰레기통을 사용한다.
- **의자** : 좌우로 움직이는 의자가 좋다.
- **살균도구** : 가위 등 살균하는 기구를 준비한다.

• **발 관리장** : 기타 소품들을 넣어 둔다.

• **안내표지판** : 처음 방문하는 분들을 위하여 안내문 표시를 붙인다.

## 대기실

- 편안한 소파를 놓는다.
- 음료를 준비한다. (커피, 차의 셀프 이용)
- 잡지 꽂이를 준비한다.
- 풋 스파 기기를 준비한다. (관리 전 사용)
- 그 밖의 공간을 화분 등으로 장식하고 친근하게 보이게 한다.

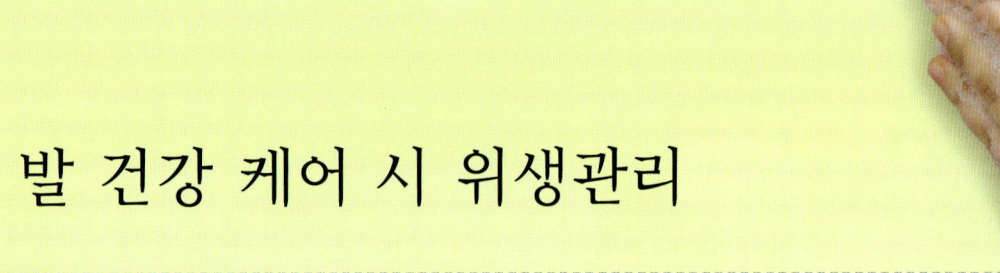

# 발 건강 케어 시 위생관리

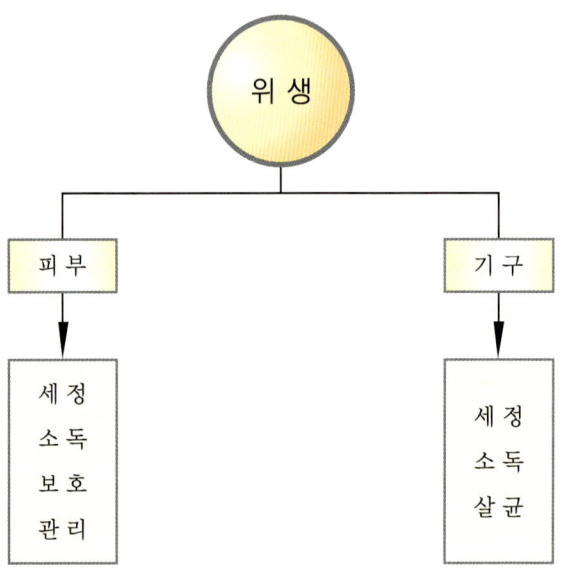

```
        위 생
       /      \
    피 부      기 구
      ↓          ↓
   세 정      세 정
   소 독      소 독
   보 호      살 균
   관 리
```

## 🔵 세정 (cleaning)

더러움을 제거해 내는 것으로 비누나 세제를 이용하여 문지르고 닦는 기계적인 활동을 통해 이루어진다.

## 🔵 소독 (disinfection)

소독을 함으로써 더 이상 병균이 감염되지 못하게 한다. 소독은 모든 전염병의 병원체를 전멸시키거나 비활성화시키지만 파상풍균이나 괴저균 같은 지속성 박테리아나 비병원성 미생물을 없애지는 못한다.

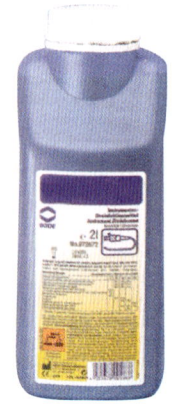

## ◦ 살균(sterilization)

살균은 비병원성 미생물이나 지속성 박테리아를 포함해 모든 대상을 완전한 무균상태
로 만든다.

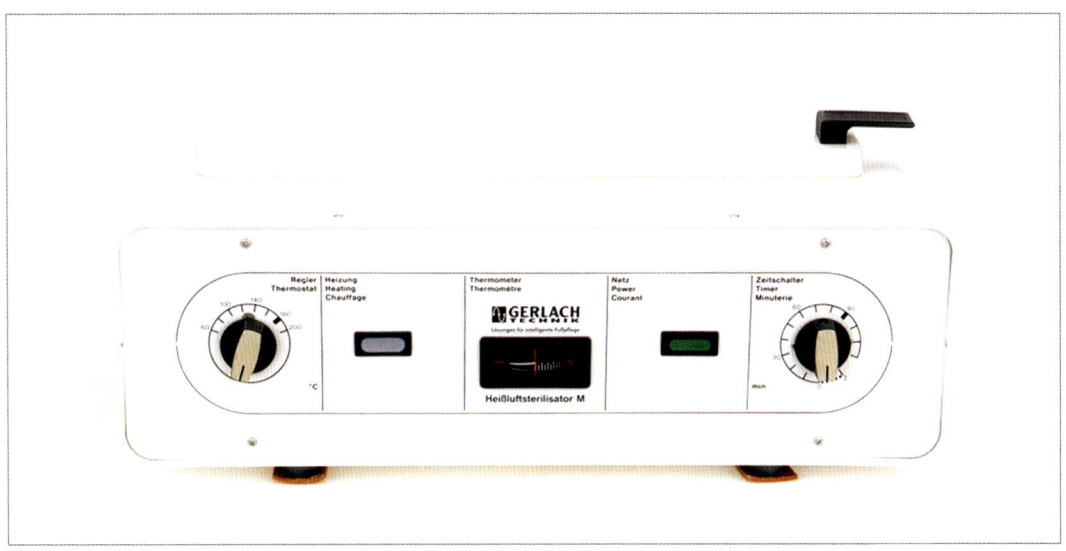

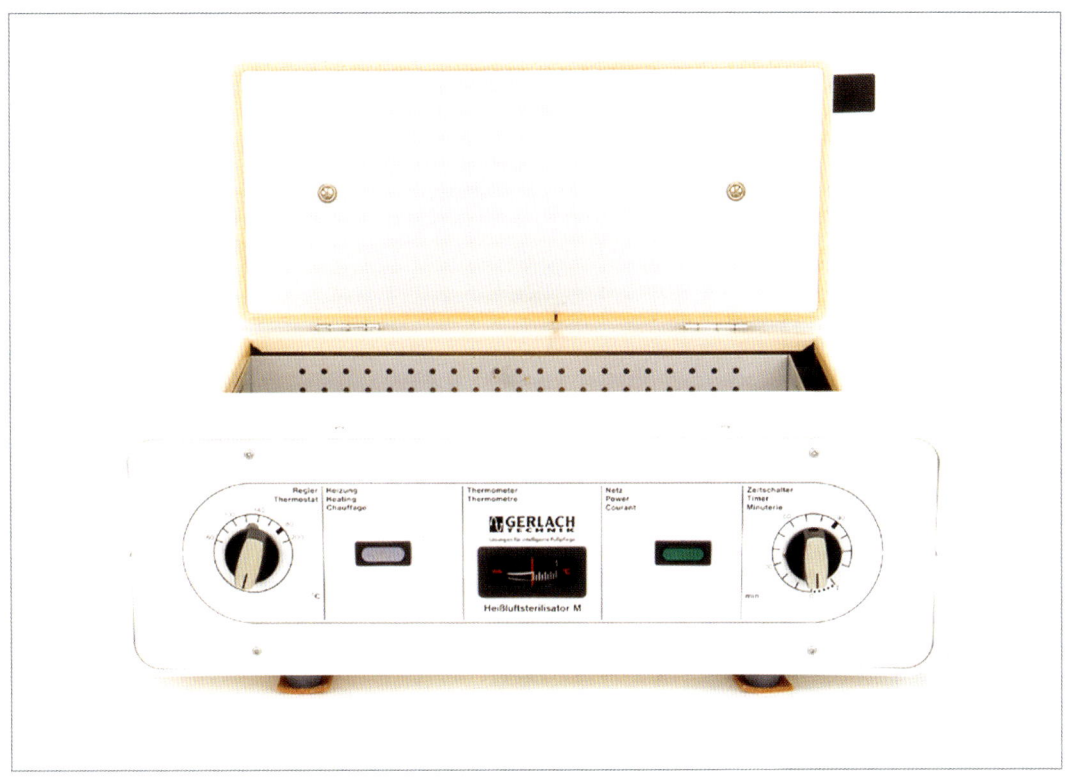

## 손과 발의 위생관리

• 모든 관리를 하기에 앞서 소독 비누를
  이용해 따뜻한 물로 손을 깨끗이 닦고
  마른 수건으로 손을 닦는다.

• 관리하기 전 손 소독을 한다.

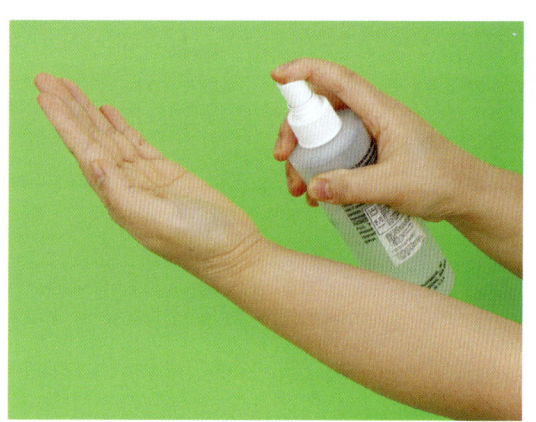

• 관리 시 손을 보호하는 1회용 장갑을 착용하고 마스크를 사용한다.

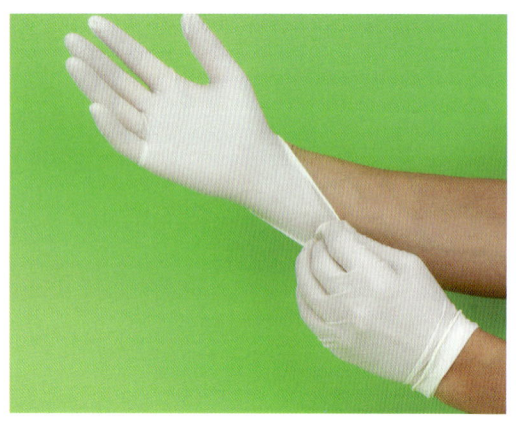
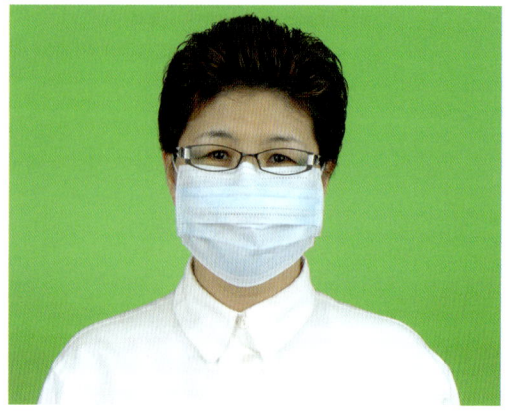

- 모든 관리가 끝나면 깨끗이 손을 씻은 후 보호제를 바른다.

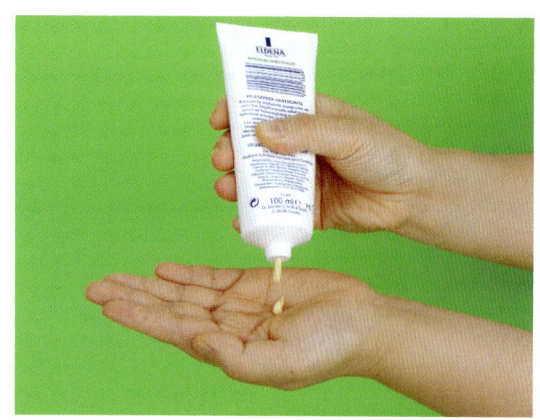

- 상처가 있으면 밴드를 해야 한다.
- 관리 시 손톱은 깨끗하고 짧게 잘라야 한다.
- 관리 시 액세서리는 착용하지 않는다.
- 가운은 흰색의 면 소재로 삶을 수 있는 것이 좋으며 매일 갈아 입는다.
- 몸을 청결하게 하여 체취나 구취가 나지 않도록 한다.
- 고객에게 사용되는 깔개(티슈)는 1회용을 사용한다. (단, 타월은 사용 후 반드시 삶아야 한다.)

## 기구의 위생관리 및 살균

- **물리적 방법 :** 열탕소독 방법이다. 기구들은 끓는 물에서 최소한 3분간 두도록 한다. 물에 소다 0.5%를 풀면 비등점을 높이고 더러움을 제거할 수 있다.

● **화학적 방법** : 기구를 사용한 후 즉시 소독액에 담그는 방법이다. 일반적으로 포름알데히드와 같은 알데히드를 이용한 소독제를 사용한다.

소독제의 양과 농도, 소요시간(약 60분 정도) 등에 신경을 써야 한다.

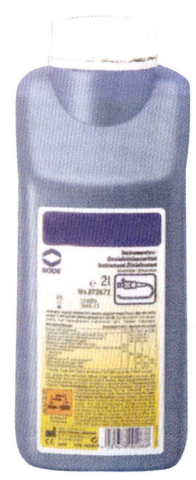

● **수증기를 이용한 기구 살균** : 고압살균기로 수증기를 이용하는 방법이다. 살균을 위한 최소 소요시간 표준치는 120℃일 때 20분, 134℃일 때 5분이다.

● **열풍을 이용한 기구 살균** : 열풍소독기를 사용한 방법이다.

표준치는 180℃일 때 소요시간 30분이다.

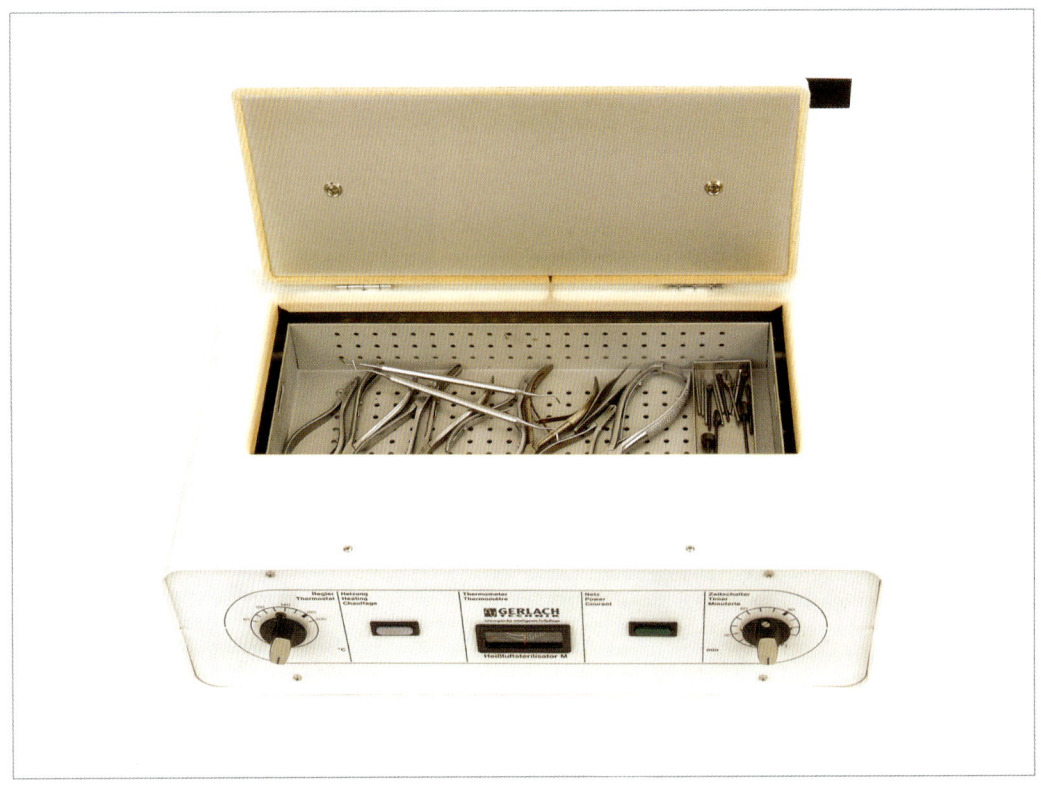

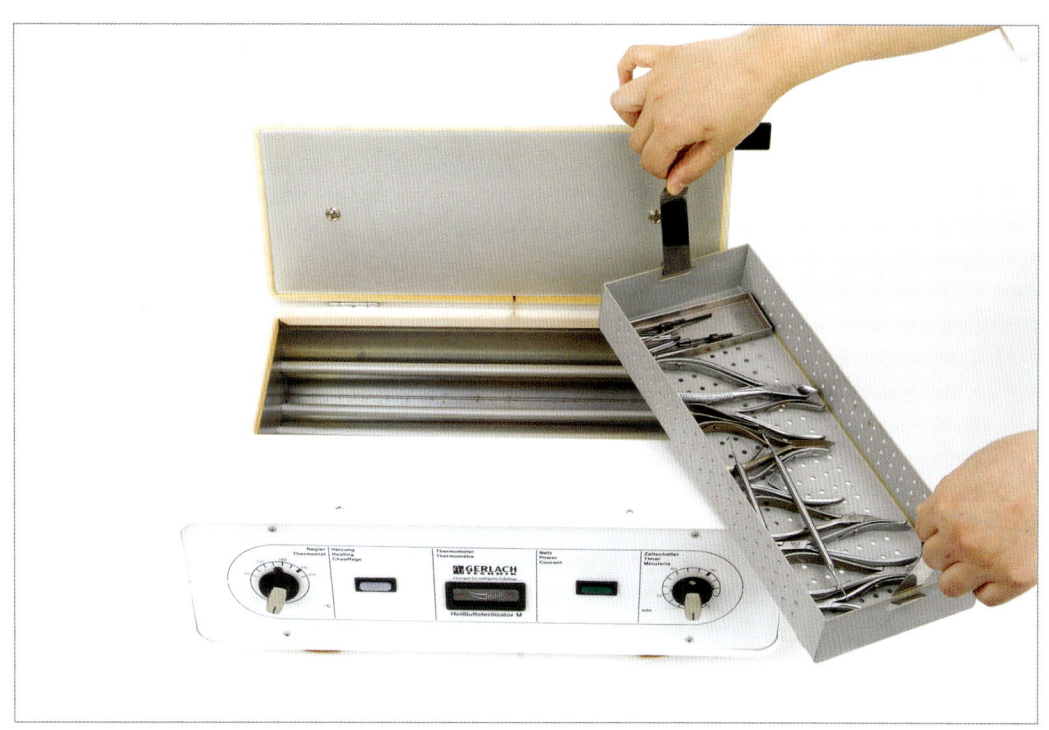

## 관리실의 위생관리

- 비품들은 표면이 쉽게 닦이는지 소독이 가능한지 알아야 한다.
- 풋 스파는 여러 사람들이 사용하는 것으로 사용할 때마다 청소를 아주 철저히 해야 한다. (풋 스파를 사용할 때 살균과 혈액순환을 도와주는 아로마를 이용하면 더 좋다.)
- 관리용 베드, 의자, 발판, 그 밖의 여러 사람들이 접촉하는 곳은 매일 청소하고 소독하는 것이 좋다.

# *general podiatry technic*
# 04

# 발 기초질환

- 발 건강 케어 시 꼭 알아야 할
  기초질환 및 홈 케어

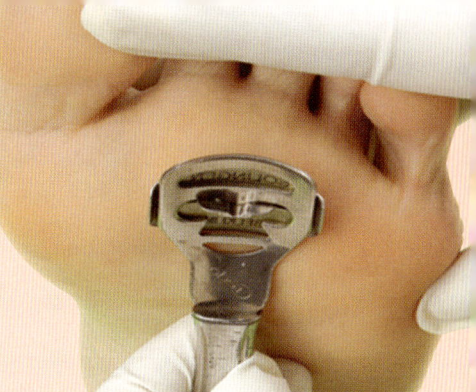

# 발 건강 케어 시 꼭 알아야 할
# 기초질환 및 홈 케어

## 혈액순환

피의 순환은 산소와 영양소를 온몸의 기관들로 운송하는 것이다.

심장을 통해서 피는 모든 기관들로 펌프질된다. 심장으로부터 밖으로 나가는 혈관이 동맥이고 심장으로 들어오는 혈관이 정맥이다.

심장으로부터 흘러나오는 대동맥은 몸의 모든 구석구석에 도달하는 더 작은 동맥으로 분배된다.

동맥은 다시 피가 천천히 통하여 흐르는 가는 모세혈관으로 분배된다. 모세혈관 벽을 통과할 때 산소와 영양소의 교환이 단지 모세혈관 영역 내의 세포에서 이어진다.

그리고 나서 모세혈관은 가는 정맥에서 합쳐지고 이것들은 다시 피를 심장으로 이끄는 대정맥으로 합쳐진다.

## 동맥의 혈액순환장애

동맥경화의 원인이 된다.

지방물질이 동맥벽 위에 침착되면서 동맥의 횡단면이 작아지게 된다.

● **원인** : 동맥경화의 주요 위험요소는 높은 혈압, 흡연, 당뇨병, 높은 혈압 내의 지방함량 그리고 요산들이다.

● **증상** : 하퇴부에서 동맥경화는 걸을 때에 극심한 통증을 일으킨다. 발의 피부는 창백하고 차며 발의 맥박은 감지할 수 없다.

발가락과 뒤꿈치 내 조직의 마비가 온다.

## 정맥의 혈액순환장애

정맥의 변화를 통해 혈액의 역류가 방해 받는다면 모세관 영역 안의 혈액은 다시 막힌다. 그 조직 내에서 높아진 모세혈관 혈압 때문에 혈장이 넘쳐 흐르고 팽창이 야기된다. 이것은 세포의 가스와 영양소 교환의 방해를 야기할 수 있고 세포 손상이 될 수 있다.

● **원인** : 가장 중요한 원인은 경련이며, 정맥의 확장 또는 혈전을 통한 폐쇄, 정맥염증 등이 있다.

● **증상** : 하퇴부의 통증 또는 경련, 발 부위의 팽창 경향이 있다. 피부는 순환장애로 염증, 박피, 균 감염 등 민감한 상태가 되거나 검게 변색될 수 있다.


## 기능상의 혈액순환장애

● **원인** : 동맥의 수축은 부교감신경의 잘못된 반작용으로 오며, 대개 선천적이고 과중한 체중으로 인해 생기기도 한다.
정맥의 기능상 장애는 바닥관절펌프와 과관절펌프로 인해 심장으로 정맥의 역류를 줄어들게 한다. 발생하는 요인들은 발 기형, 잘못된 신발 등을 들 수 있다.

● **증상** : 동맥의 부작용은 반점이 생기면서 피부색이 변하고 만성적으로 발이 냉해지며 땀이 많아진다. (경련성 냉족)
특징은 다리가 무겁게 느껴지며 발 부위가 쉽게 붓고 화끈거린다.

● **홈 케어 관리** : 발 관리를 끝낸 후 집에서 할 수 있는 간단한 발 스트레칭, 발 마사지 등을 알려주고 족욕 시 혈액순환 촉진제품을 첨가하도록 권유한다.


## 당뇨병

당뇨병은 혈당 농도가 보통 이상으로 높은 것을 말한다.

● **원인** : 혈당 농도는 췌장에서 생산되는 인슐린이란 호르몬에 의해서 조절된다. 당뇨병

은 인슐린의 부족으로 인해 생기나 유전적인 요소도 있다.

- **제1형 당뇨병** : 주로 청소년기에 나타나며 췌장 내 인슐린을 생성하는 세포가 파괴되어 인슐린 절대적 부족으로 발생한다.
- **제2형 당뇨병** : 당뇨병의 90%에 해당하는 가장 흔한 형태로 40세 이상의 성인에게 나타난다. 인슐린이 충분히 분비되기는 하지만 제대로 작용하지 못하는 경우이다.

## ◗ 증상

- **혈당성 혼수** : 혈당치가 아주 높아지면 모든 신진대사가 제대로 이루어지지 않아 의식불명 상태가 되고 10~30%는 사망에 이르게 된다.
- **혈관장애** : 동맥경화증을 일으키는 주원인으로 특히, 관상, 뇌, 골반, 말초동맥에서 혈관장애가 발생한다. 세월이 흐르면서 심각한 혈액순환장애가 일어나고 부분적으로 세포가 죽게 되며(심근경색, 뇌졸중, 발궤양 등) 신진대사 활동장애로 소동맥에 손상을 가져온다. (망막손상, 신장병, 말초신경증, 자율신경장애, 습진, 피부손상 등)

## ◗ 홈 케어 관리 : 혈액순환장애로 인한 당뇨는 발과 밀접한 관계가 있다.

- **발 검사** : 발은 매일 관찰해야 하며(경우에 따라 거울을 사용한다.) 붓기, 갈라짐, 눌린 자국, 상처, 티눈, 붉어짐, 발가락 사이 물기 및 무좀 등을 주의해서 확인한다.
- **발의 청결** : 매일 5~10분 정도 미지근한 물에 족욕을 한다. (물의 온도가 37℃를 넘지 않게 한다.) 수건 사용 시는 부드러운 수건을 사용하며(솔을 사용하지 않는다.) 목욕 시에는 첨가제품이 너무 강하지 않은 것이 좋다.
  발가락 사이의 물기를 잘 닦는 것이 중요하고 너무 세게 문지르지 않도록 유의한다.
- **발의 피부 관리** : 피부가 갈라지는 것을 막기 위해 발뒤꿈치와 발바닥에 크림을 발라준다. (발가락 사이에 상처가 난 경우는 크림 사용을 피하고 파우더를 발라준다.)
  당뇨가 있는 사람은 직접관리(각질제거용 파일 사용, 면도날 사용, 티눈 반창고 등)를 피한다.
- **발톱 관리** : 가위를 사용할 때는 끝 모양이 둥근 것이 좋다. (매주 한 번씩 파일로 다듬는 것이 안전하다.)
- **신발** : 발 치수에 맞는 신발을 선택하고, 발에 자국이 나지 않는 것이 좋으며, 신발 바닥이나 밑창은 가죽으로 된 것이라야 한다. (신발은 사기 전에 꼭 신어 봐야 한다.)
  앞이 뚫린 신발이나 맨발로 걷는 것은 피해야 한다. (수영할 때는 꼭 수영신발을 신어야 한다.)
  또한 양말이나 스타킹은 면으로 된 것이 좋고 꽉 조이지 않아야 하며, 매일 갈아 신어야 한다.

• **그 밖의 관리** : 염증이나 상처가 생겼을 때는 의사를 찾아가야 하며, 발 스트레칭을 규칙적으로 하는 것이 좋다.

# 혈우병

혈우병은 주로 남성에게 많은 유전병으로 한번 상처가 나면 출혈이 잘 멈추지 않는다.

◉ **원인** : 특정 유전자의 변화로 인해 혈액응고 요소의 작용이 부족하게 되어 발병한다.

◉ **증상** : 혈우병은 피가 응고되지 않아서 가벼운 타박상에도 피가 멈추지 않고 흐르는 것을 말한다.
혈우병에는 ABC 3개의 종류가 있는데 혈우병 A는 선척적으로 혈액응고를 시키는 물질이 부족하게 태어나는 경우이고 관절부위에 출혈이 발생하여 통증을 일으키는 출혈성 관절염이 가장 큰 특징이다. 혈우병 B는 혈액응고에 필요한 물질에 6인자라는 인자가 결여되어서 나타나고, 혈우병 C는 B와 비슷하지만 남성, 여성 모두에게 나타나며 우성유전을 하게 된다.

# B형 간염

B형 간염은 바이러스에 의해 간에 염증이 생기는 것이다.

◉ **원인** : 혈관을 통해 감염된다. (성관계로는 잘 감염되지 않는다.) 오로지 비경구적 감염으로 환자의 혈청, 혈액의 주사, 환자의 혈액에 감염된 주사기 등으로 감염된다.

◉ **증상** : 전신권태, 메스꺼움, 간과 비장의 종창을 들 수 있으며 (전체 환자의 50% 정도는 황달이 생기기도 한다.) 약 90% 정도는 3개월 정도 지나면 깨끗이 완치된다.

# 통풍

통풍은 급성 관절염이 반복되면서 생기는 대사성 질환이다.

● **원인** : 유전적으로 혈중 요산치가 높아져서 요산결정체가 형성되어 대부분 관절에 침착된다. (요산은 세포핵 성분이 분해되어 생긴다.)

● **증상** : 전체의 70% 정도는 엄지발가락에 나타나지만 다리를 비롯해 다른 관절에도 나타난다.
신장결석이 생길 수 있고 신장기능장애가 일어날 수 있다.
또한 외반족 모양의 발이 되고 엄지발가락이 뻣뻣해져서 보행 장애가 생기며 발가락 연부조직에도 손상을 입어 발톱이 잘 자라지 못한다.

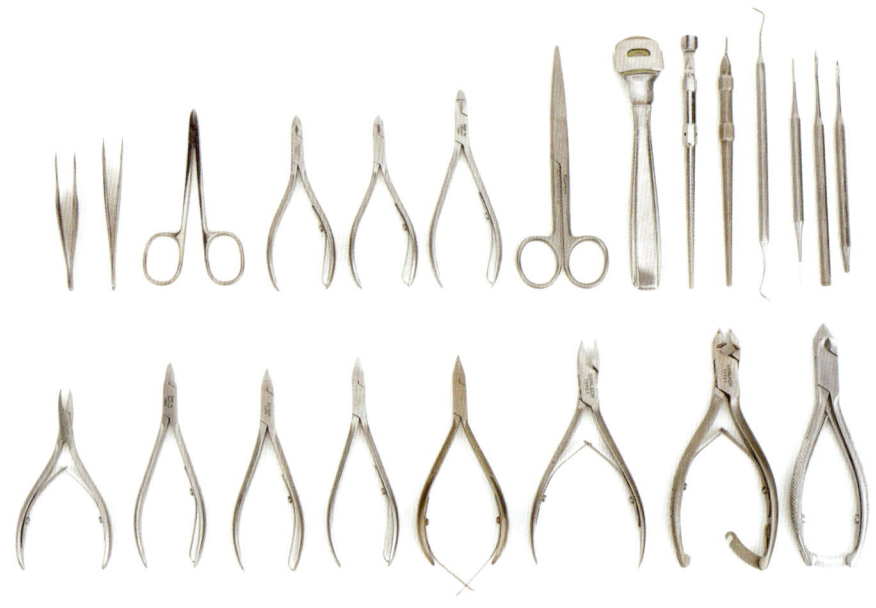

# 발 건강 케어(G.P.T)

- G.P.T 도구 소개 및 사용법
- G.P.T 관리 순서
- G.P.T 관리에 속한 관리
- 발을 보호하고 통증을 예방하는 액세서리

# G.P.T 도구 소개 및 사용법

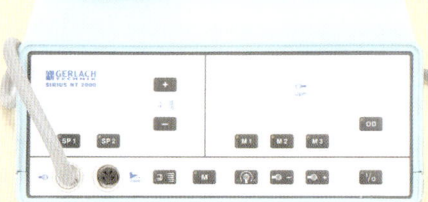

## 도구 소개

- 기계(foot care devices)
- 고객용 의자(patients foot care chair)
- 확대경(work lamps)
- 장갑(gloves)
- 버 박스(burr box)
- 트레이(trays)
- 쓰레기통(stainless steel container)
- 기타 소모품

- 소독기(disinfection)
- 의자(work chair)
- 마스크(nose protection mask)
- 브러시(cleaning brush)
- 버(burr) 정리대
- 스프레이(antiseptic spray)
- 영양공급 아로마 오일

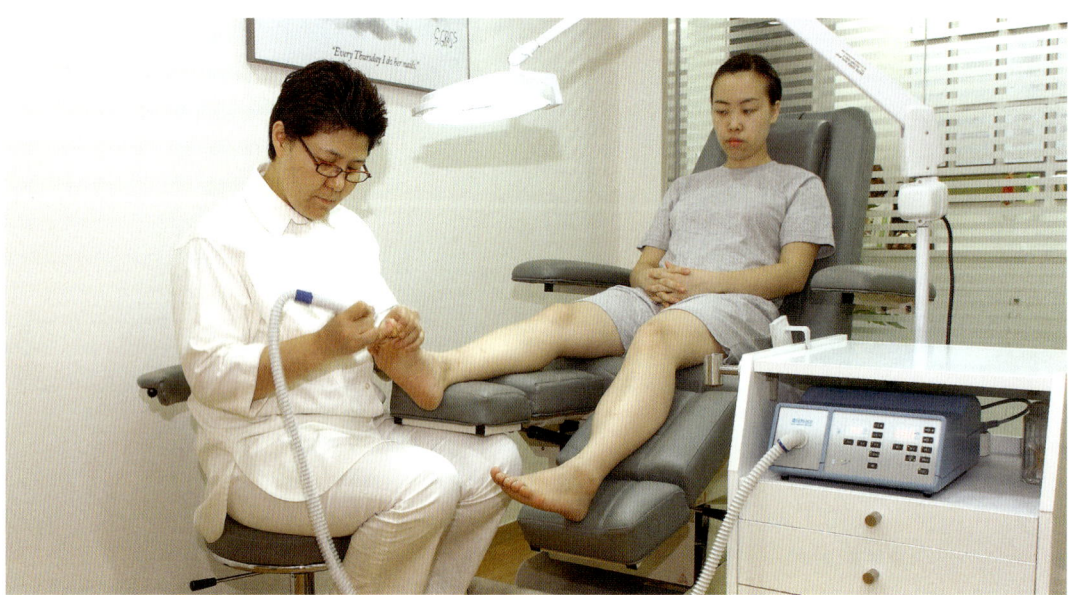

발 건강 케어 관리 장면

# 사용법

## 기계(foot care devices)

초현대적인 최첨단 전자식 마이크로모터가 부착된 발 관리 기계로 다양한 버(burr)들을 사용하여 발톱과 피부를 갈아주고 손질한다.

### 기계 명칭 소개

① on/off
② 최대 회전속도
③ 회전속도(입력)
④ 회전속도(내림)
⑤ 회전속도(올림)
⑥ 회전방향(L, R)
⑦ 흡입력(올림)
⑧ 흡입력(내림)
⑨ 흡입력(입력)
⑩ 흡입 on/off
⑪ 입력
⑫ 손잡이
⑬ 흡입봉투

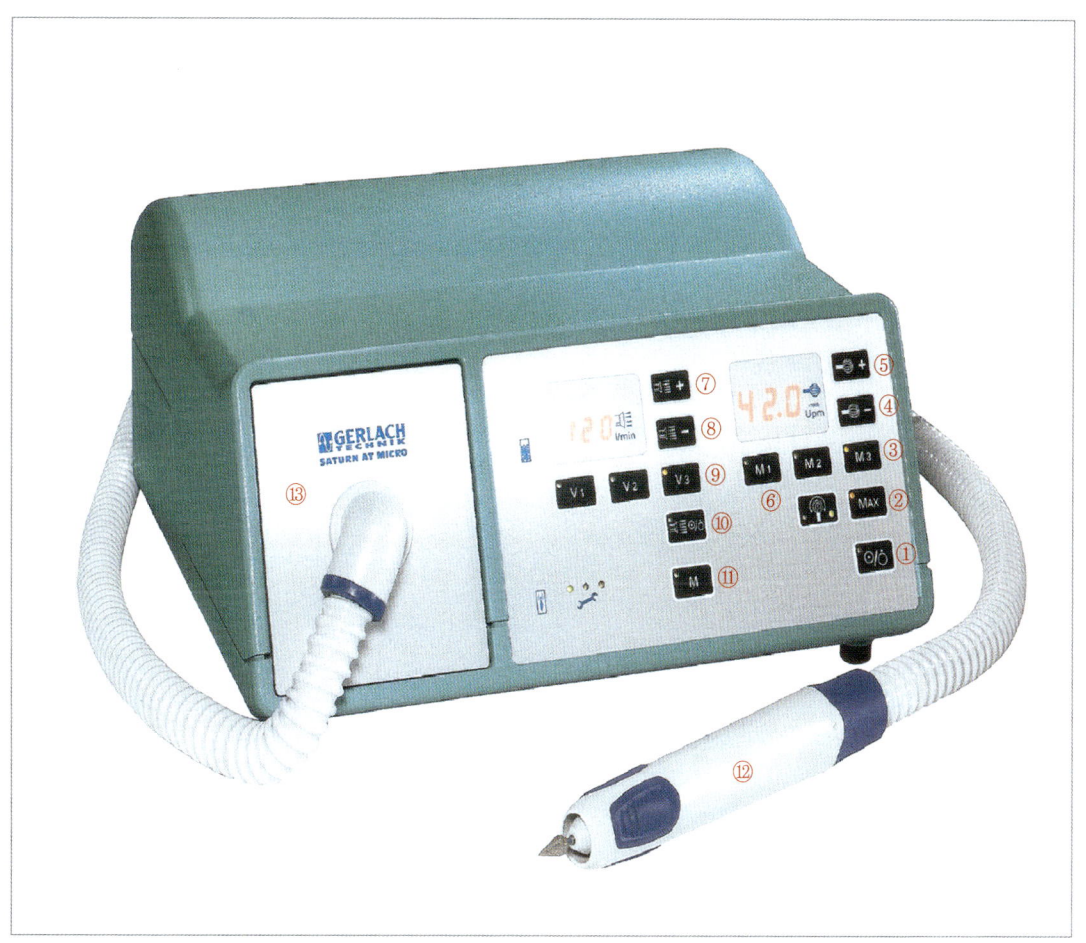

## 발 건강 케어 기계의 종류

· 1969년도 모델(먼지 흡입기 기계)

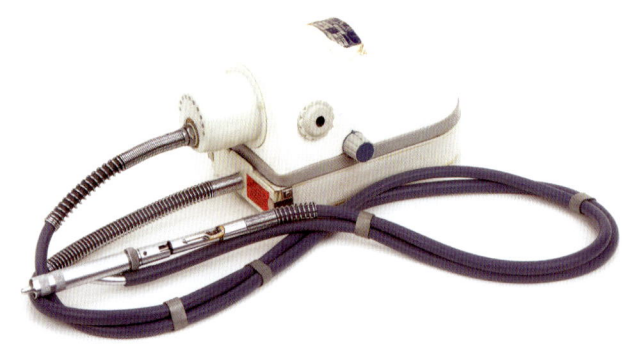

· 1990년도 모델(먼지 흡입기 기계)

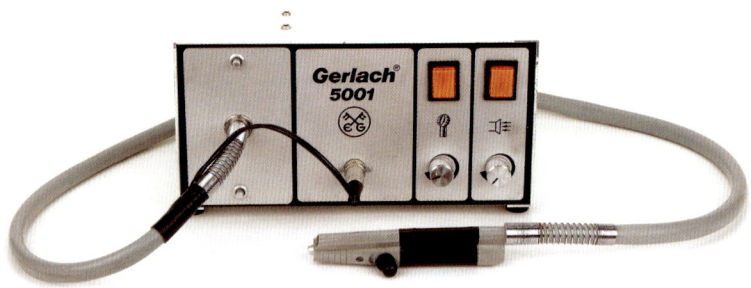

· 2004년도 모델(스프레이식 기계)

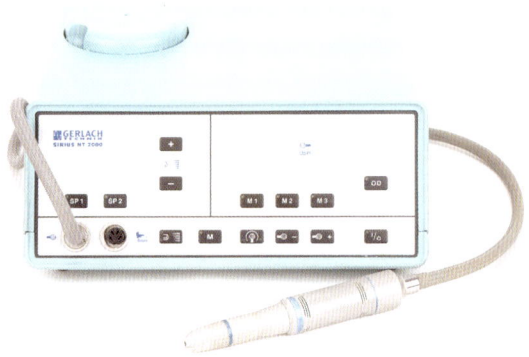

● **소독기 (disinfection)** : 발 관리 후 도구들의 소독이 매우 중요하다. 180℃ 이상으로 가열된 소독기에 가위 및 도구들을 넣고 소독한다.

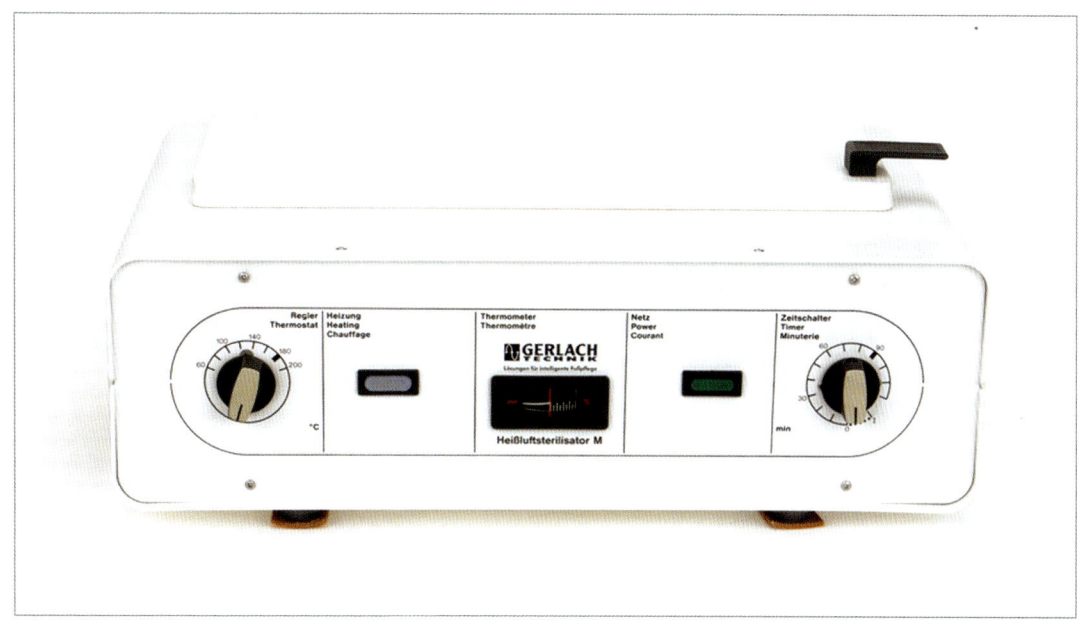

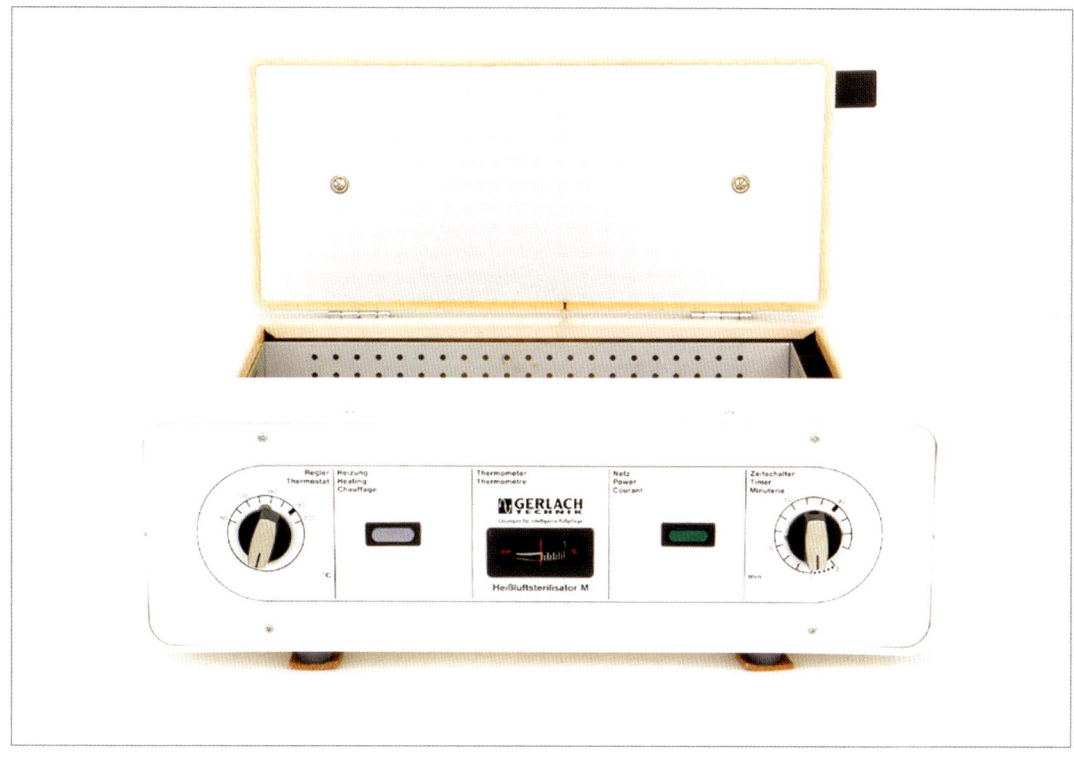

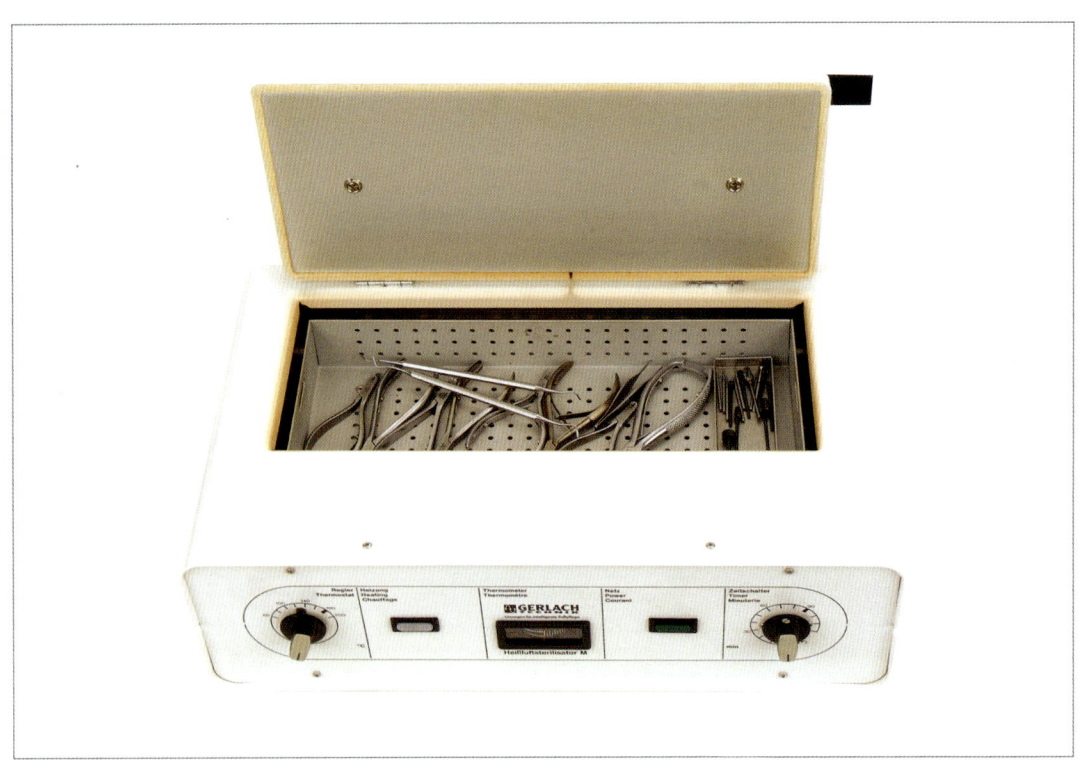

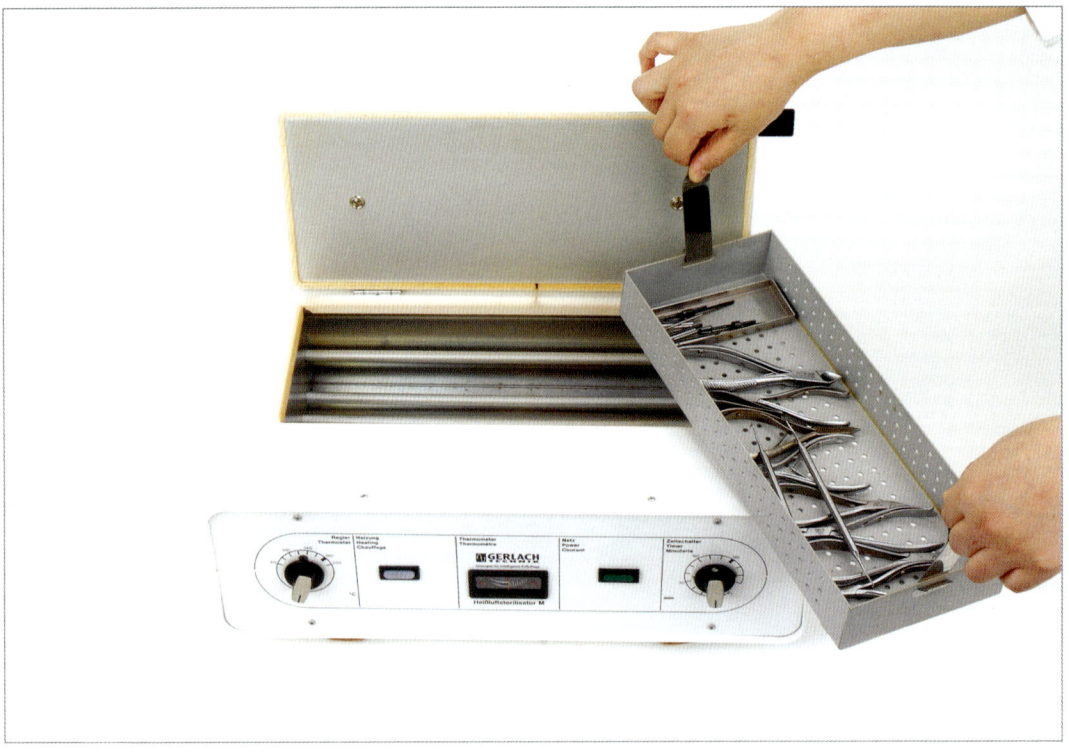

● **고객용 의자**(patients foot care chair) : 현대적인 전자동 전문 발 관리 의자로
고객이 편안하고, 위·아래로 자유롭게 움직이므로 관리의 효율이 높다.

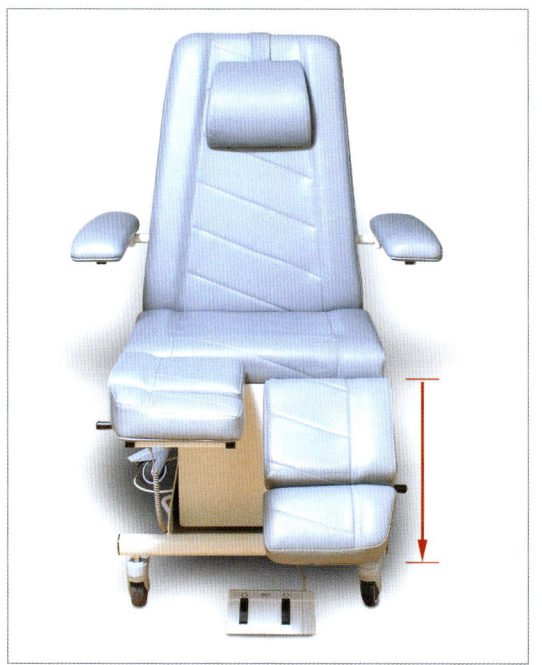 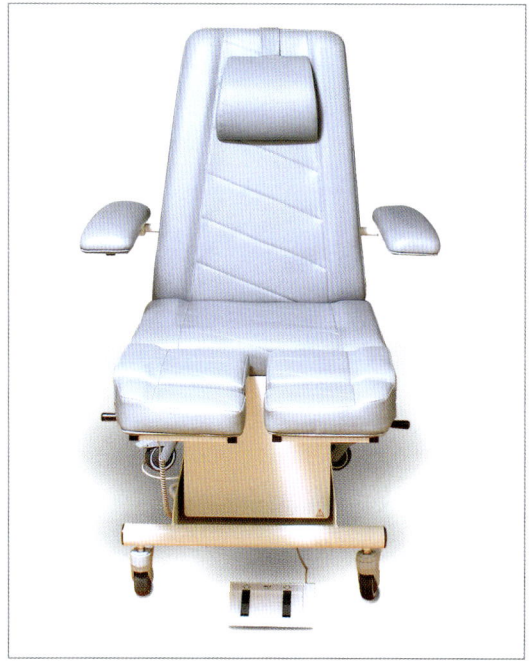

전 면

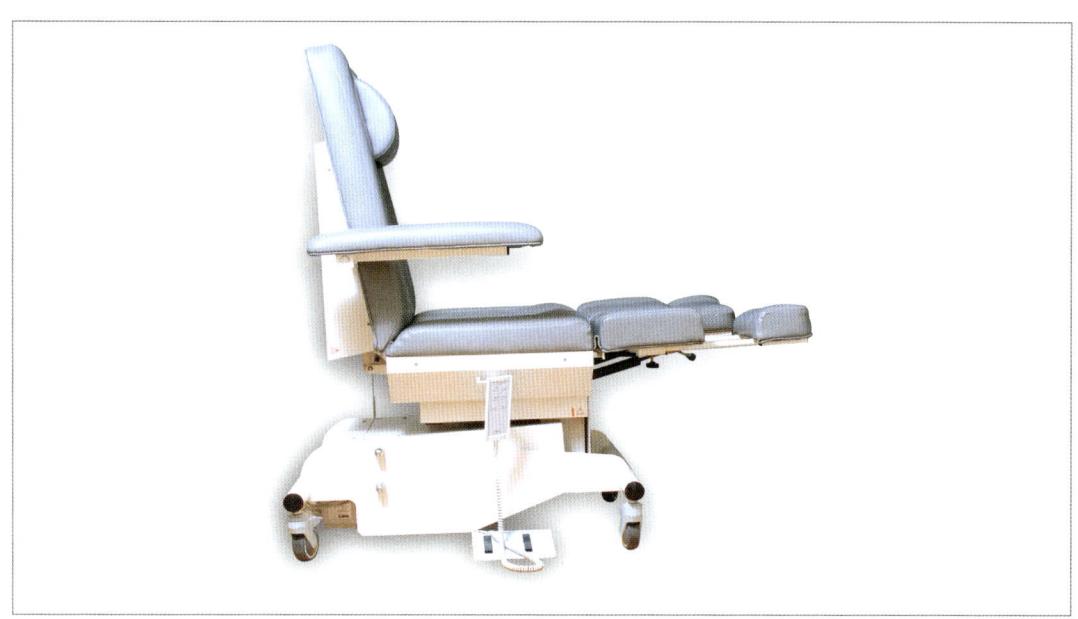

옆 면

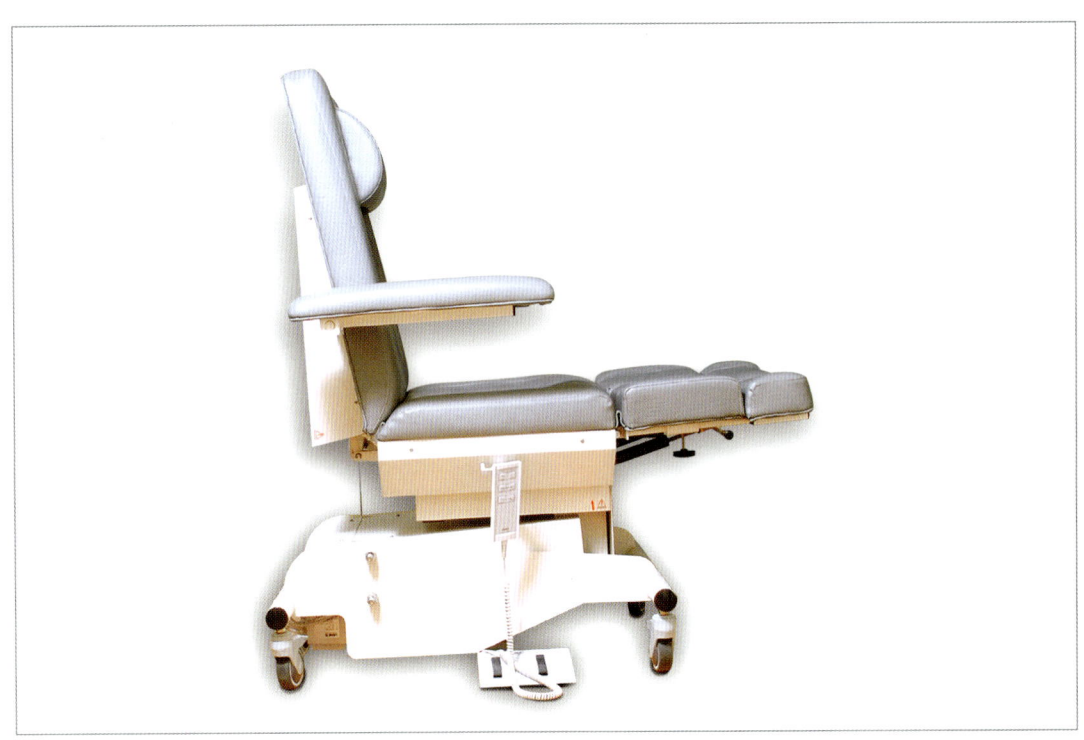

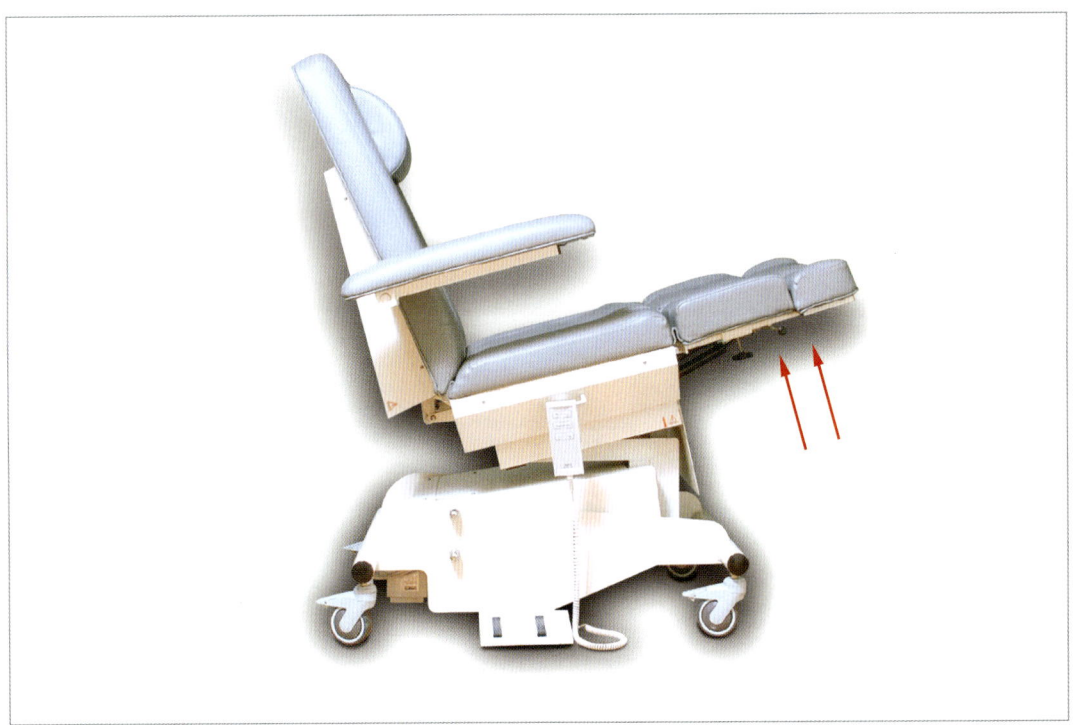

옆 면

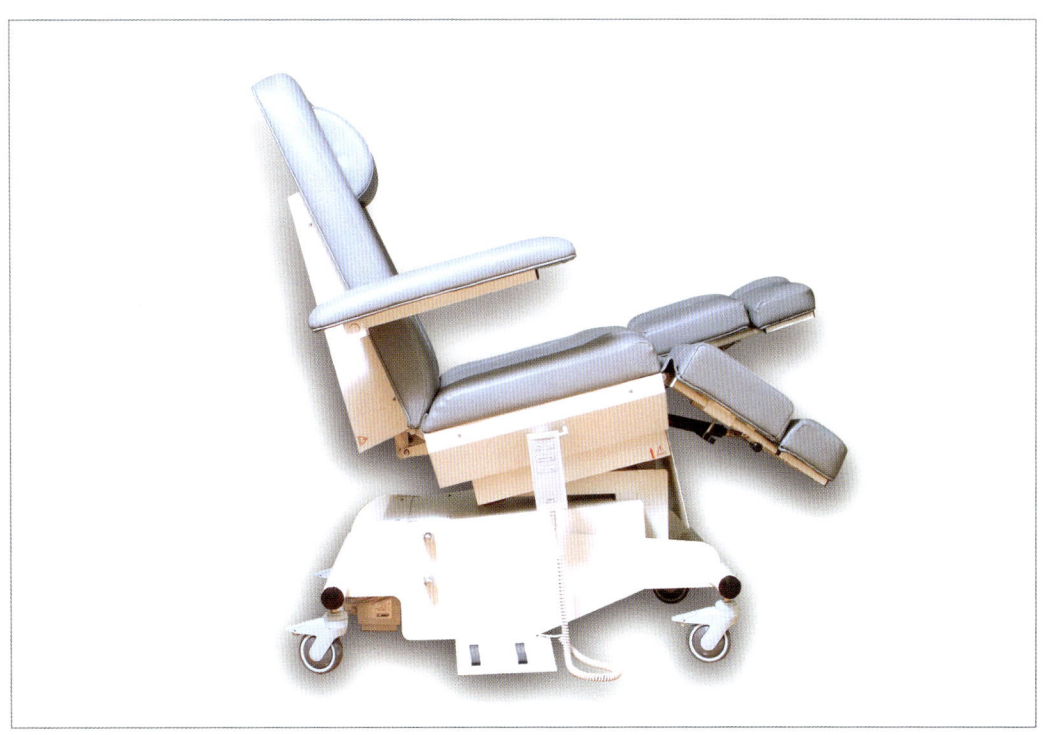

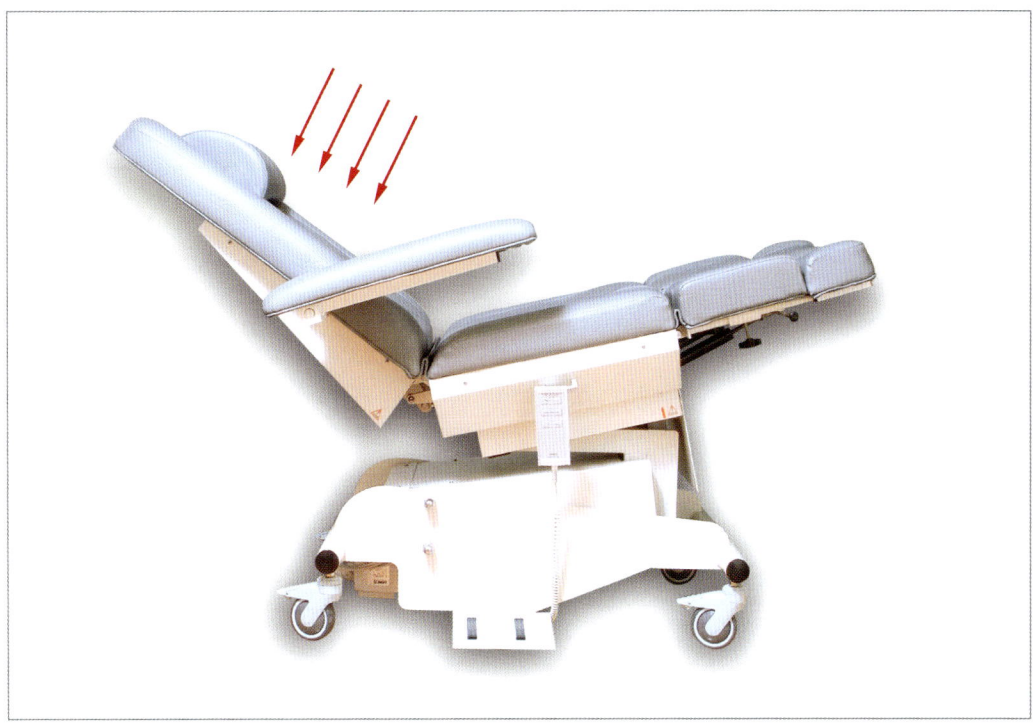

옆 면

● **의자** (work chair) : 자세를 잡아주는 등
받이가 있고 자유롭게 일할 수 있도록 좌우
로 움직여 편리하다.

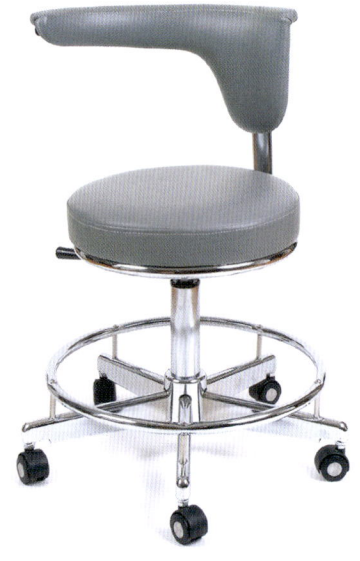

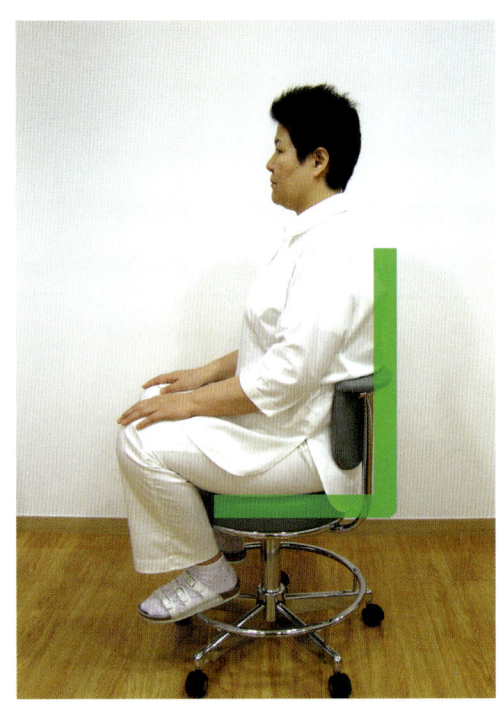

관리 자세

● **확대경** (work lamps) : 전체적인 조
명보다는 관리를 함에 있어서 발톱 및
피부의 변화를 자세히 관찰하고 어두워
잘 보이지 않는 부분까지 세밀하고 간단
하게 알아볼 수 있다.

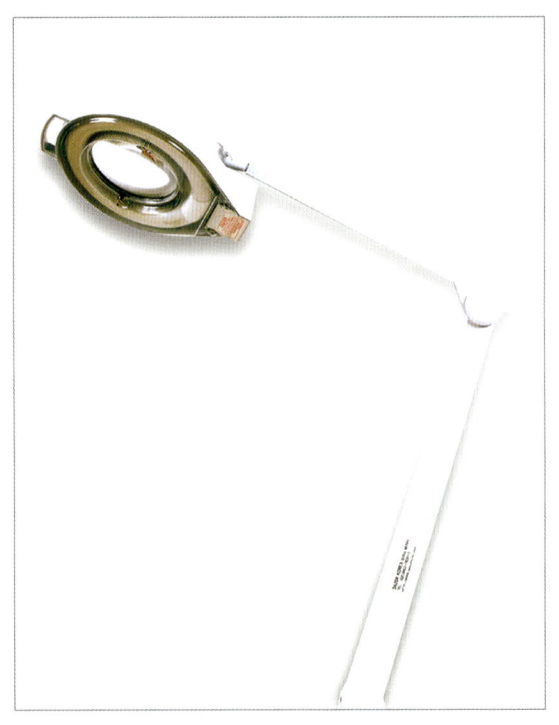

◉ 마스크(nose protection mask) :
마스크의 착용은 관리를 함에 있어서
필수적이다. 갈아주는 과정에서 발생
하는 해로운 분진을 막는 데 많은 도
움이 된다.

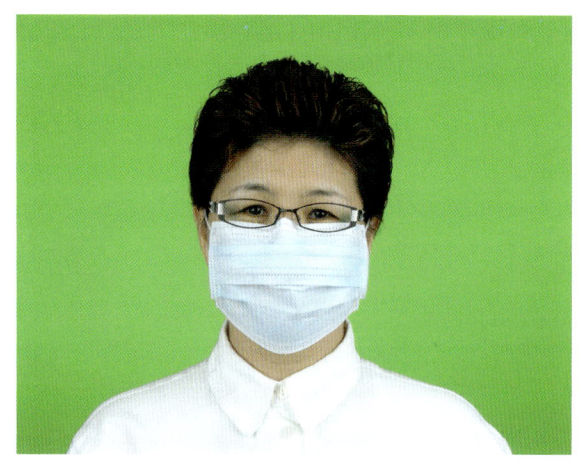

◉ 장갑 (gloves) : 발에는 많은 균들
이 존재하기 때문에 장갑 착용이 꼭
필요하다. (절대 사용한 장갑은 다른
사람에게 다시 사용해서는 안된다.)

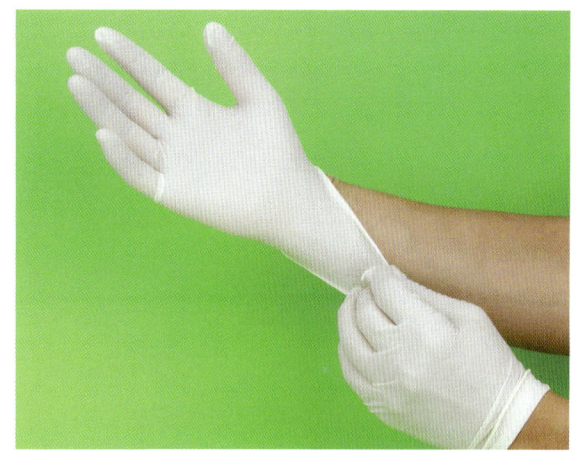

◉ 스프레이(antiseptic spray) : 관리를 시작하기 전에
먼저 발을 소독하고 중간중간 스프레이한다.

● 브러시(cleaning brush) : 사용한 도구나 버(burr)들의 이물질을 털어낼 때 사용한다.

● 버 박스(burr box) : 버(burr)들을 꽂아두고 보호한다.

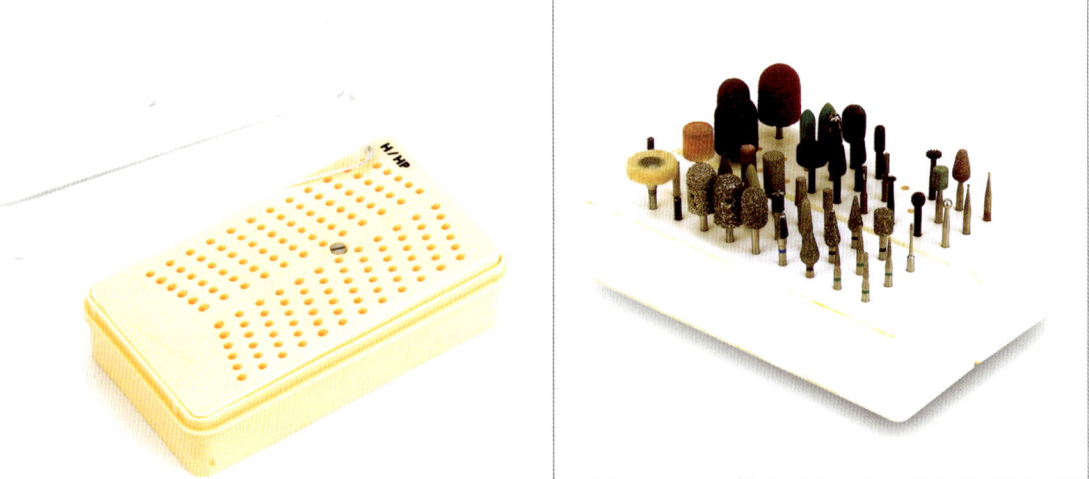

● **버 (burr) 정리대** : 사용한 버(burr)를 붙여 놓는다.

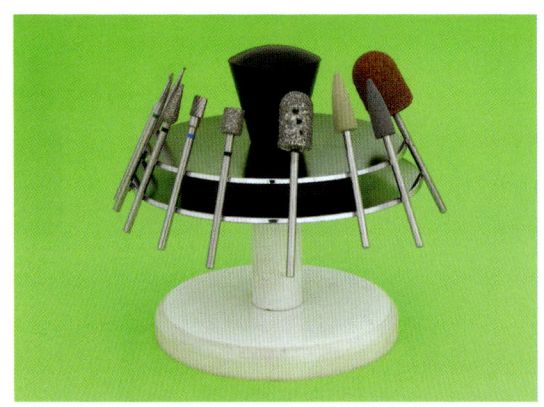

● **트레이 (trays)** : 사용한 가위나 그 밖의 도구들을 놓는다.

● **쓰레기통 (stainless steel container)** : 사용한 휴지나 그 밖의 것을 처리하기 위해 뚜껑이 덮여 있는 것이 좋다.

◉ **영양공급 오일** : 발톱 재생과 각질 제거 후 영양을 공급해 준다. (비타민-E 오일, 아로마 오일 등)

◉ **기타 소모품**

◉ **관리실 전경** : 고객을 맞이하기 전 언제나 깨끗하고 정리된 모습으로 고객에게 신뢰감을 준다.

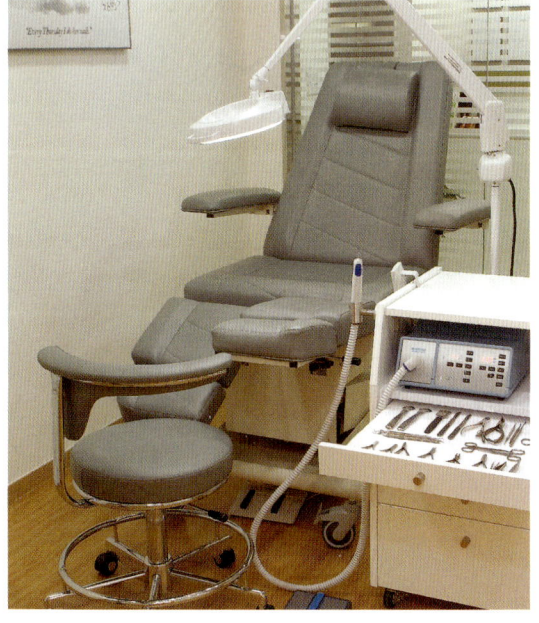

# 명칭

● **발톱가위**(발톱의 크기나 두께에 따라 가위를 다양하게 선택할 수 있다.)

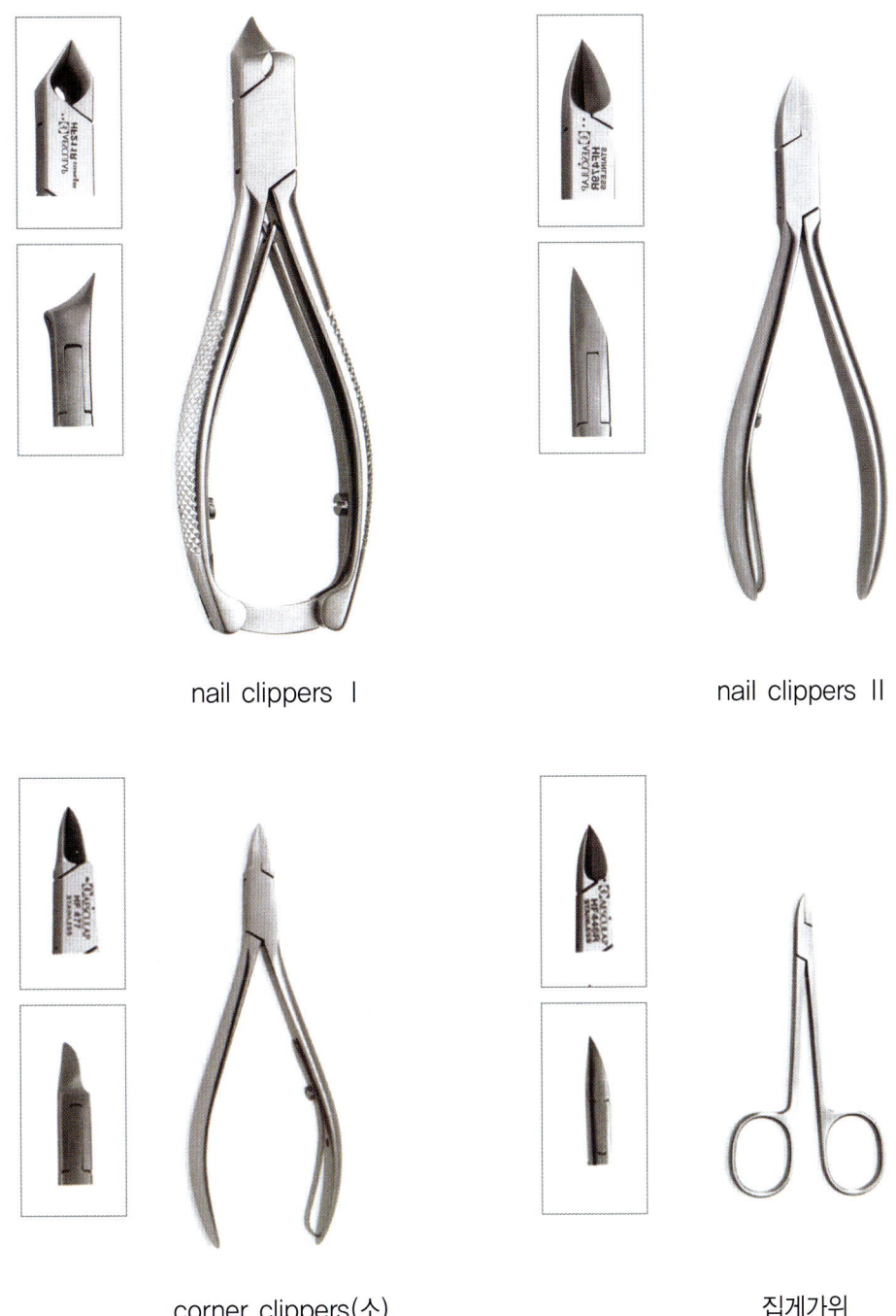

nail clippers Ⅰ

nail clippers Ⅱ

corner clippers(소)

집게가위

## 스킨가위

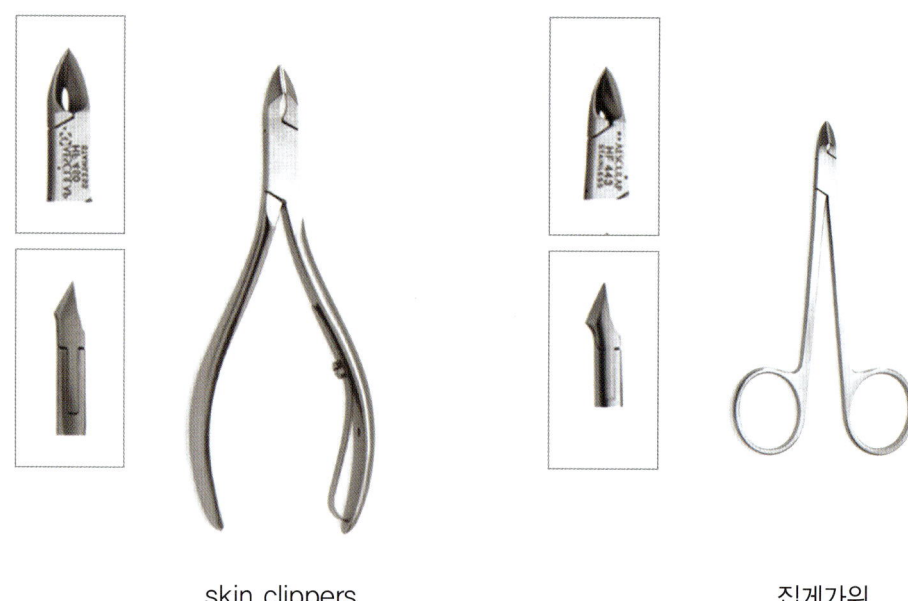

skin clippers                                집게가위

## 굳은살 도구

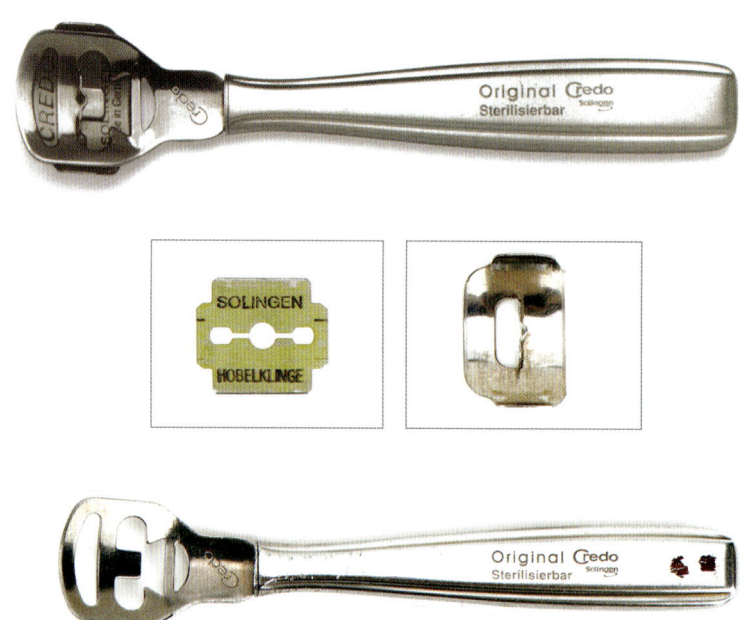

hard skin rasp

◉ 티눈 도구

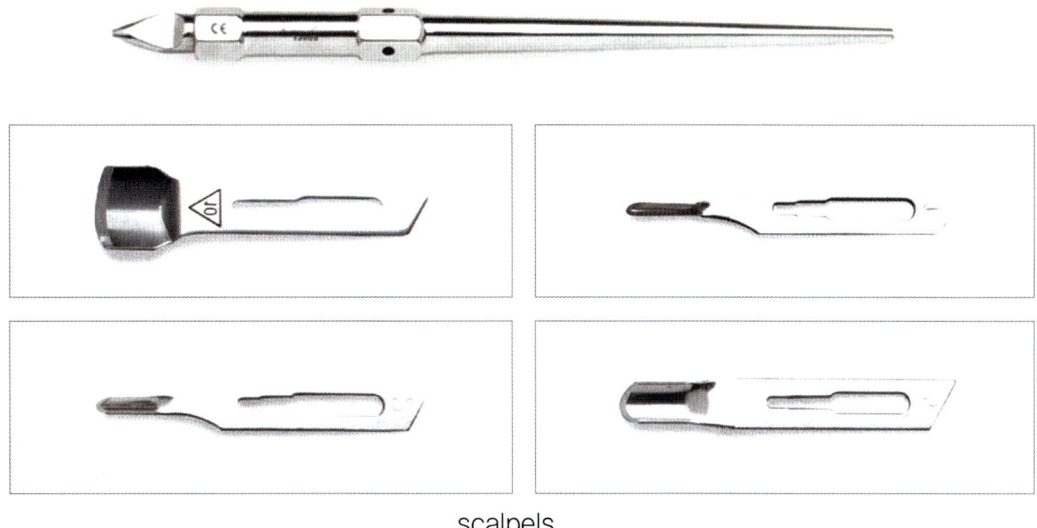

scalpels

◉ 핀셋

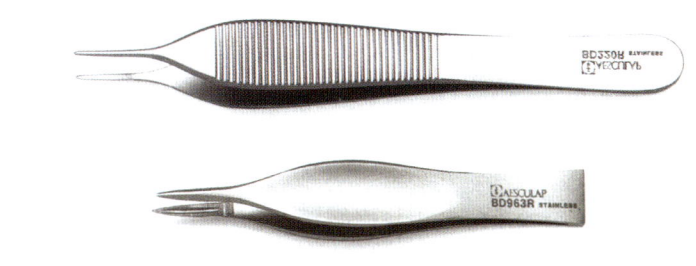

tweezers

◉ 체크용 파일

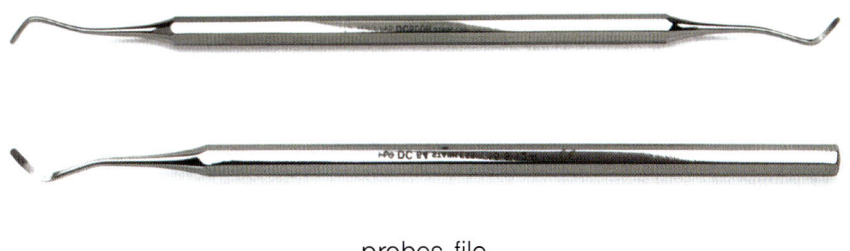

probes file

### 발톱 버(burr)

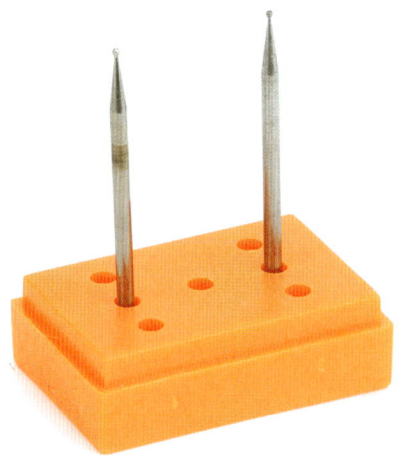

### 발톱 사이드 각질 제거 버(burr)

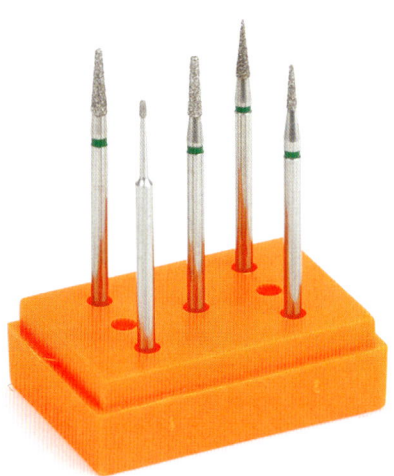

### 발톱 표면 갈아주는 버(burr)

- 1단계(얇은 단계)

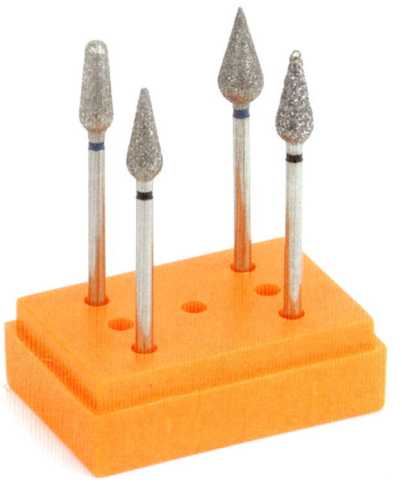

· 2단계 (중간 단계)

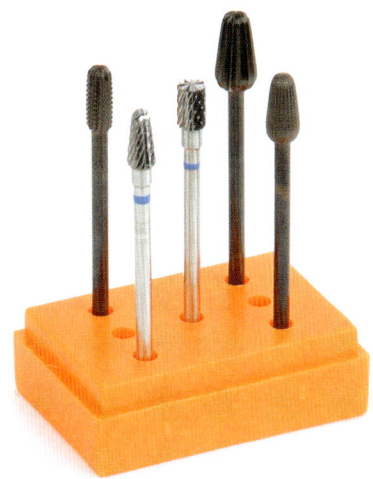

· 3단계 (두꺼운 단계)

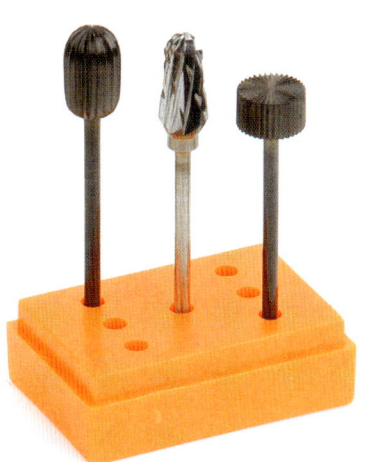

◦ 발톱 끝 정리 버 (burr)

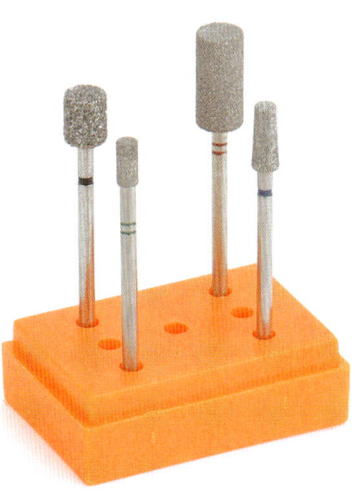

## 발톱 표면의 윤기를 나게 하는 버(burr)

## 스킨 갈아주는 버(burr)

# 사용 설명

◦ nail clippers Ⅰ : 발톱을 자를 때 사용하고 일반적으로 발톱을 발가락 끝까지 잘라내며 모서리는 날카롭지 않게 약간 타원형으로 잘라낸다. (두꺼운 발톱을 자를 때 사용한다.)

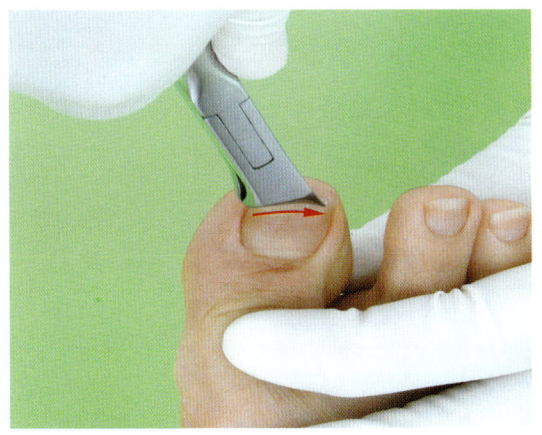

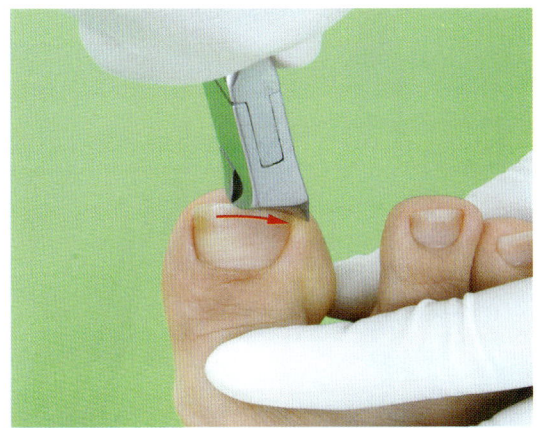

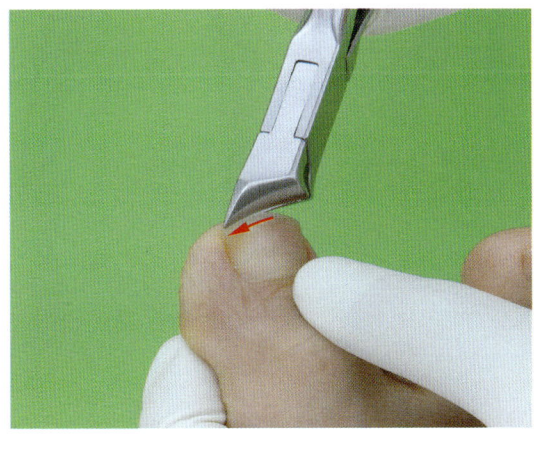

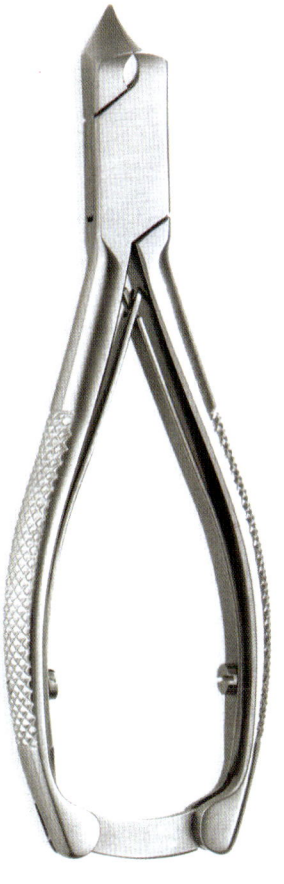

● nail clippers Ⅱ : 발톱 중앙에서 시작하여 양쪽 사이드로 자른다. (크고 조금 두꺼운 발톱을 자를 때 사용한다.)

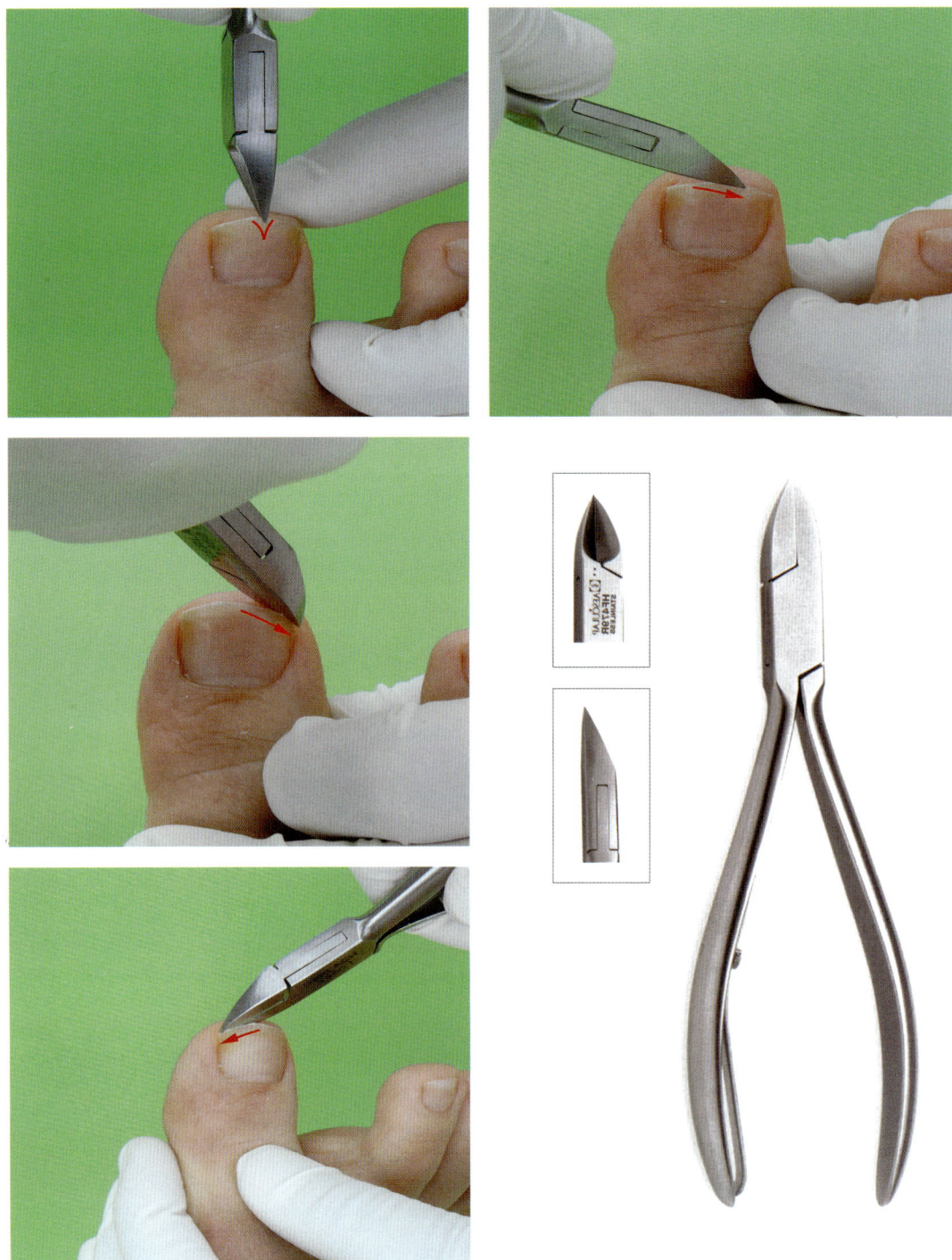

○ corner clippers (소) / skin clippers (집게가위) : 발톱 코너를 자를 때 사용한다. 특히, 파고드는 발톱을 자를 때 많이 사용하며, 코너의 깊숙한 부분을 제거하고 자른다. (발톱이 작고 두께가 얇은 경우에도 사용한다.)

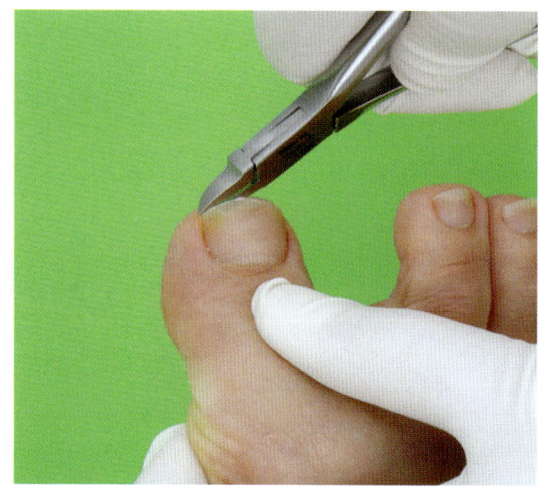

∠15°

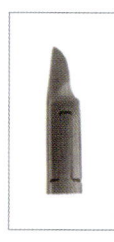

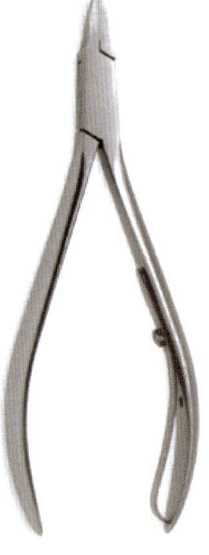

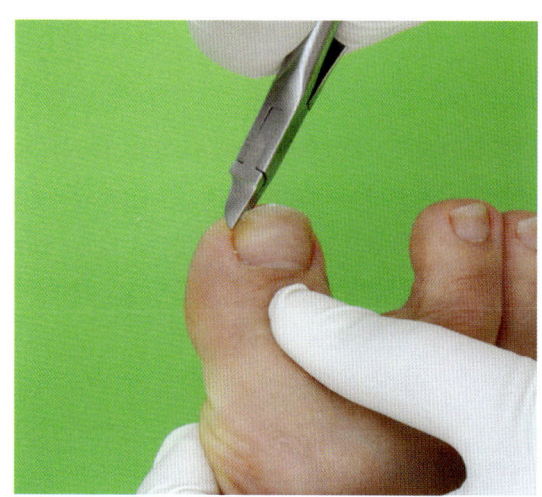

∠45°

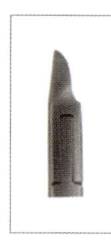

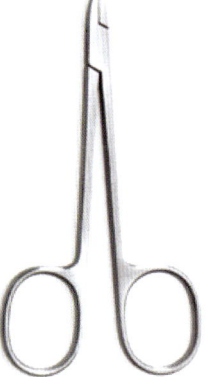

● **skin clippers / 집게가위** : 죽은 각질 및 굳은살과 티눈을 제거하는 데 사용한다. (발톱 사이드의 큐티클을 정리하는 데도 사용가능하다.)

각질 제거 시 상처가 나지 않도록 물을 뿌려가며 경계선을 잘 확인한다.

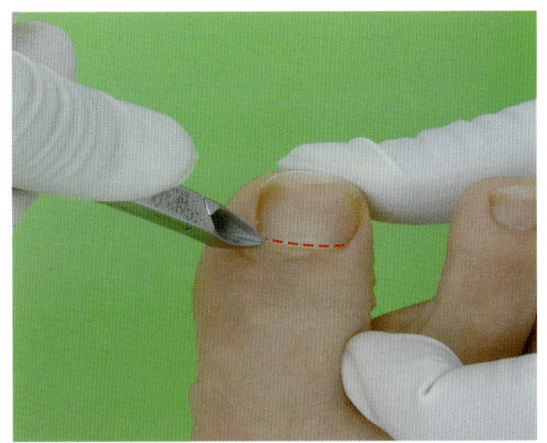

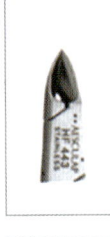
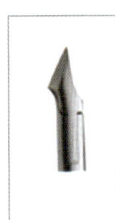
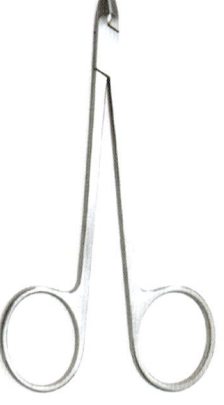

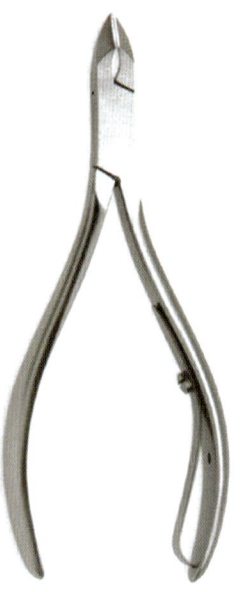

● **티눈 제거용 (scalpels)** : 티눈이나 굳은살을 제거할 때 사용한다.

티눈을 제거할 때는 연필 잡는 자세가 가장 좋으며 발을 받쳐주는 왼손은 제거하고자 하는 부분을 팽팽하게 해준다.

이때 굳은살과 티눈의 경계선이 불분명할 때는 물을 뿌려가며 관리한다.

사이즈의 종류가 다양하여 자유롭게 바꿔가며 사용할 수 있고 작은 사이즈의 경우 깊게 생긴 티눈을 제거하는 데 많이 사용하며 큰 사이즈의 경우 굳은살을 제거할 때 사용한다.

정상적인 피부와 굳은살의 경계선 부분은 중간 사이즈를 사용하여 부드럽게 만들어 준다.

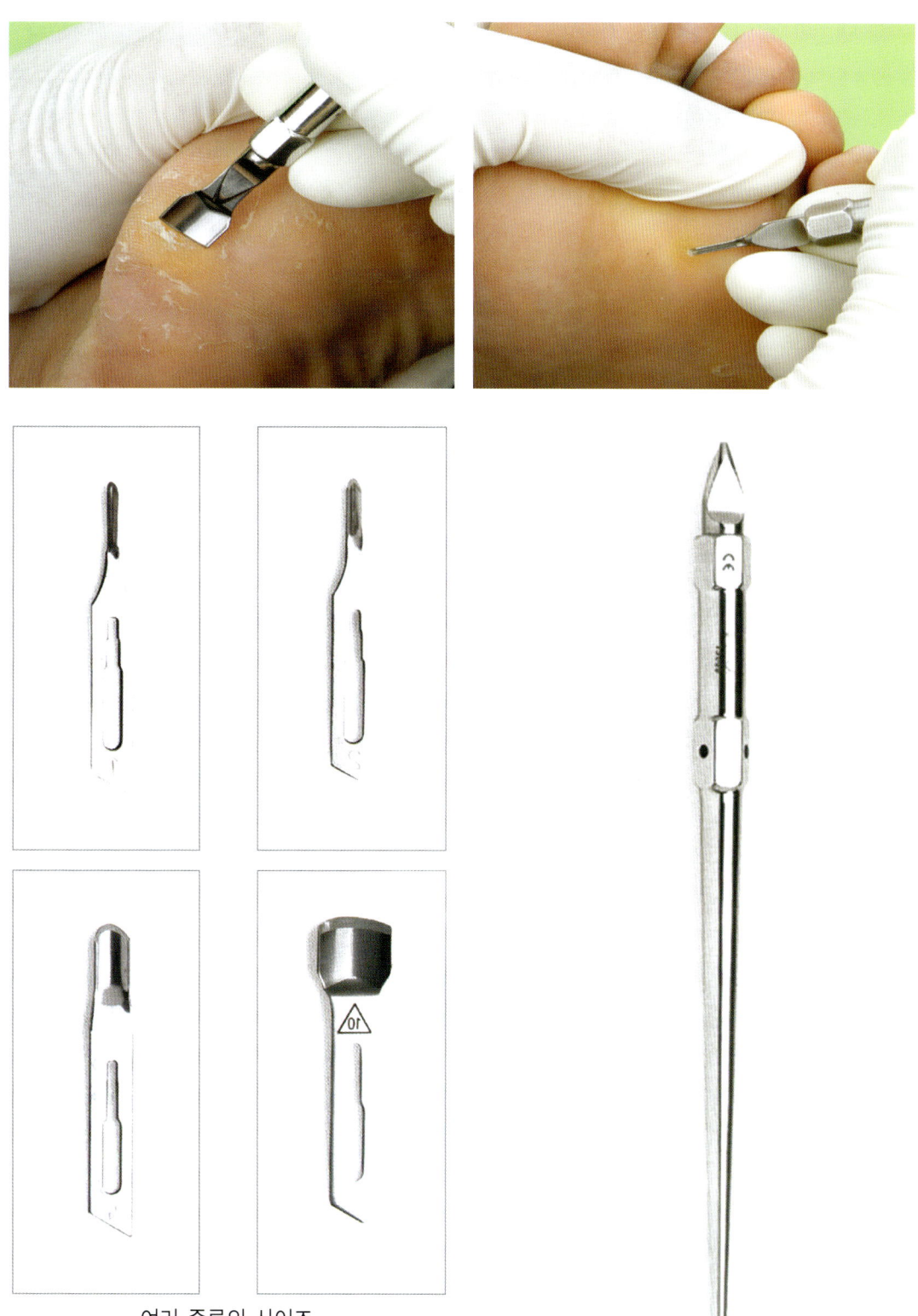

여러 종류의 사이즈

● **체크용 파일(probes file)** : 아주 세밀히 피부나 발톱의 느낌을 알고자 할 때 사용하며, 파고드는 발톱의 경계선 체크, 티눈의 제거 확인, 발톱 사이드의 이물질 및 각질 제거 시 꼭 필요하다.

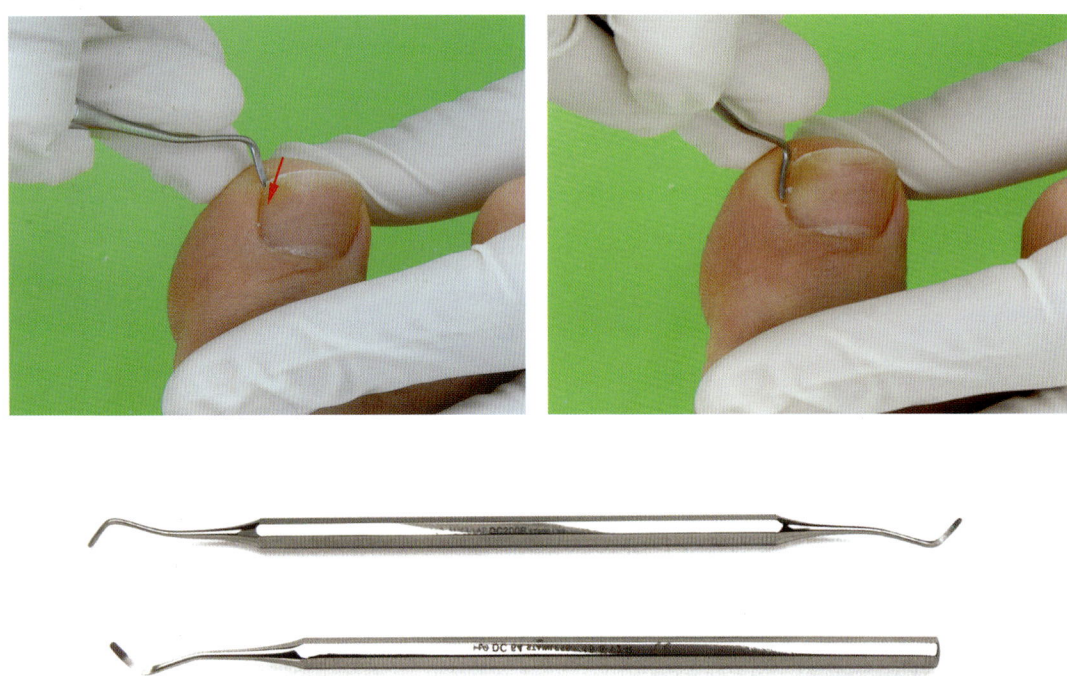

● **핀셋(tweezers)** : 피부와 발톱 사이의 이물질이나 굳은살을 제거할 때 사용되며 정교하고 날카롭다.

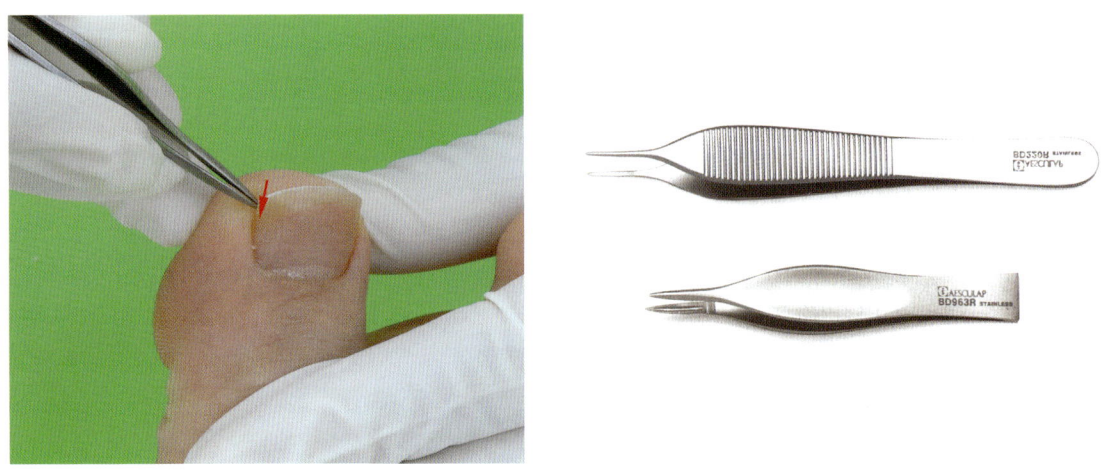

• **굳은살 제거용(hard skin rasp) :** 일명 '크레도'라고 부르며 발바닥이나 뒤꿈치 등의 과다한 각질을 제거할 때 사용한다. (이때 한 번 사용한 칼날은 다른 사람에게 사용하지 않는다.)

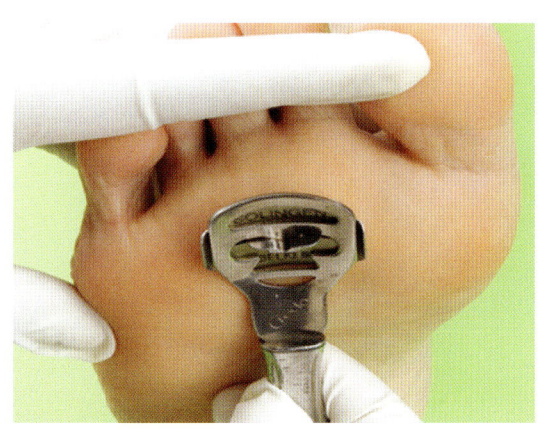

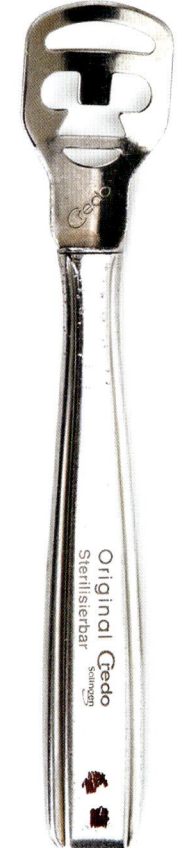

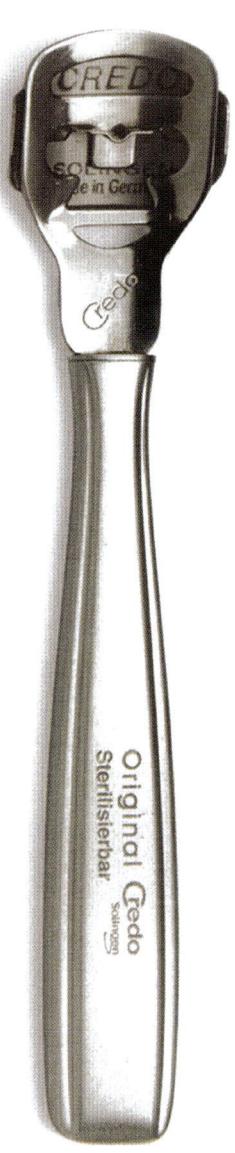

◦ **버 (burr) :** 기계에 끼워서 사용한다.

• 발톱을 자르기 전 발톱과 피부의 경계선을 만들 때나 발톱 사이드를 갈아줄 때 사용한다.

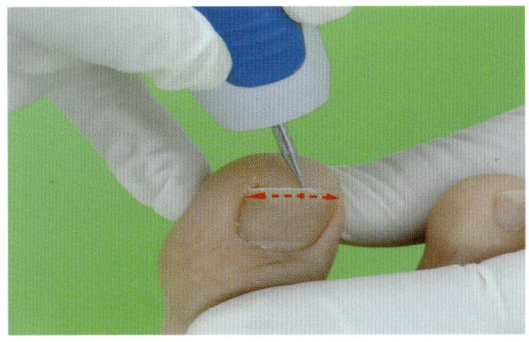

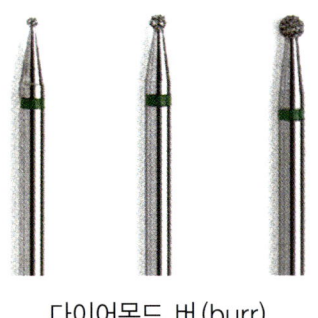

다이어몬드 버(burr)

• 발톱 사이드의 각질을 제거하고 갈아줄 때 사용한다.

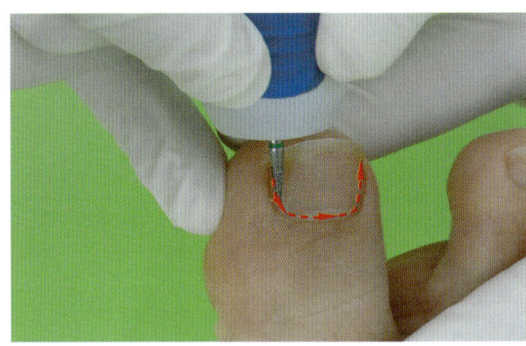

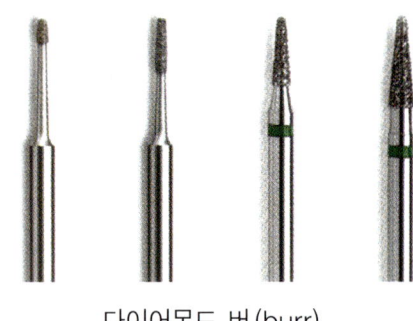

다이어몬드 버(burr)

• 발톱 표면 전체를 갈아줄 때 사용한다. (발톱 두께에 따라 두꺼운 단계부터 얇은 단계까지 여러 단계로 버(burr)를 선택할 수 있다.)

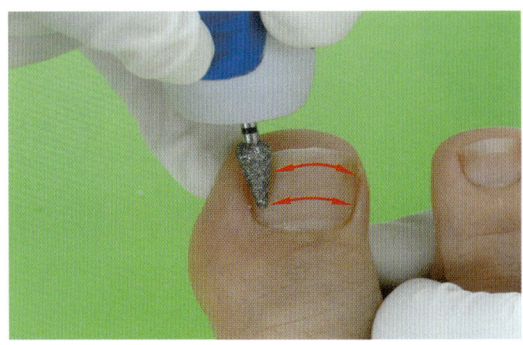

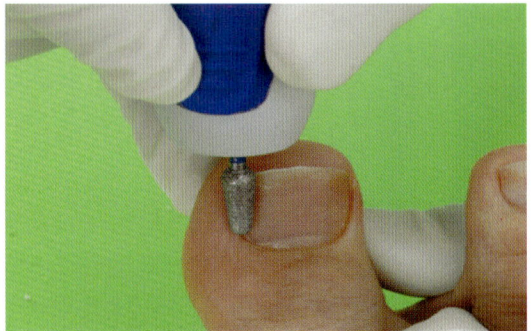

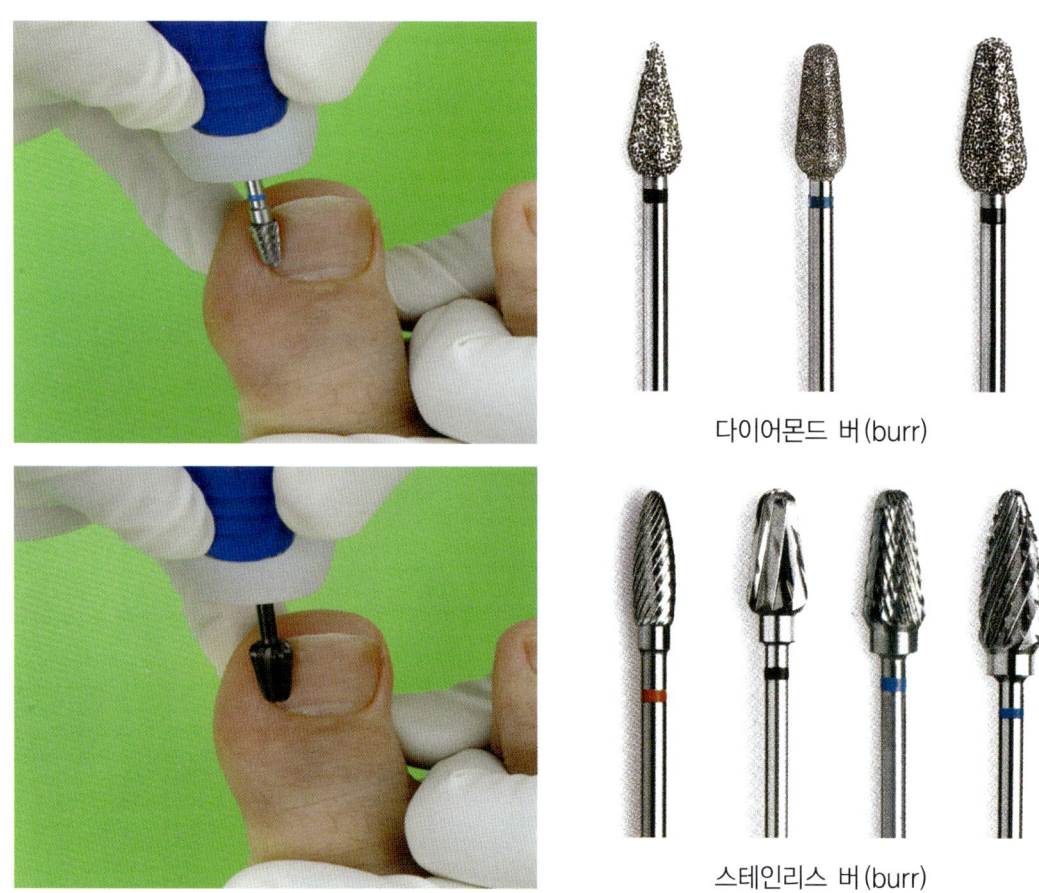

다이어몬드 버(burr)

스테인리스 버(burr)

• 발톱 끝의 거칠어진 부분을 부드럽게 갈아줄 때 사용한다.

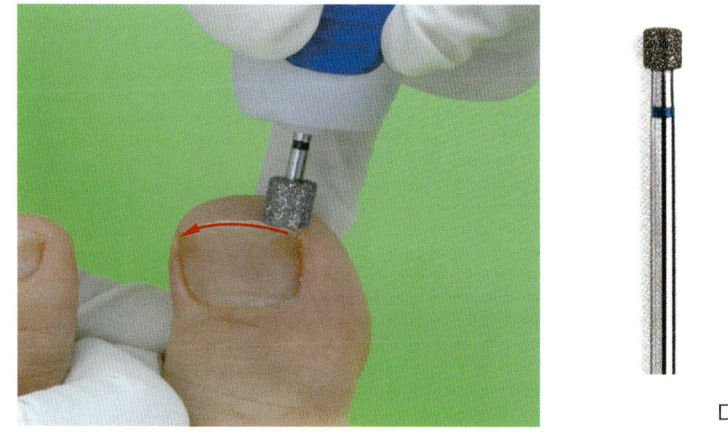

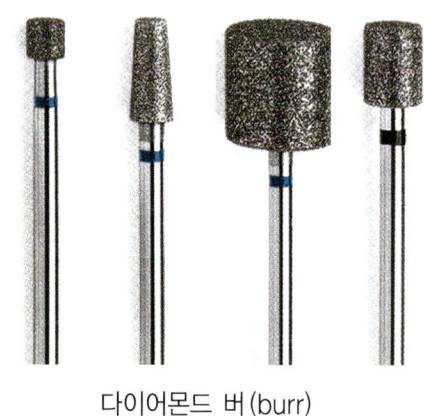

다이어몬드 버(burr)

• 발톱 표면을 윤기 나게 할 때 사용한다.

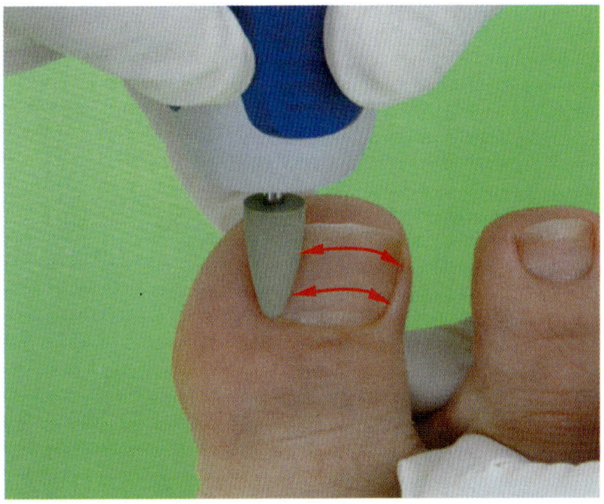

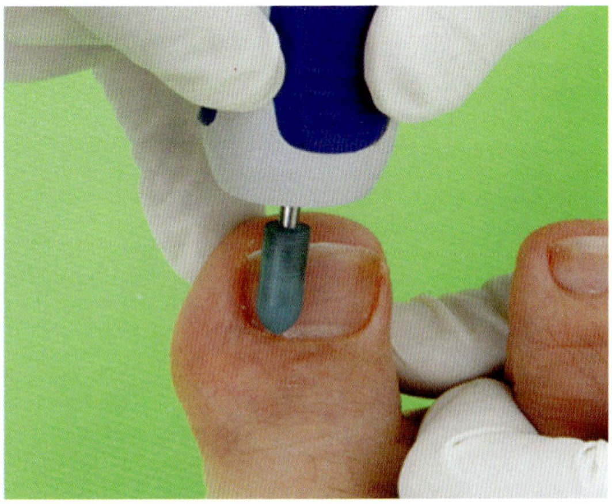

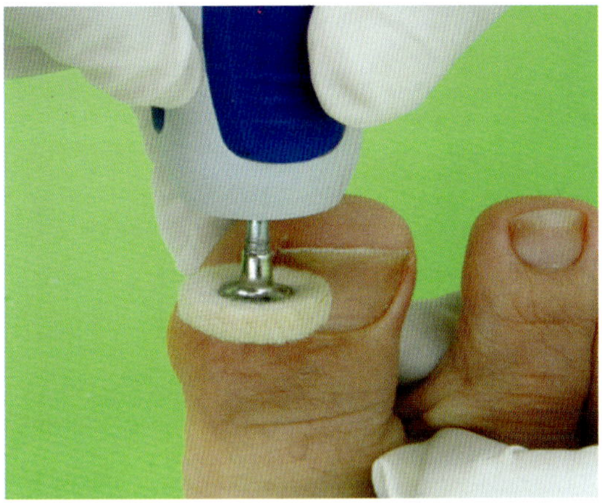

고무스타일 버(burr)

• 발바닥 및 뒤꿈치를 갈아줄 때 사용한다.

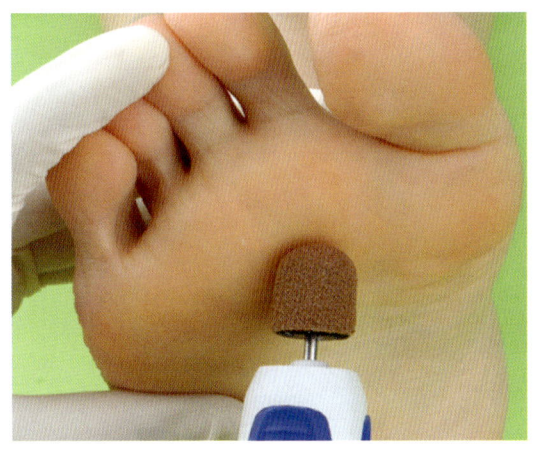

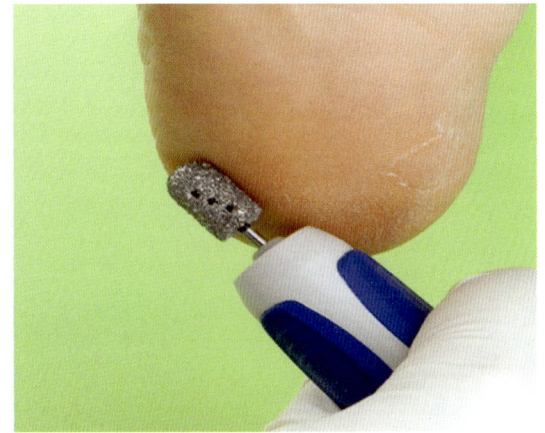

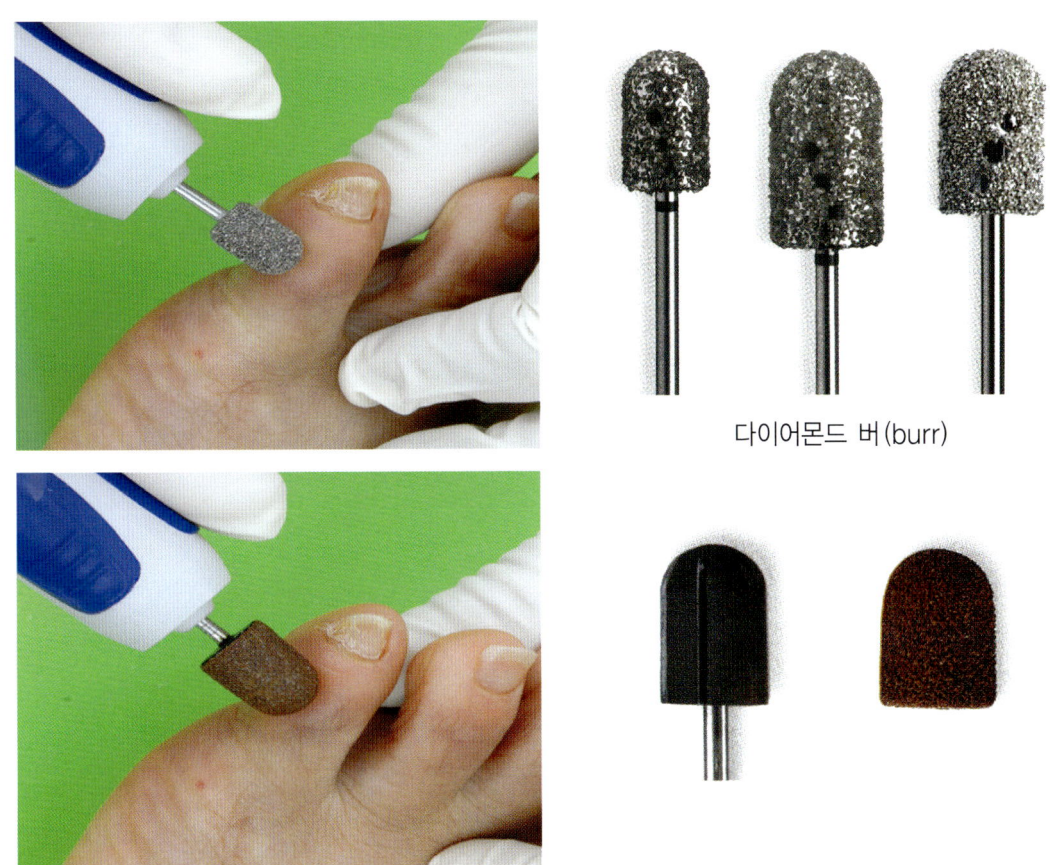

다이어몬드 버(burr)

스톤 버(burr)

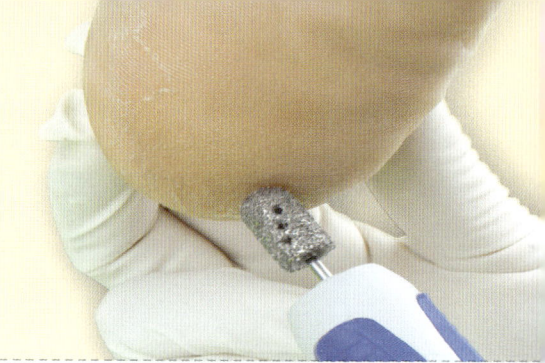

# G.P.T 관리 순서

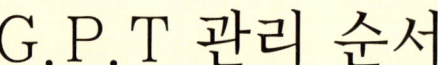

● 관리받기 전에 발을 청결하게 하고 혈액
  순환을 촉진하는 족욕을 한다. (이때 살
  균 소독을 도와주는 아로마를 첨가한다.)

**· 효과**

−혈액순환을 돕는다.

−종아리 부종을 줄여준다.

−살균 · 소독을 한다.

−발바닥의 통증을 감소시켜 준다.

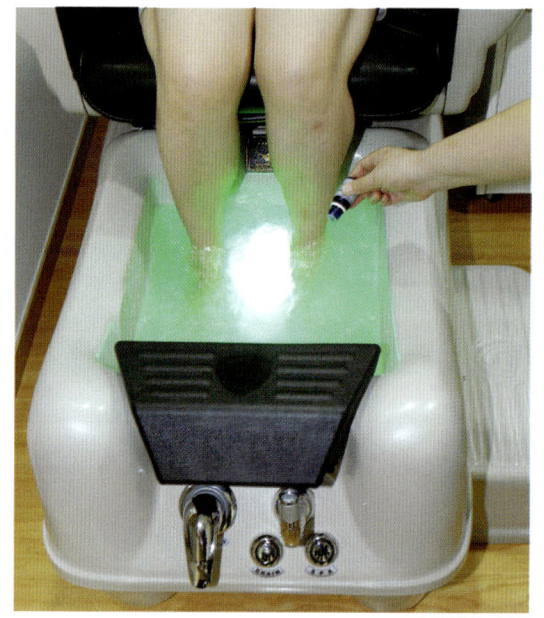

· 풋 스파 시 많이 사용되는 아로마 오일

페퍼민트 오일

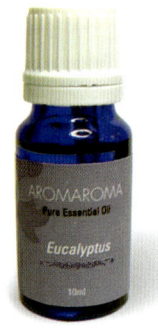

유칼립투스 오일

티트리 오일

● 발톱을 가지런히 자르기 위해서 버(burr)를 이용해 발톱과 피부의 경계부분을 만들어 준다.

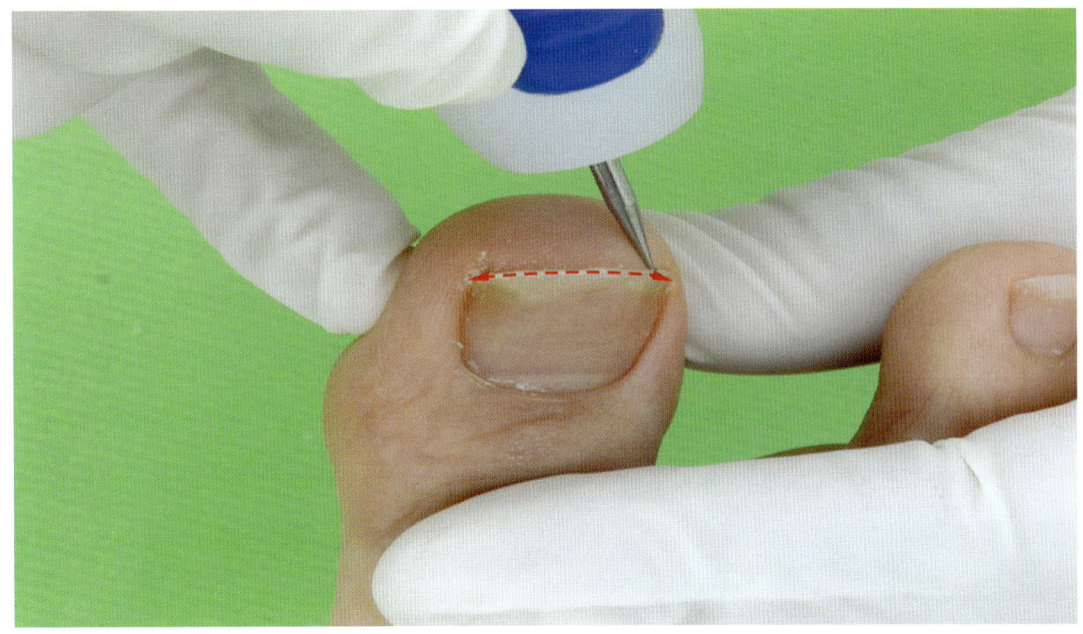

● 발톱을 잘라준다. (크기와 두께에 따라 가위를 선택한다.)

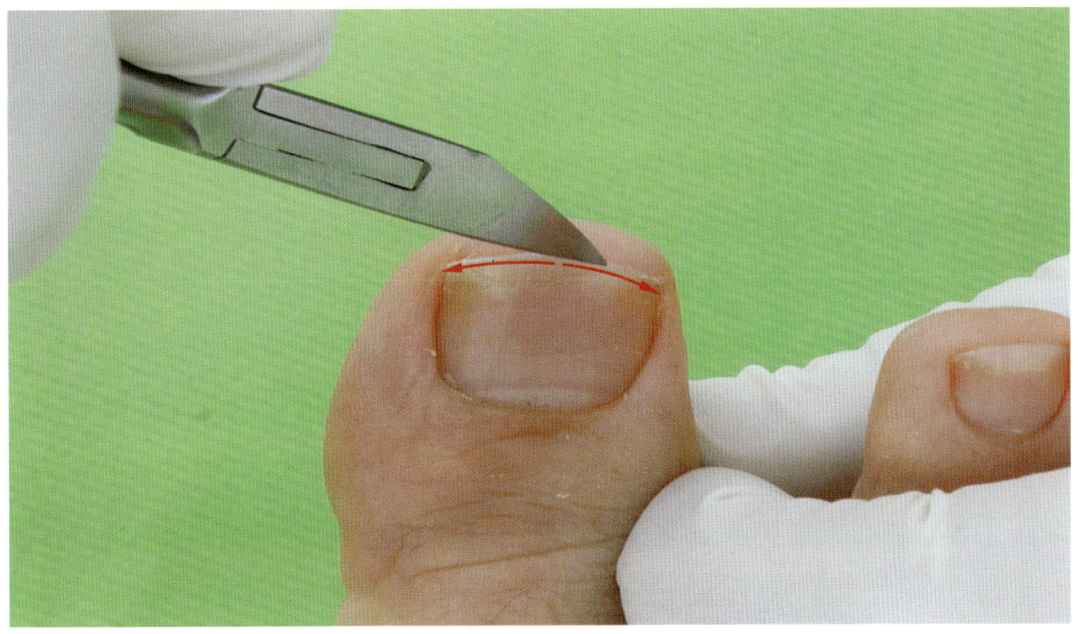

◉ 발톱 사이드의 큐티클을 버(burr)를 이용해 정리한다.

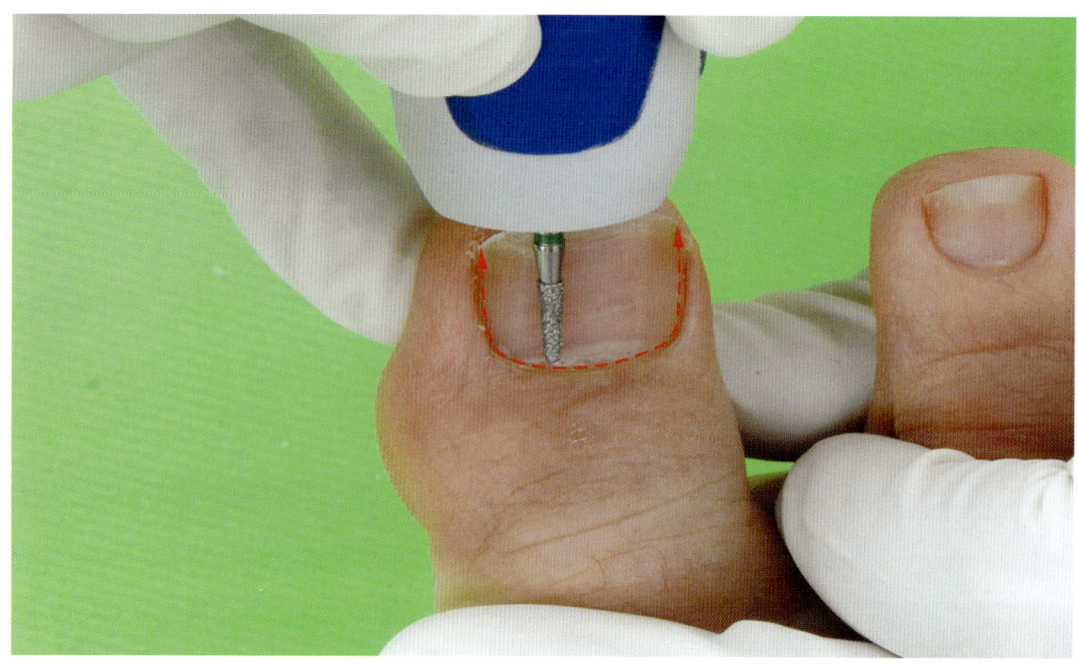

◉ 발톱 표면을 갈아준다. (두께에 따라 여러 단계로 나누어서 갈아준다.)

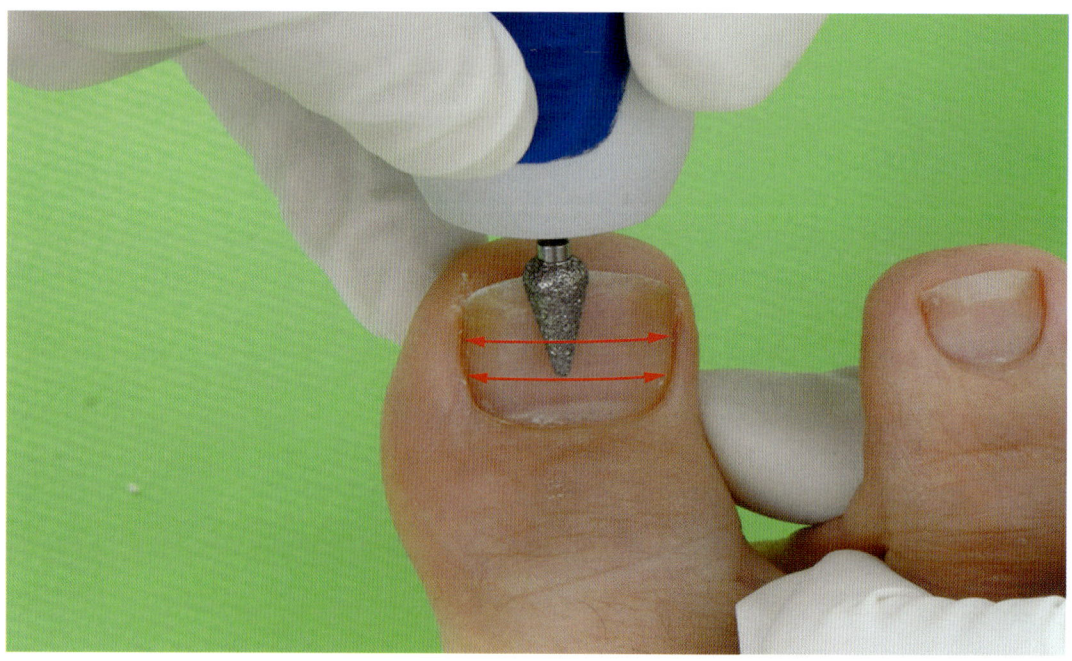

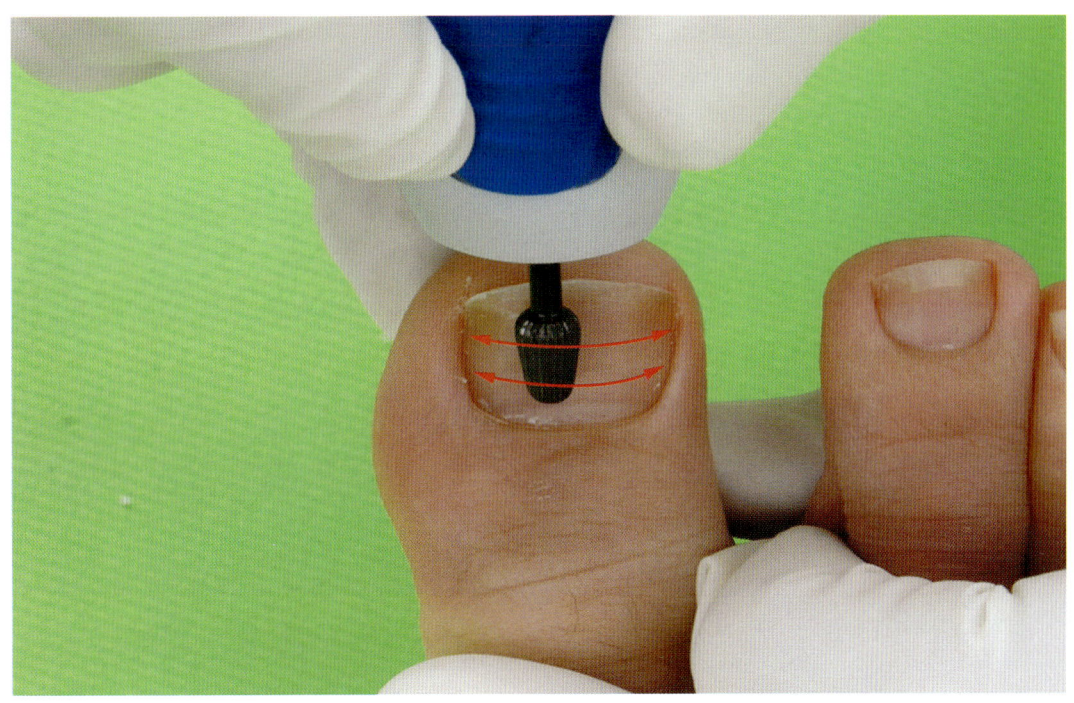

● 발톱 끝을 부드럽게 갈아준다.

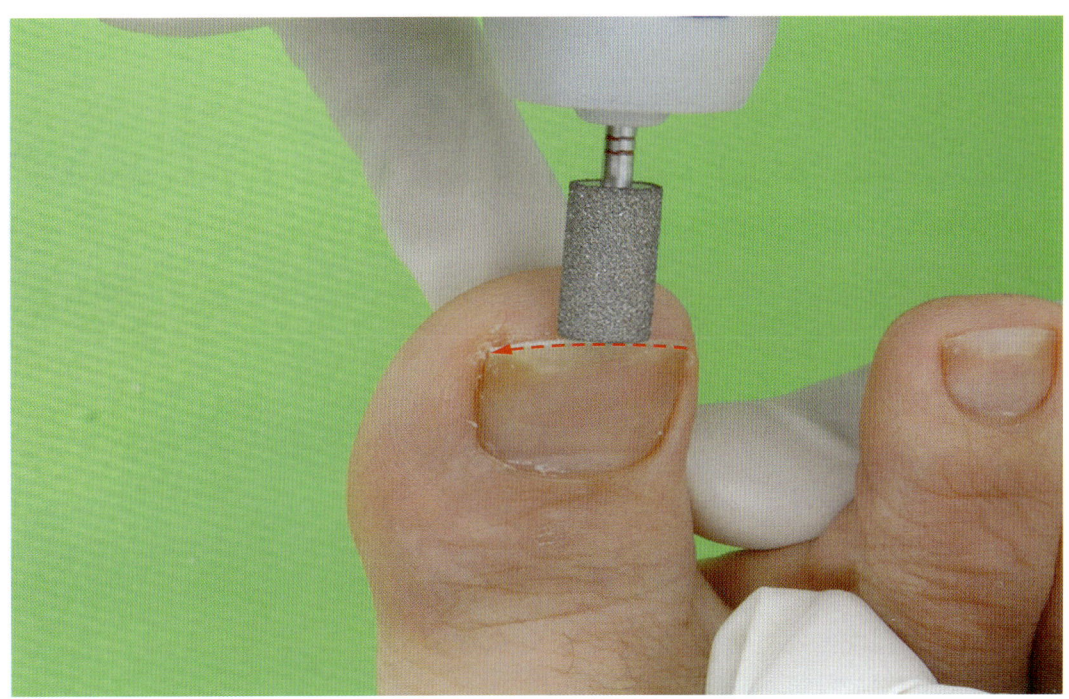

◉ 발톱 표면을 윤기 나게 해준다. (여러 단계로 나누어 광택을 낸다.)

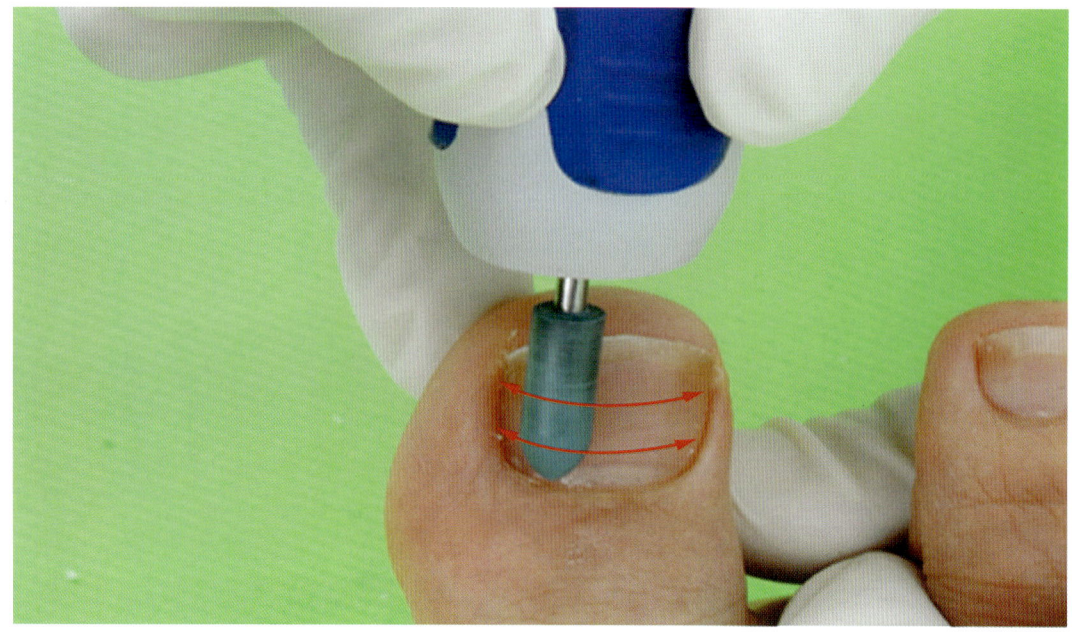

◉ 발가락 끝부분의 거칠거칠한 굳은살을 부드럽게 갈아준다. (발등을 갈아줄 때는 작은 버
(burr)를 사용한다.)

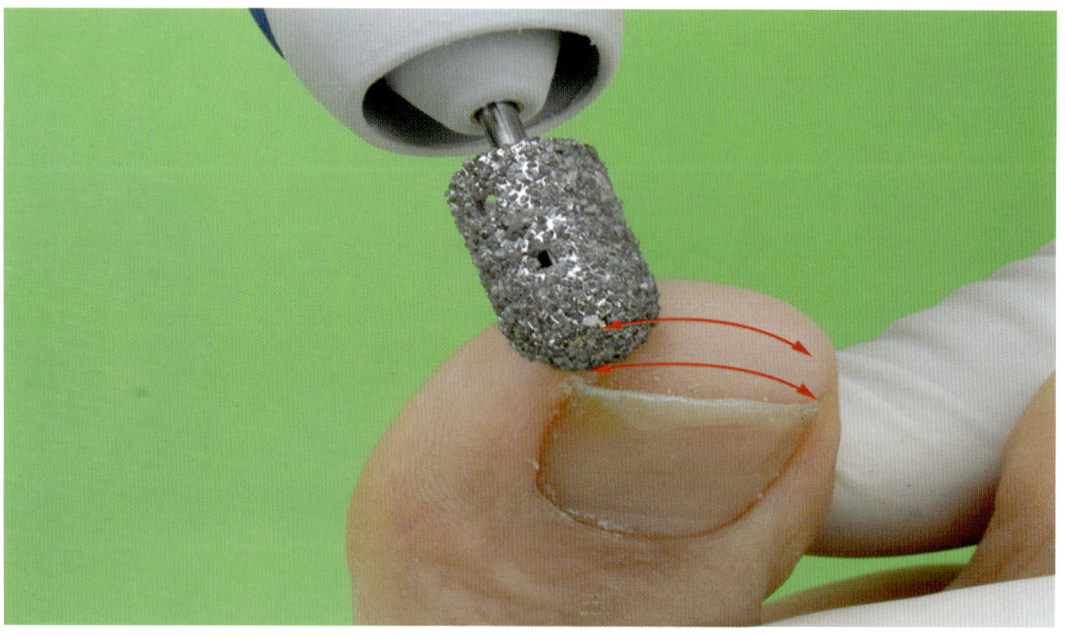

◦ 발톱 사이드에 남아 있는 큐티클을 제거한다.

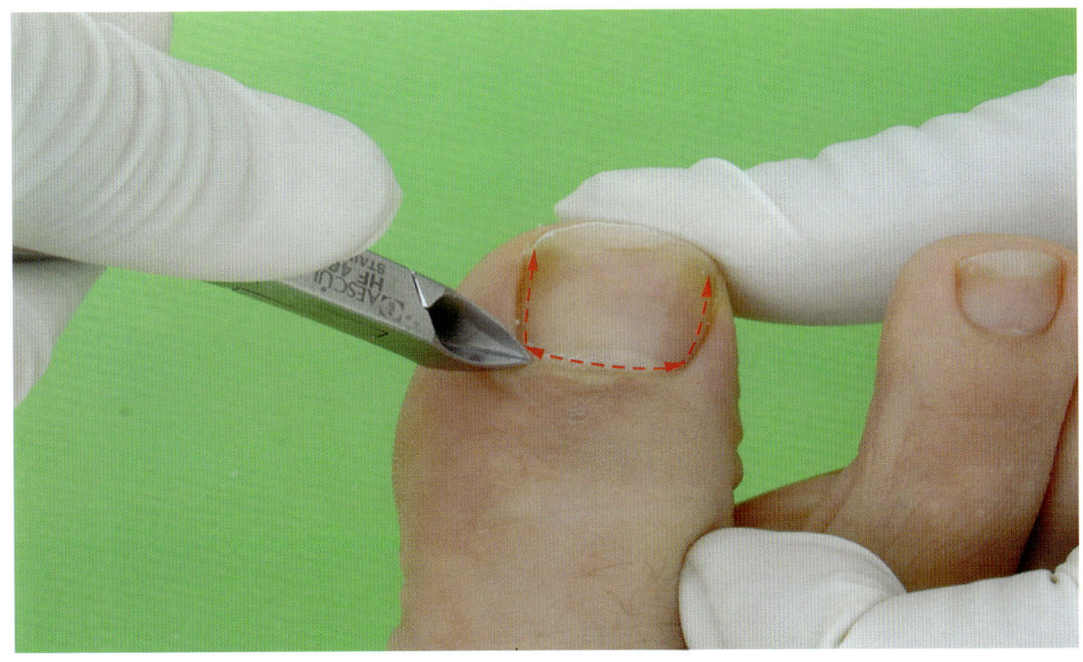

◦ 프로베 파일(probe file)을 이용해 전체적으로 깨끗이 정리한다.

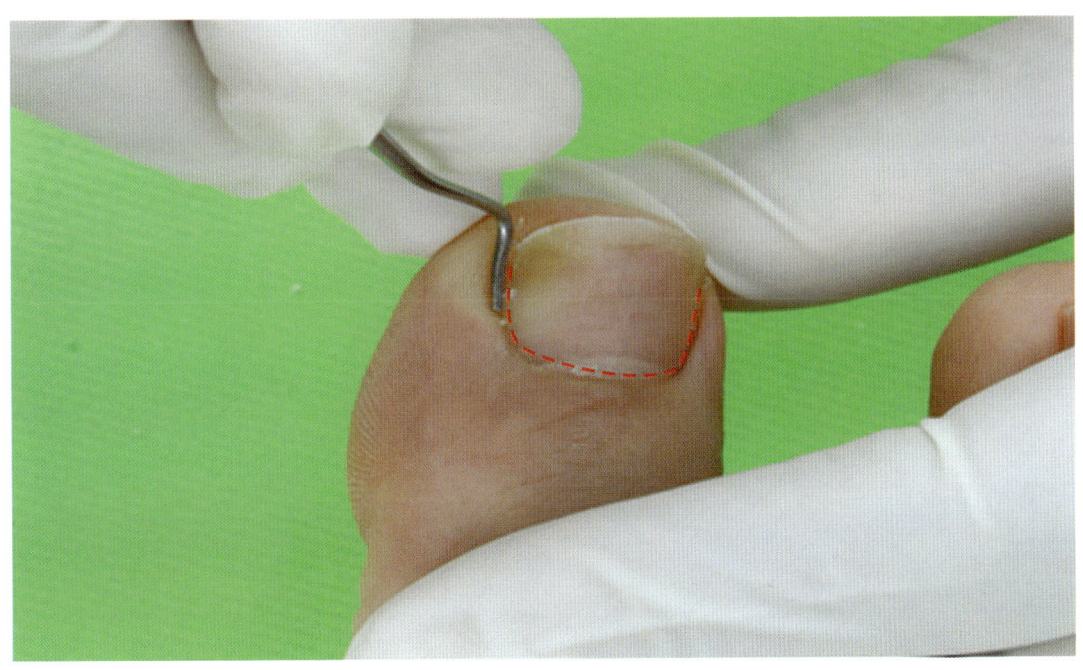

● 발바닥 굳은살(티눈)을 깎아낸다. (발가락 사이, 발가락 위, 뒤꿈치 등에도 굳은살(티눈)이 생길 수 있다.)

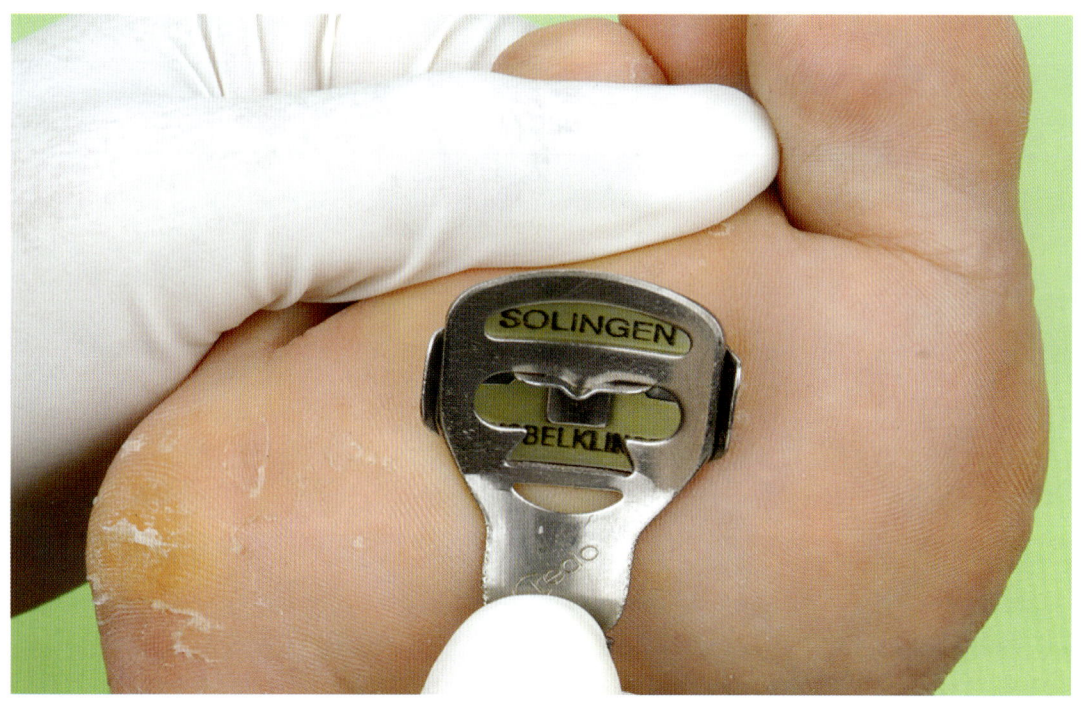

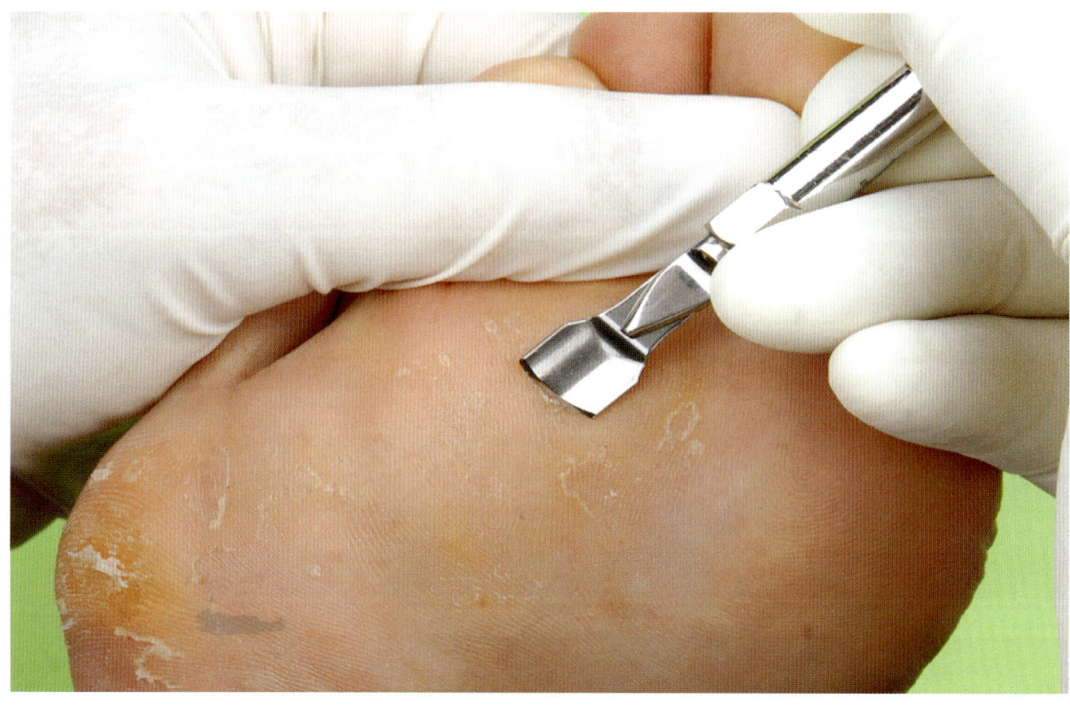

◦ 갈아주는 버(burr)를 이용해 부드럽게 갈아준다. (발바닥, 뒤꿈치 등)

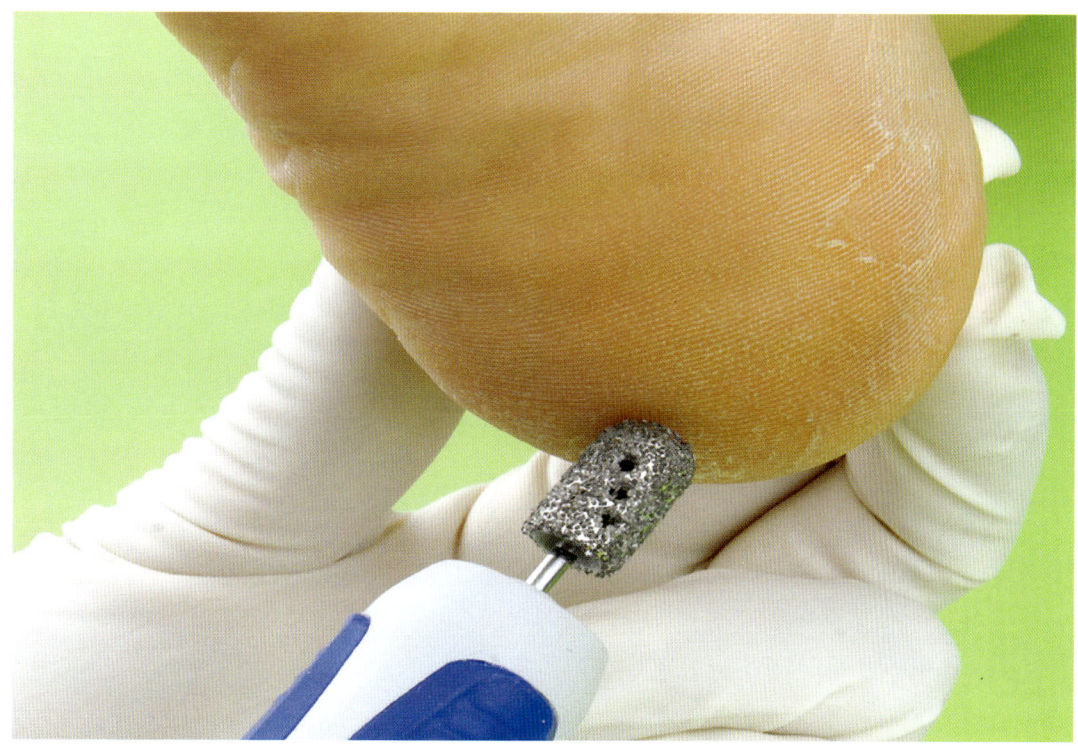

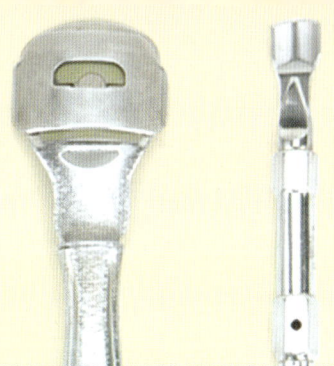

# G.P.T 관리에 속한 관리

## 상담카드 작성하기

### ● 상담카드 작성하기 전 고객의 정보 파악하기

#### • 일반적인 질문

- 고객이 이 곳을 찾은 이유를 물어본다.
- 발에 어떤 문제가 있는지 들어본다.
- 혹시, 발이 통증으로 불편했다면 언제부터 시작됐는지, 통증이 생길만한 일이 있었는지, 과거에 발의 문제가 있었는지 물어본다.
- 발의 생김새를 살펴본다.

#### • 개인적인 질문

- 직업이 무엇인지 물어본다. 직업상 신발을 특별하게 신어야 하는지, 하루에 신발을 몇 번이나 갈아 신을 수 있는지 물어본다.
- 하루 중 발을 움직이는 시간과 앉아 있거나 서 있는 시간은 얼마쯤 되는지 물어본다.
- 교통사고나 그 밖의 발에 관한 문제가 있었는지 들어본다.

 *Note*

**♥ 발 건강 케어와 페디큐어의 차이점**

발 건강 케어는 건강한 발을 추구한다. 이것이 보이는 아름다움을 추구하는 페디큐어와의 가장 큰 차이점이다.

발 건강 케어는 페디큐어의 미용적인 부분을 포함한 좀더 문제성 있는 발들의 관리영역까지 포함하지만, 외과적 치료나 처방 등 의료적인 부분은 포함하지 않는다. 발 케어 도구와 전문적인 테크닉을 사용하여 발을 건강하고 아름답게 만드는 것이 발 건강 케어이다.

# GENERAL PODIATRY TECHNIC CLIENT RECORD

Technician :                DATE :

| 성명(Name) : | 나이(Age) : | 관리주기 | 관리시간 |
|---|---|---|---|
| 휴대폰 :<br>(Mobile Phone) | 직업 :<br>(Occupation) | ☐ 1주 | ☐ 15min |
| E-Mail : | | ☐ 2주 | ☐ 30min |
| | | ☐ 3주 | ☐ 45min |
| 주소(Adress) : | | ☐ 5주 | ☐ 60min |

## ■ 병력사항

| 당뇨병(Diabetes) :   Yes,    No | 혈우병(Haemophilia) :   Yes,    No |
|---|---|
| 알러지(Allergies) :   Yes,    No | 정맥류(Veins)        :   Yes,    No |
| 기타(수술경험, 약물치료) : | |

## ■ 발의 모형

| ☐ 정상(Normal) | ☐ 평발(Flatfoot) | ☐ 아치발(Archfoot) |
|---|---|---|
| ☐ 땀나는 발(Sweatfoot) | ☐ 건조한 발(Dryfoot) | |
| ☐ 뜨거운 발(Hotfoot) | ☐ 찬발(Coldfoot) | |
| ☐ 외반무지(Bunion) | ☐ 기타 ( | ) |

## ■ 문제부위

| | Right foot | | | | | Left foot | | | | | |
|---|---|---|---|---|---|---|---|---|---|---|---|
| | 5 | 4 | 3 | 2 | 1 | 5 | 4 | 3 | 2 | 1 | |
| 1. 파고드는 발톱 | ☐ | ☐ | ☐ | ☐ | ☐ | ☐ | ☐ | ☐ | ☐ | ☐ | |
| 2. 티눈 | ☐ | ☐ | ☐ | ☐ | ☐ | ☐ | ☐ | ☐ | ☐ | ☐ | |
| 3. 굳은살 | ☐ | ☐ | ☐ | ☐ | ☐ | ☐ | ☐ | ☐ | ☐ | ☐ | |
| 4. 발톱무좀 | ☐ | ☐ | ☐ | ☐ | ☐ | ☐ | ☐ | ☐ | ☐ | ☐ | |
| 5. 두꺼운발톱 | ☐ | ☐ | ☐ | ☐ | ☐ | ☐ | ☐ | ☐ | ☐ | ☐ | |
| 6. 사마귀 | ☐ | ☐ | ☐ | ☐ | ☐ | ☐ | ☐ | ☐ | ☐ | ☐ | |

sole

R    L

R  instep  L

5 4 3 2 1    1 2 3 4 5

※ 특별사항

# 굳은살(hard skins) 관리

피부의 각질층은 다른 부분보다 눌리는 하중과 비례한다. 피부 각질이 일반적인 것보다 두꺼워지는 것을 과각화증이라 하고 과도하게 각질화되는 것을 각화항진, 경화라 한다.

## 원인

- **부적당한 신발** : 너무 좁은 신발이나 굽이 높은 신발은 지속적으로 발에 자극과 압력을 가하기 때문에 병리학적으로 영향을 미친다.
- **발과 발가락의 기형** : 과각화증에 대해 특별한 경우는 요족, 선상족 그리고 무지외반증일 때 나타난다.
- **발의 모형이 변함으로 생기는 현상** : 발 부위 깁스 치료 또는 신경마비로 오래 절뚝거리거나 잘못된 위치로 완치된 골절은 문제를 일으킬 수 있다.
- **발 뼈대의 골증** : 신발이나 체중의 압력에 의해 생긴다.

## 상태 및 생기는 부위

- 엄지발가락 바닥 부위의 볼록한 부분과 뒤꿈치 부위에 많이 나타난다.
- 티눈과 반대로 굳은살은 일반적으로 그 부분이 답답하고 두꺼워지면서 통증으로 변한다.

## 굳은살 관리 시 사용하는 기구들

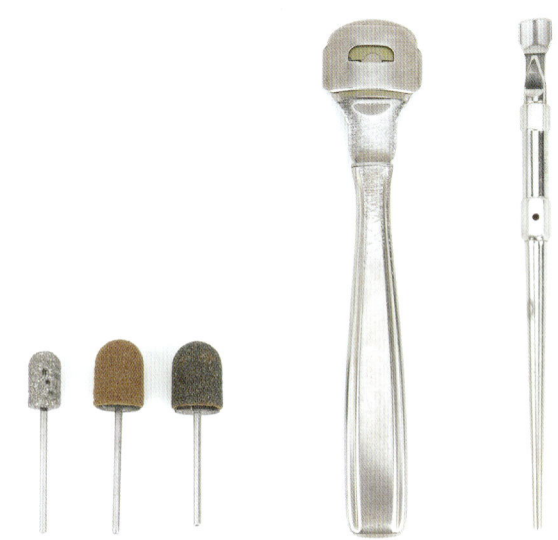

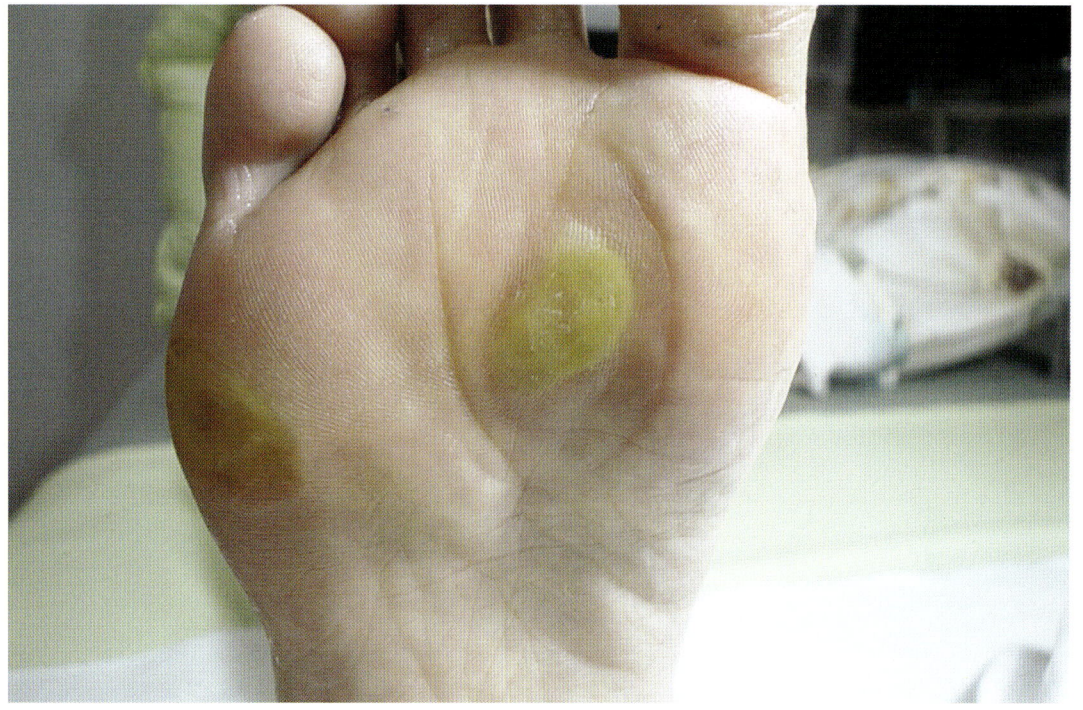

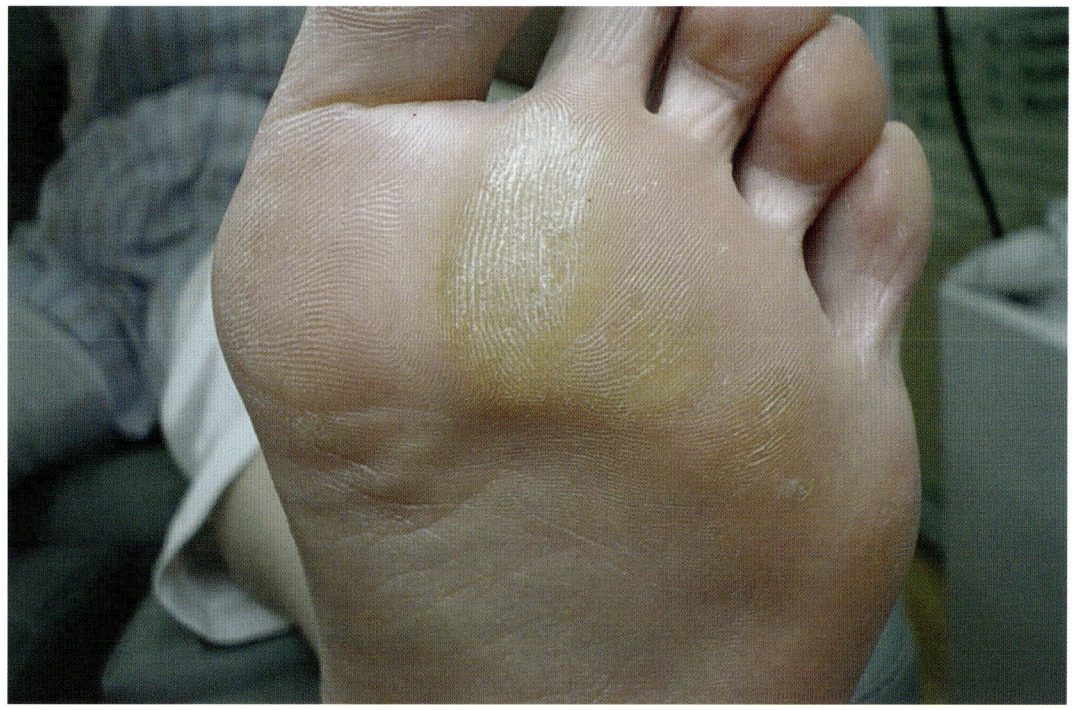

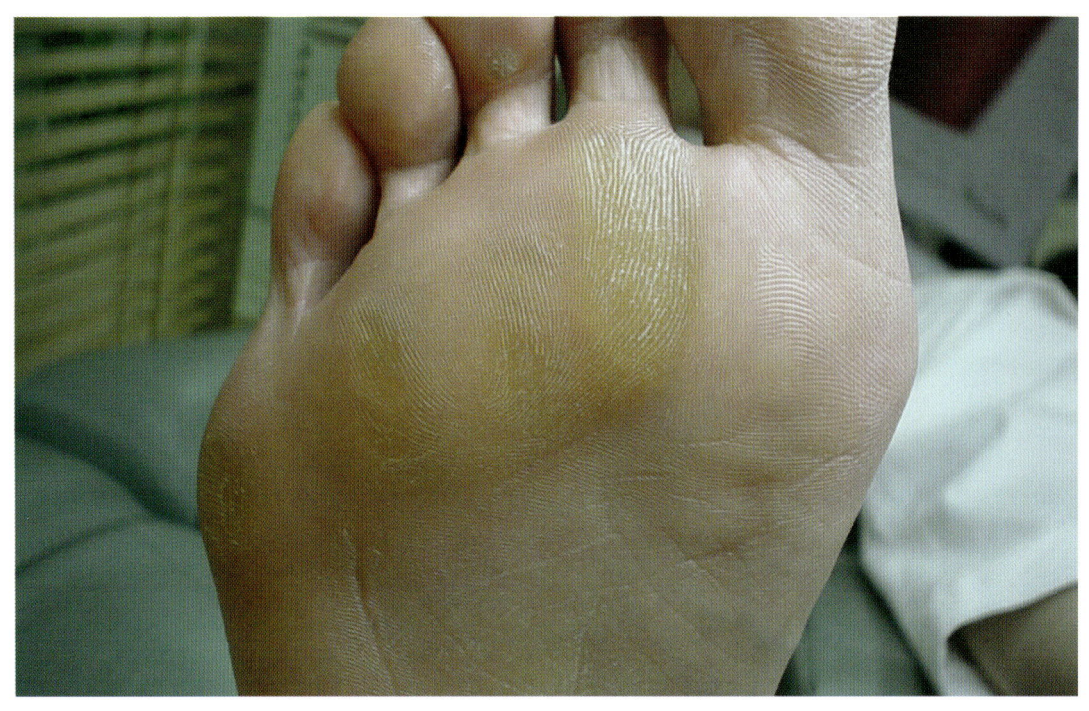

● 도구나 버(burr)를 이용한 굳은살 관리 모습

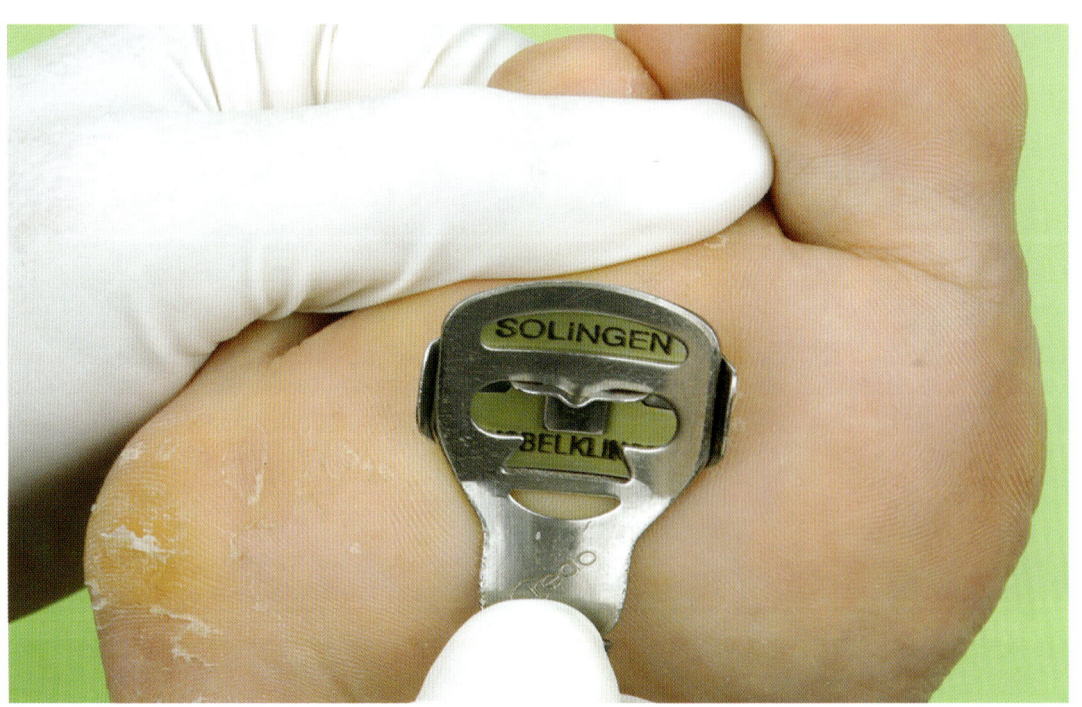

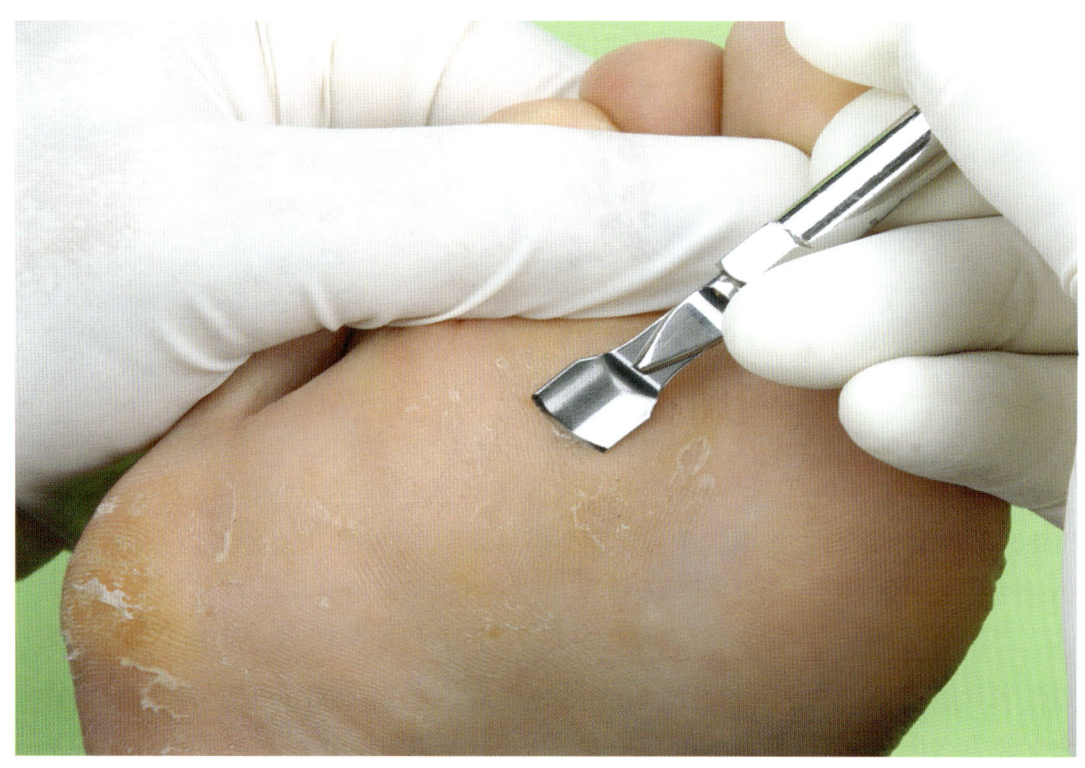

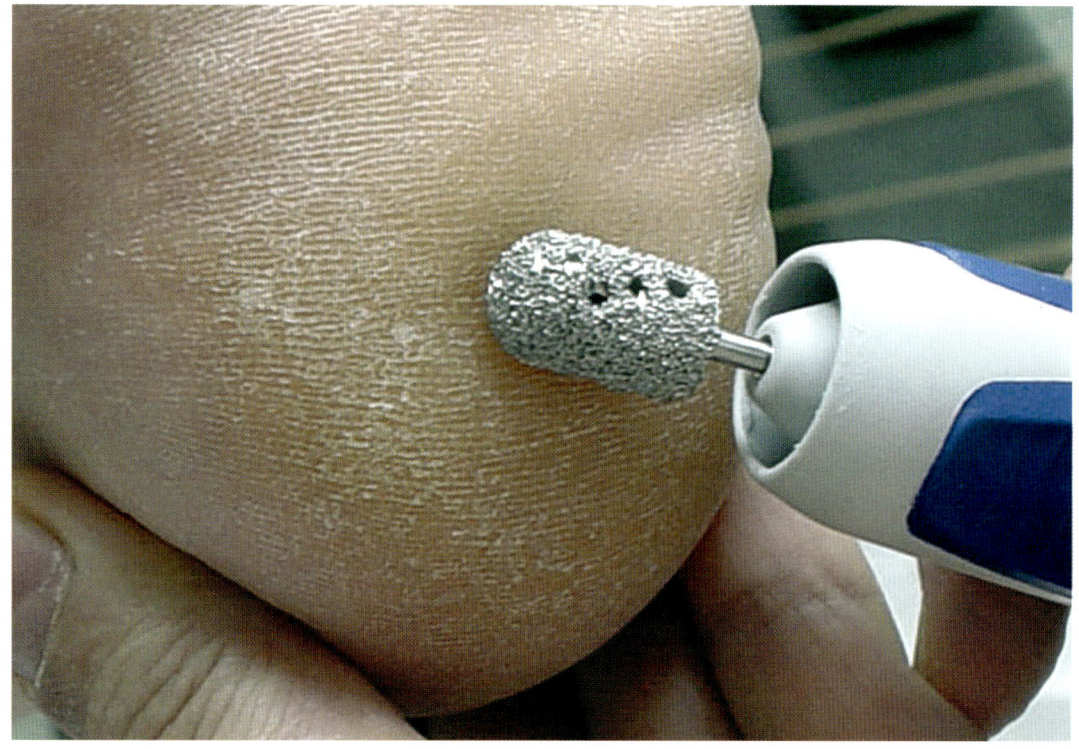

## 관리 전후

• 혈액순환이 잘 안되어 뒤꿈치 굳은살이 많이 쌓인 경우(발이 차고 굳은 각질이 끈적끈적하다.)

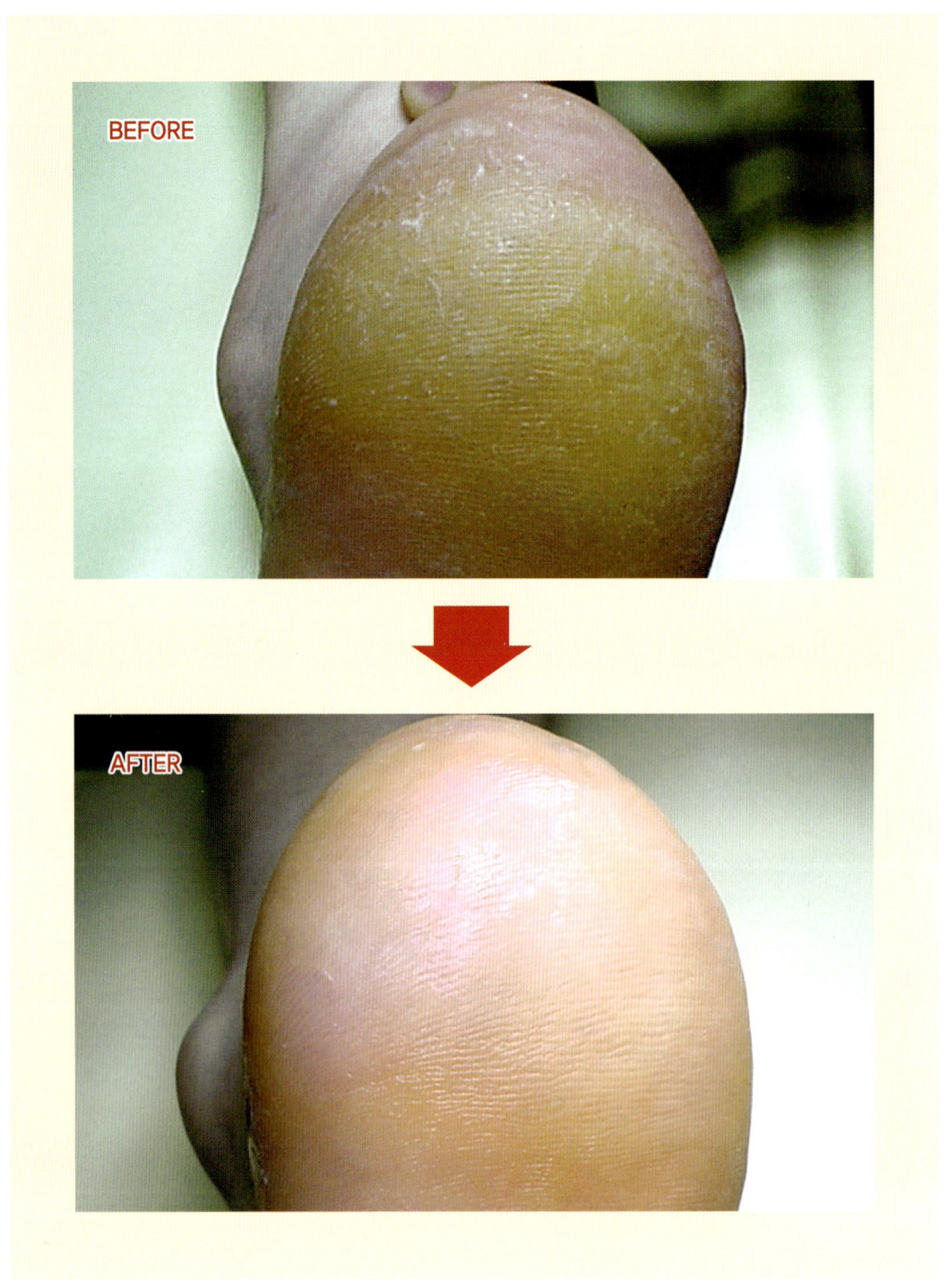

• 외반무지로 체중이 한 곳에 쏠리면서 보이는 곳은 굳은살이지만 굳은살을 걷어냈을 때 그 안에 티눈이 형성되어 있다.

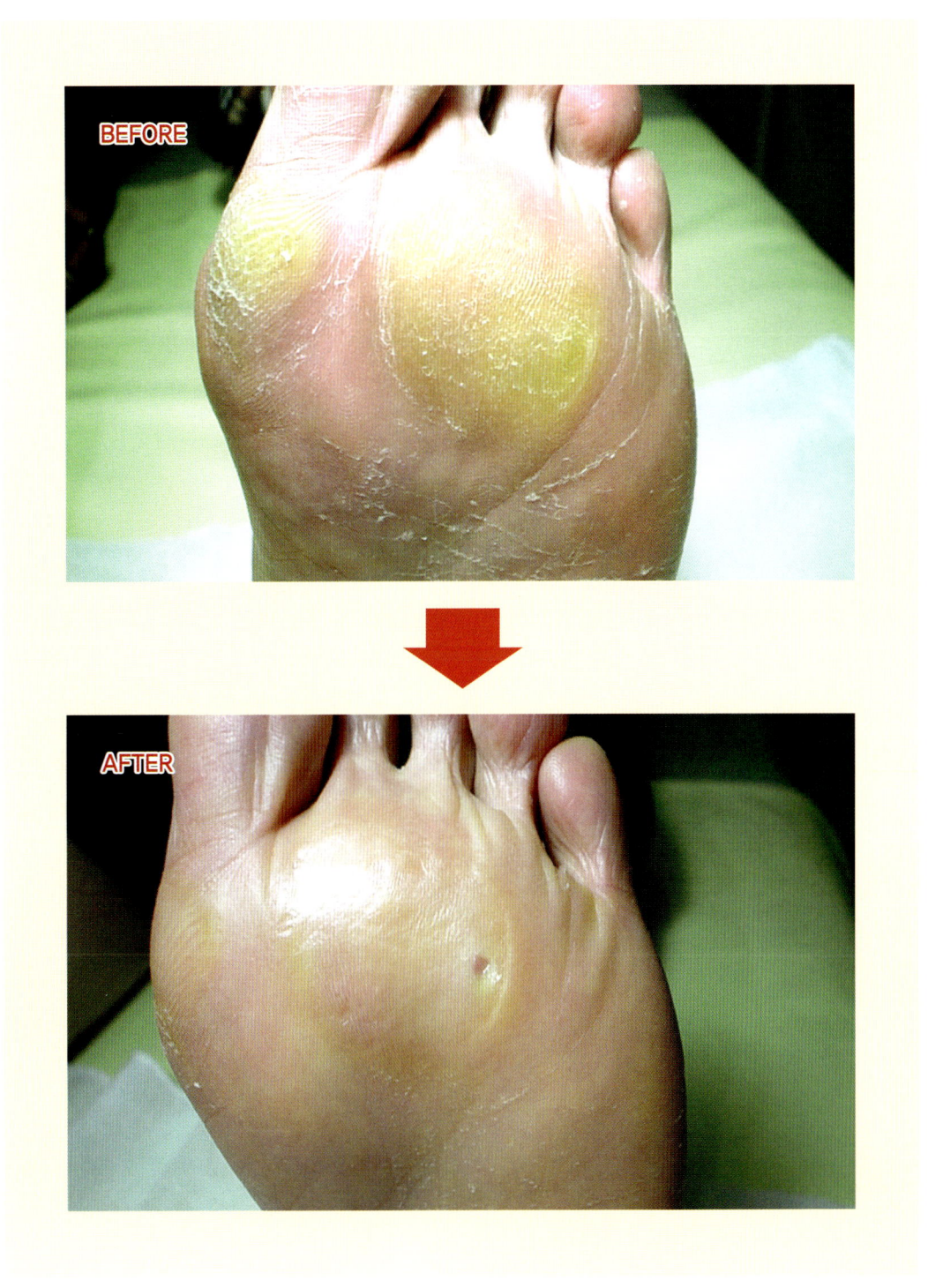

• 체중이 한쪽으로 쏠리면서 굳은살이 생겼으며, 깊이는 얕지만 피부가 얇기 때문에 더 예민하다.

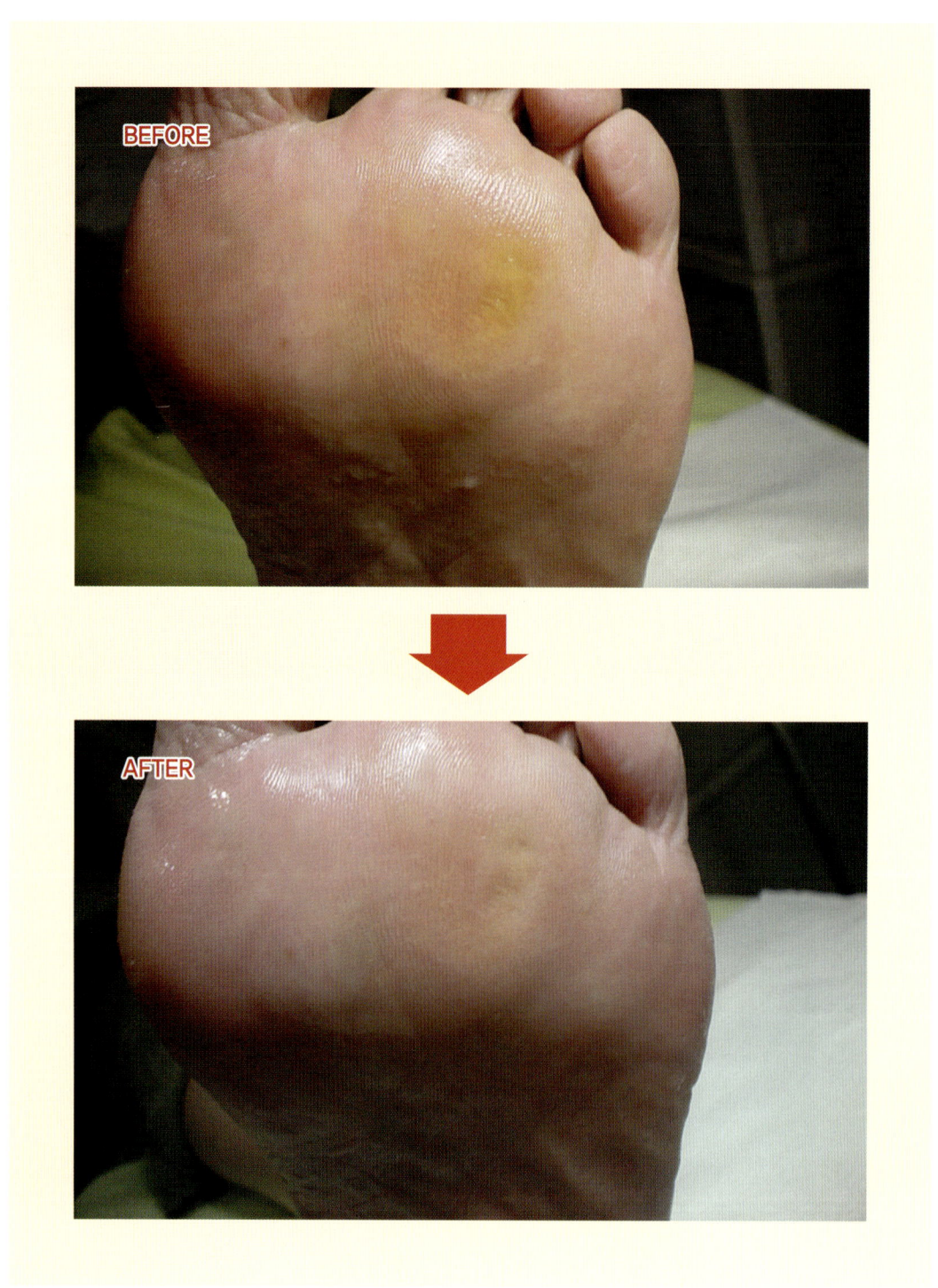

● 발의 모형 때문에 항상 발이 불편하고 하중의 눌림으로 인해 각질이 더 두꺼워진다.

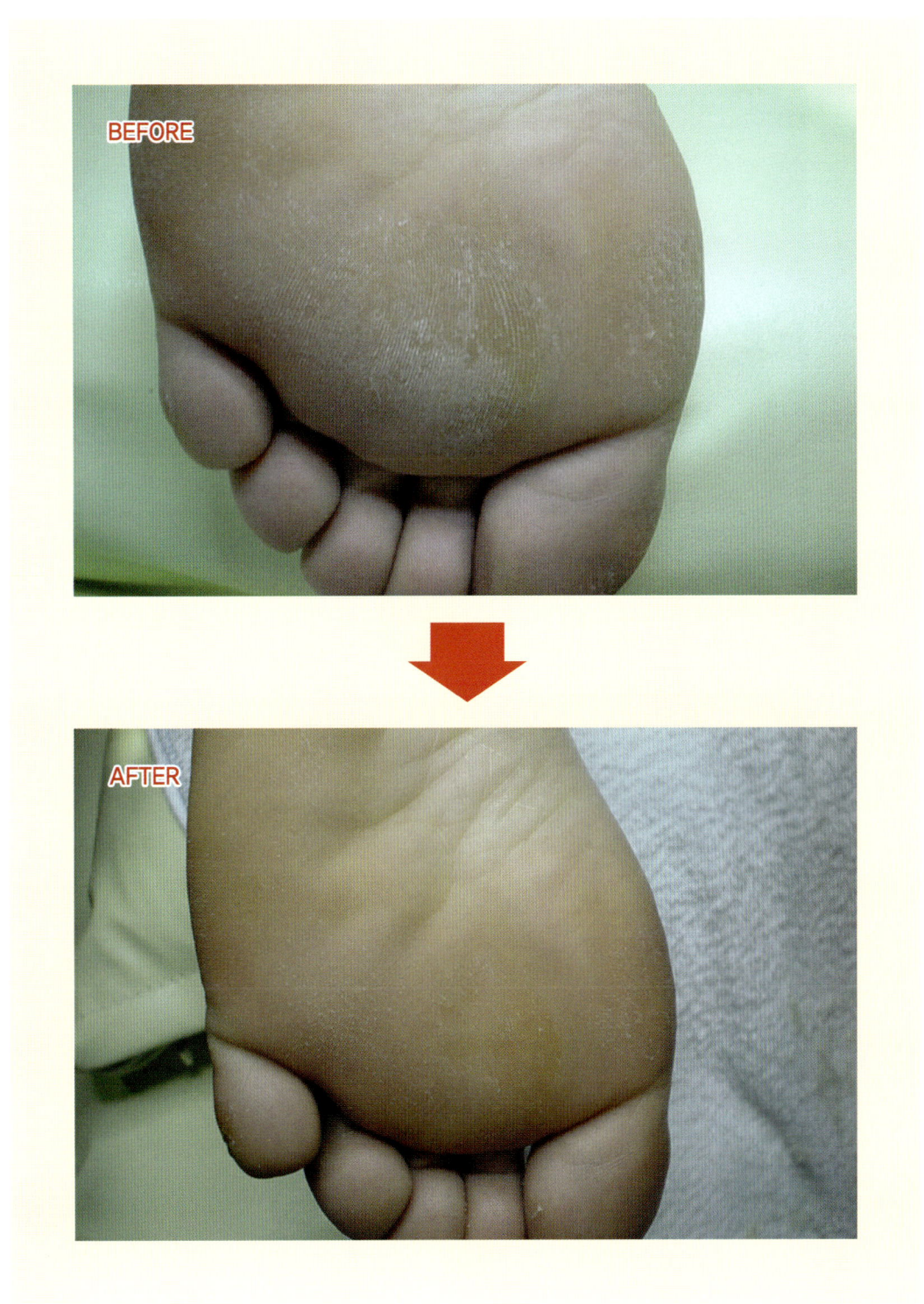

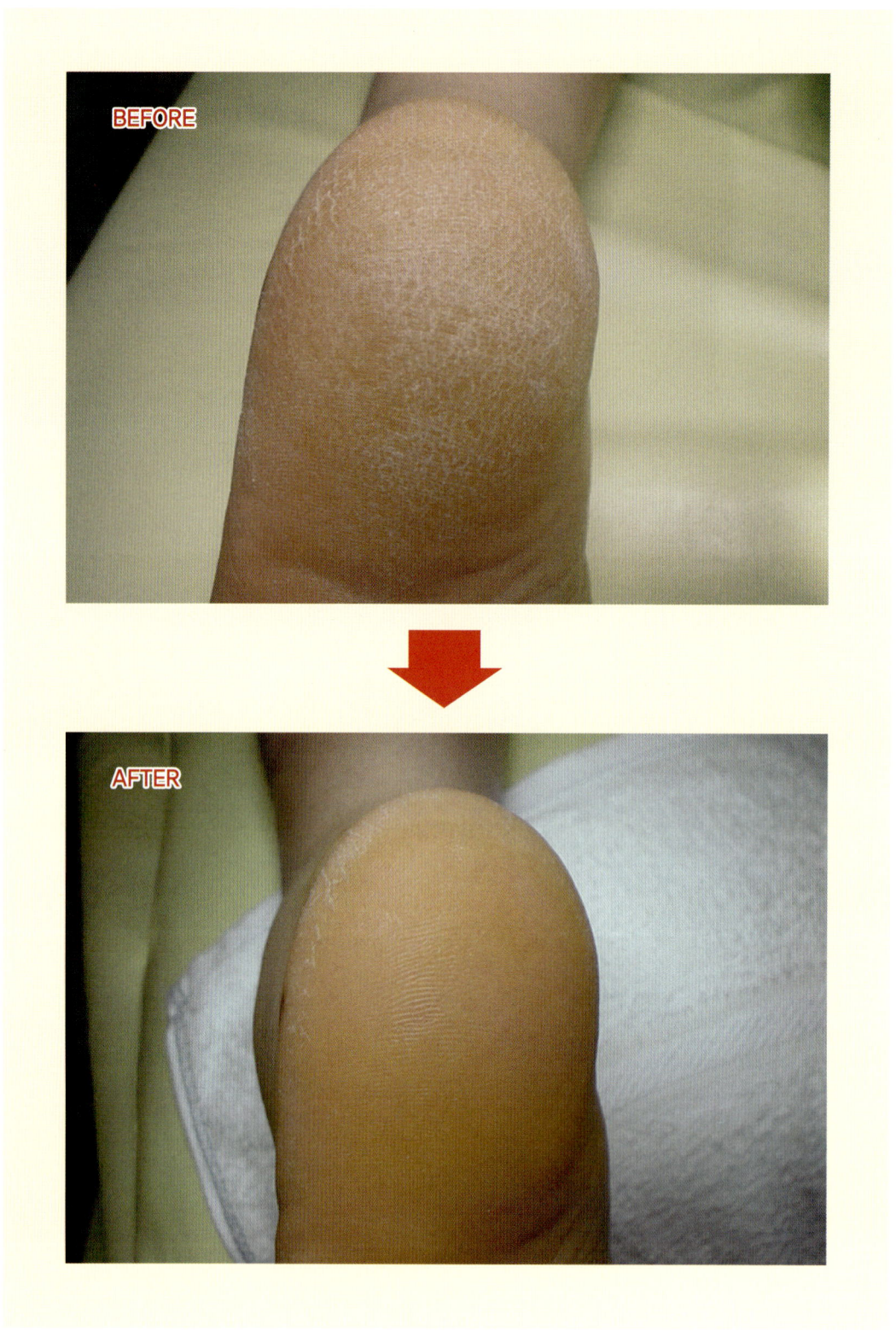

# 티눈(corns)

각질층의 중심 각상돌기는 깊은 피부층을 관통하는데, 이때 경피 내부의 티눈들을 돌기 경피라고 한다.

## ◉ 원인

- 티눈은 뼈를 덮고 있는 피부 부분 위의 지속적이고 만성적인 압력에 의해 생긴다.
- 부적당한 신발, 발과 발가락의 기형에 의해 생기며, 뼈의 돌출부 등에 많이 나타난다.

## ◉ 상태

- 둥근 완두콩 모양으로 크기는 크고 작을 수 있으며 노랗고 두드러진 피부의 각화로 나타난다. (모양을 살펴보면 중앙에 각상돌기(뿌리, 눈)를 볼 수 있다.)
- 각상돌기는 신발이나 발가락 사이사이의 압력에 의해 강한 통증을 유발시킨다. (통증을 일으키는 부위는 날씨와 온도차에 아주 민감하다.)
- 각상돌기 내에는 혈관이나 신경이 없다.
- 새끼발가락, 발등, 발가락 사이, 발바닥(뼈가 있는 부위)에 많이 생기며 모든 발의 부위에도 생길 수 있다. (혈액순환장애나 기관의 이상은 티눈이 생기는 근본적인 원인이 되지는 않는다.)

## ◉ 티눈의 종류

- **사마귀성 티눈** : 깊이 침투된 각질성 돌기의 압력으로 피부층(진피)의 훼손과 염증이 나타난다. (티눈 주위에 검은 점같은 것들이 분포되어 있고, 혈관과 연결되어 있기 때문에 관리 시 많이 까다롭다.)
- **혈관성 티눈** : 갈색 또는 흑갈색의 티눈이 나타나는 것을 볼 수 있다. (혈전층으로 폐쇄된 모세관의 염증핵과 모세관층이 문제가 된다.)
- **신경섬유 티눈** : 각상돌기는 넓게 형성되어 있고 위로 돌출된 돌기의 주변에는 염증이 나타나며 이로 인해 고통이 심하다.

## 티눈 관리 시 사용하는 기구들

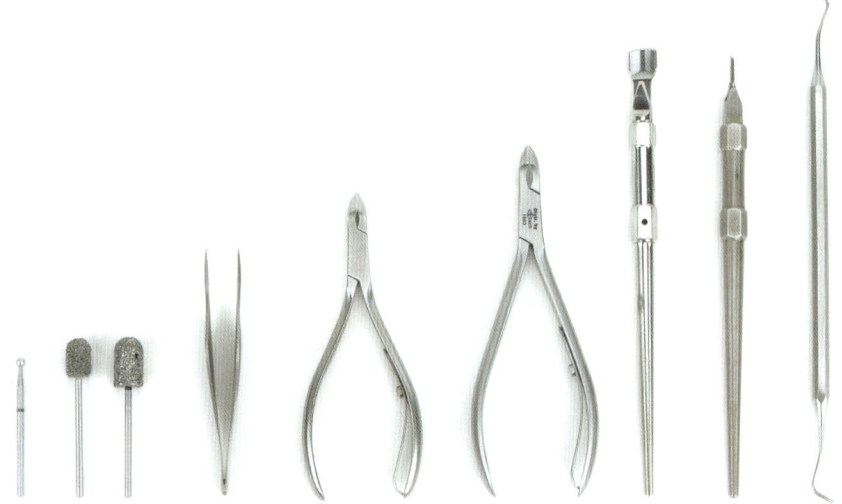

## 유형

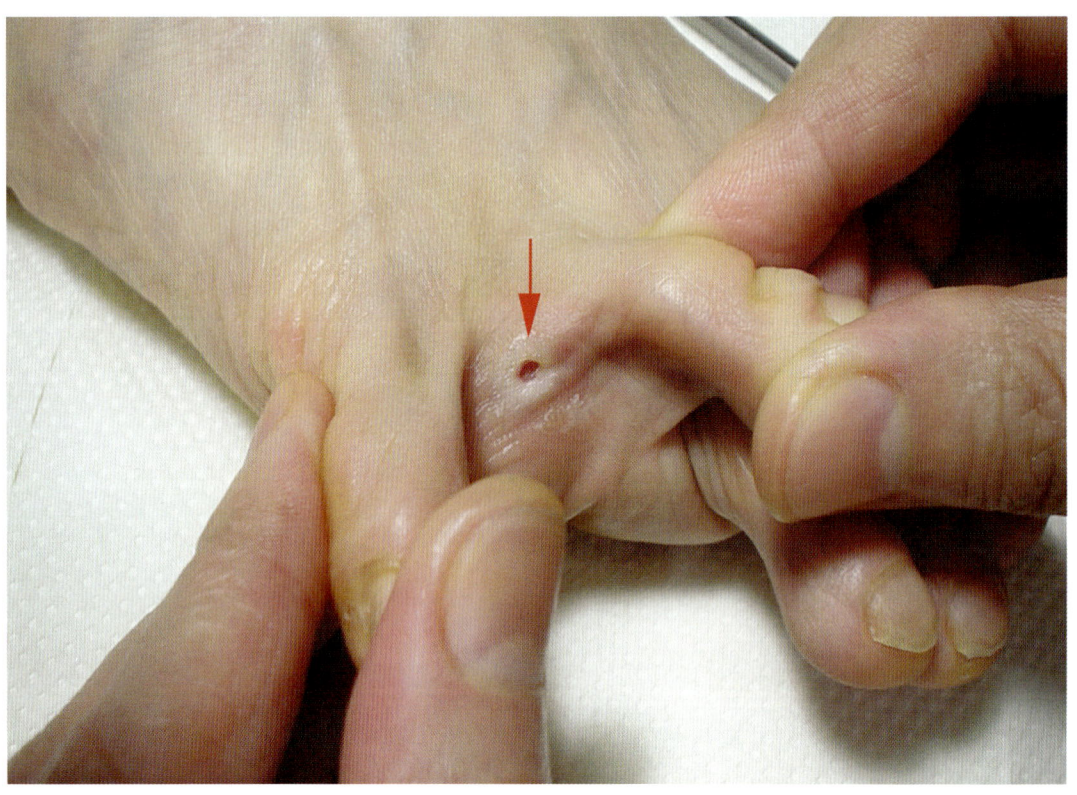

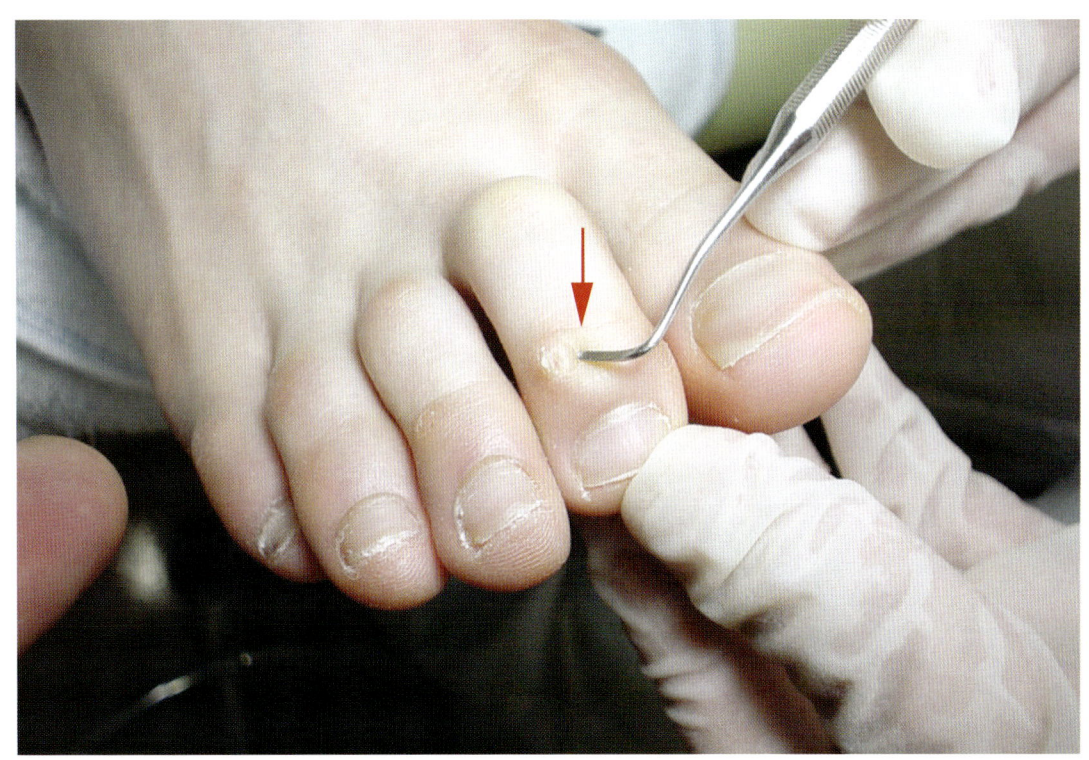

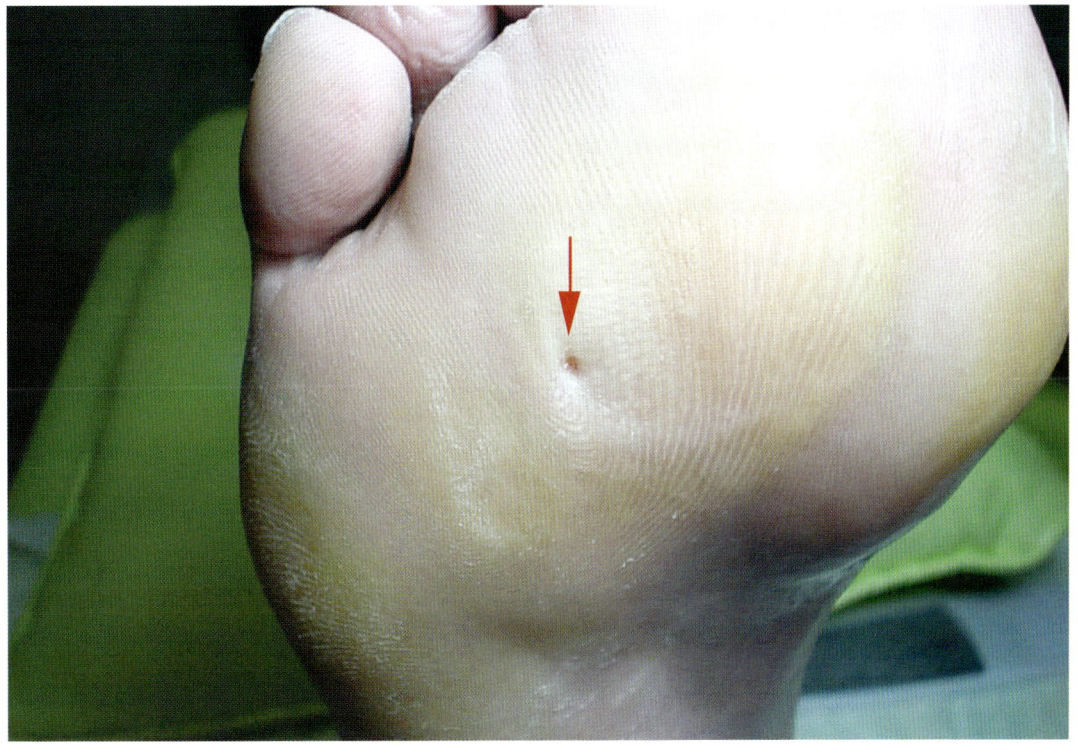

● 스칼펠(scalpel)을 이용한 티눈 관리 모습

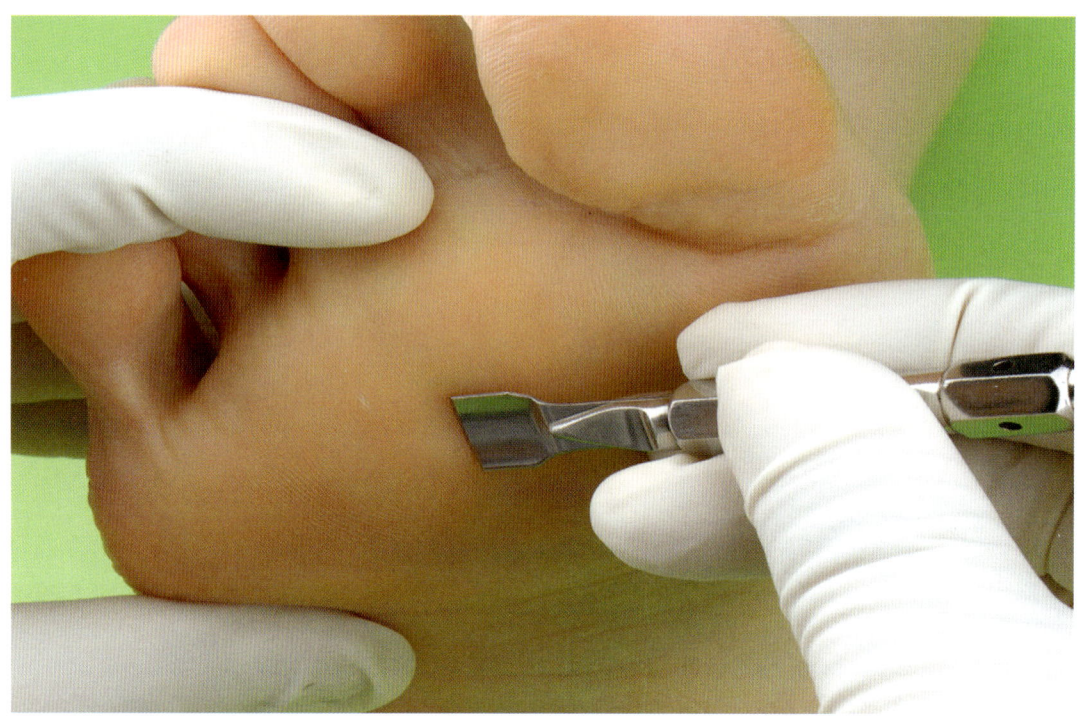

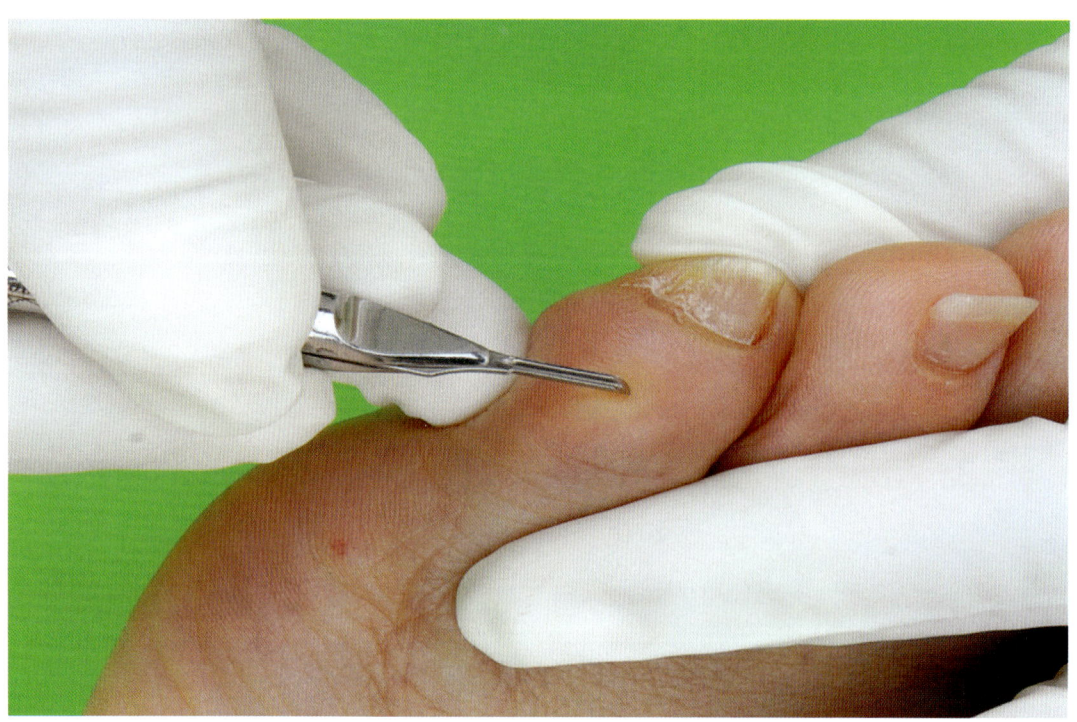

## ● 관리 전후

• 2주에 한번씩 관리함으로써 깊게 패인 티눈이 점점 재생되고 있다.

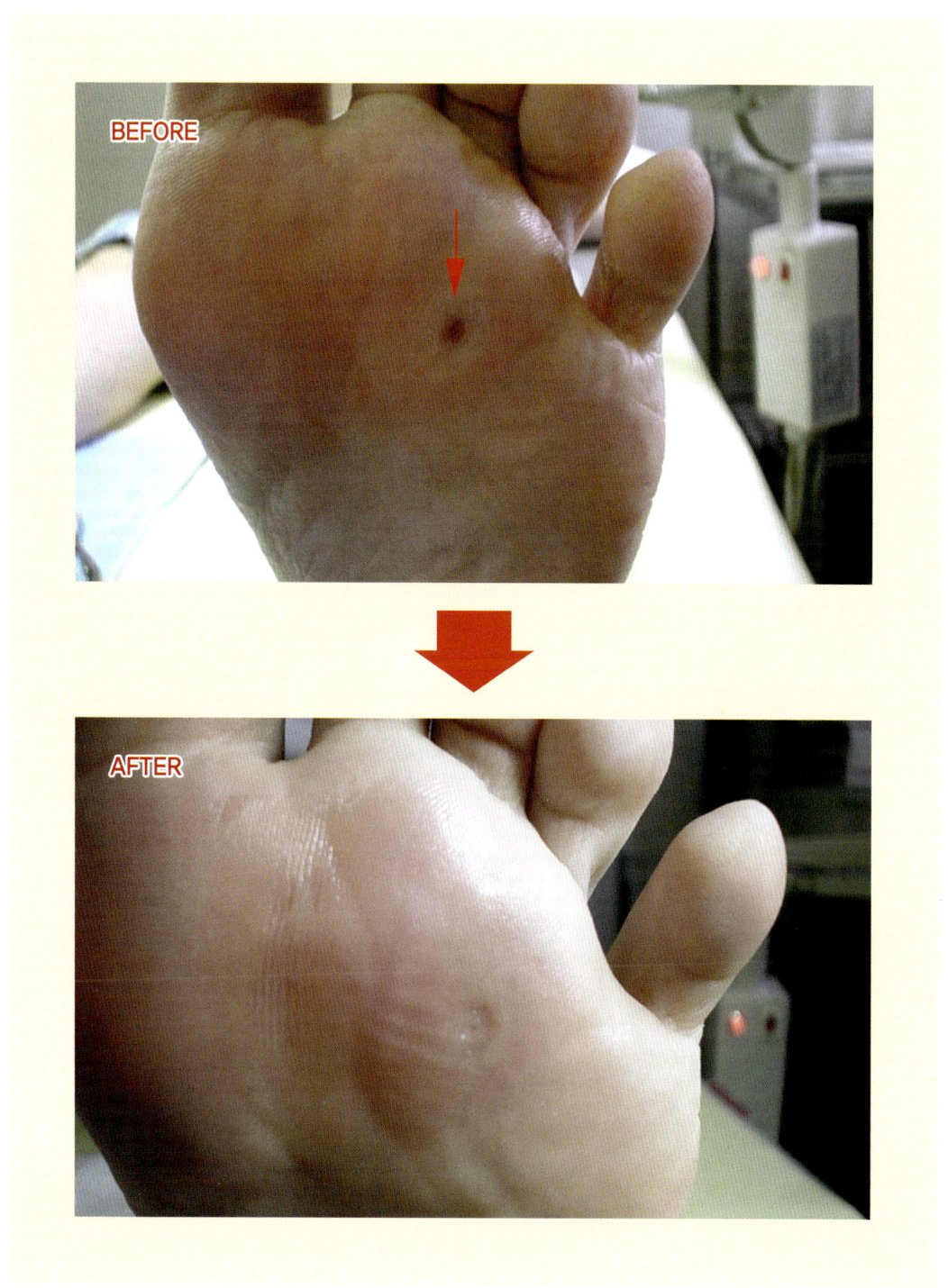

• 신발의 영향으로 생긴 티눈이다. (점점 없어지고 있음을 볼 수 있다.)

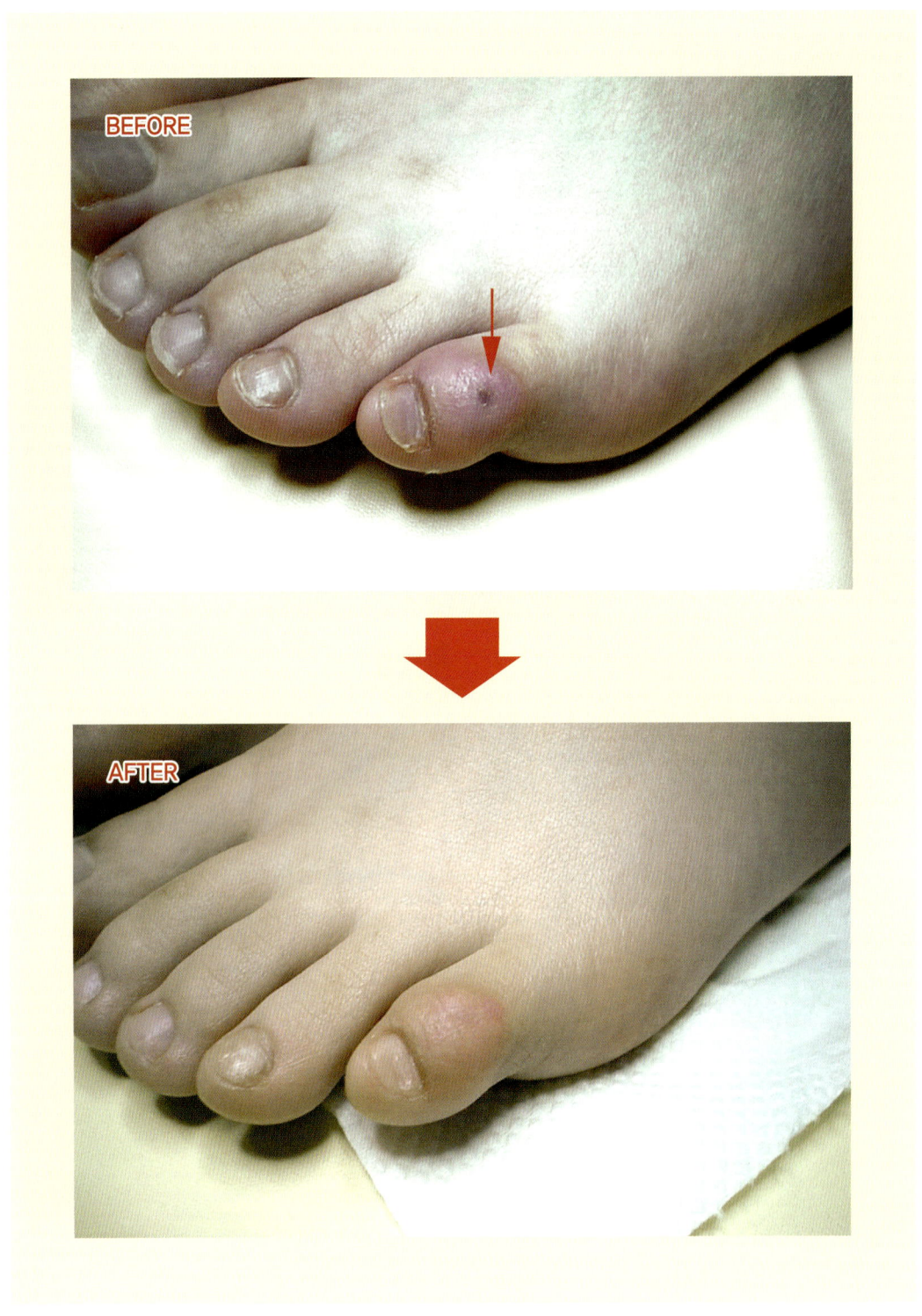

· 굳은살처럼 보이지만 그 안에는 여러 개의 티눈들이 형성되어 있다.

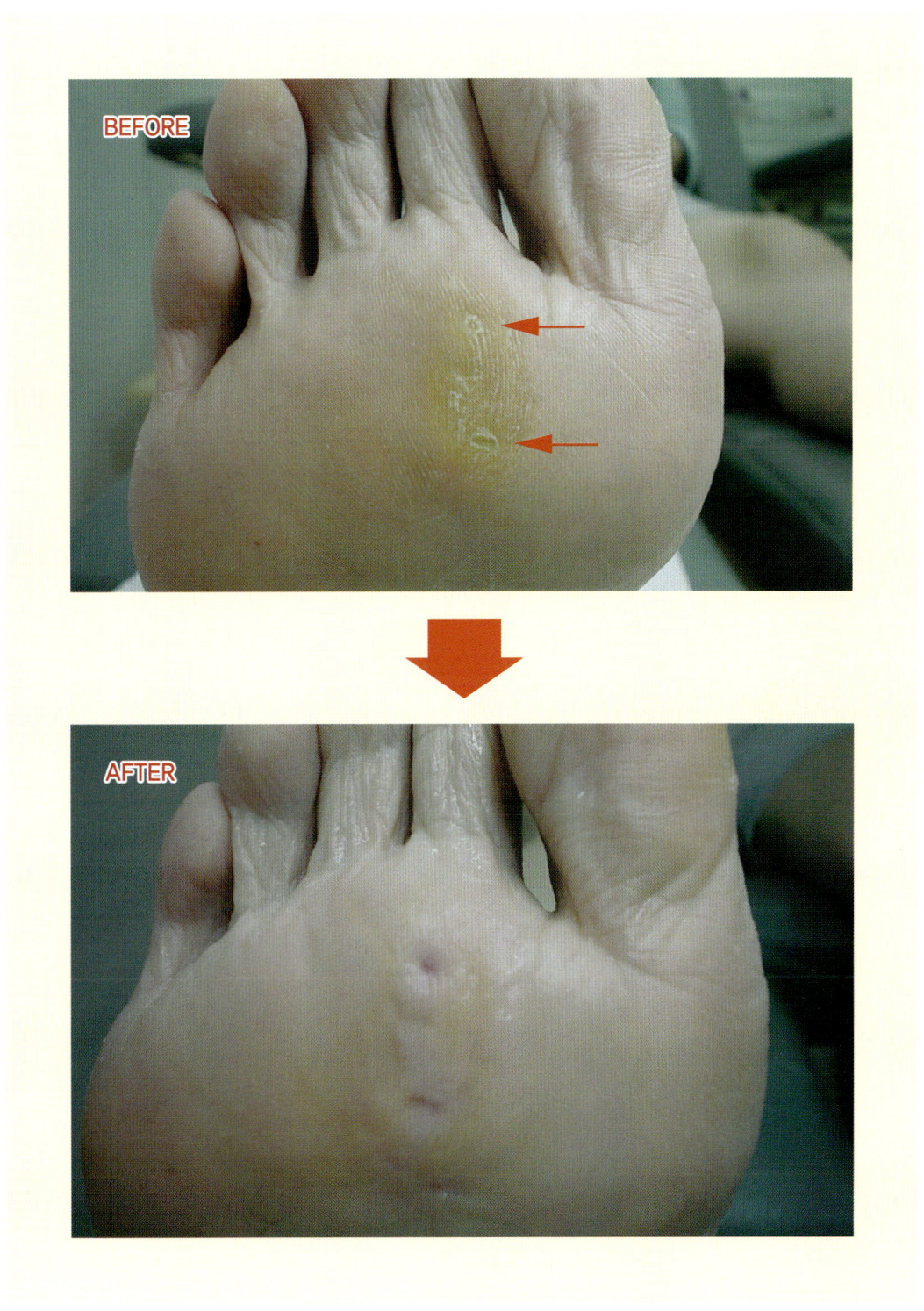

• 발의 모양과 신발의 영향으로 바깥쪽에 티눈이 생겼다.

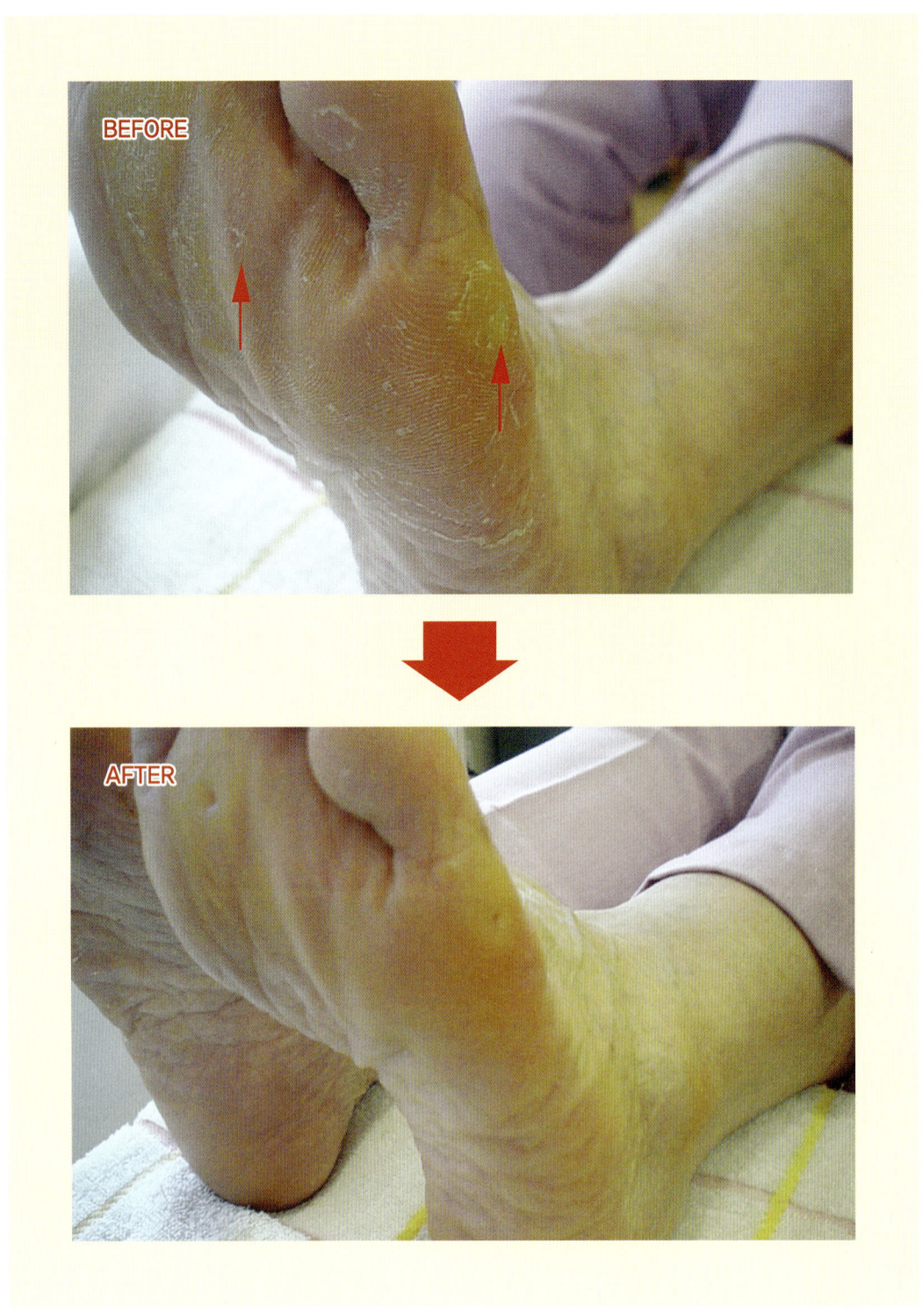

• 외반무지에 많이 생기는 티눈이다.

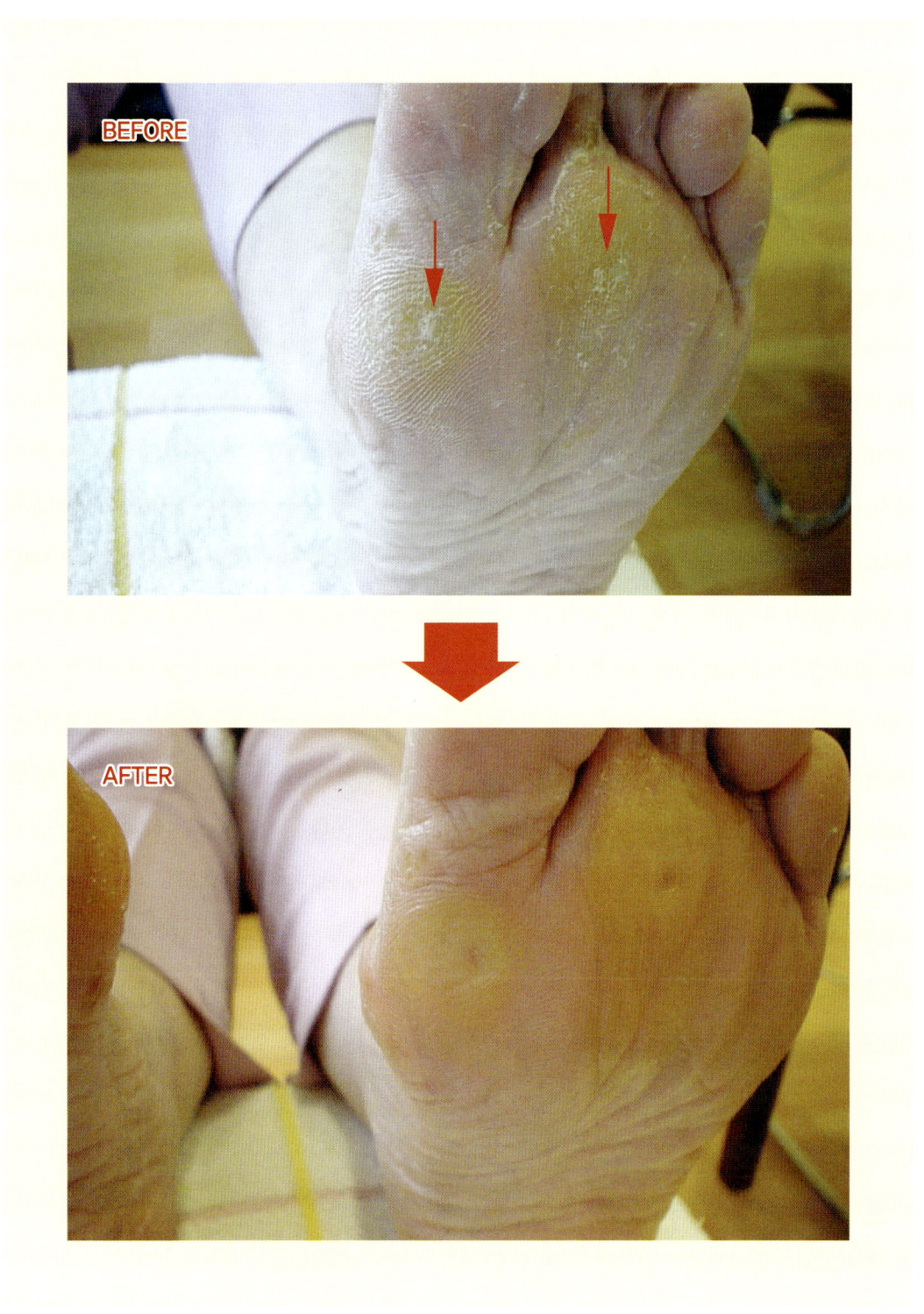

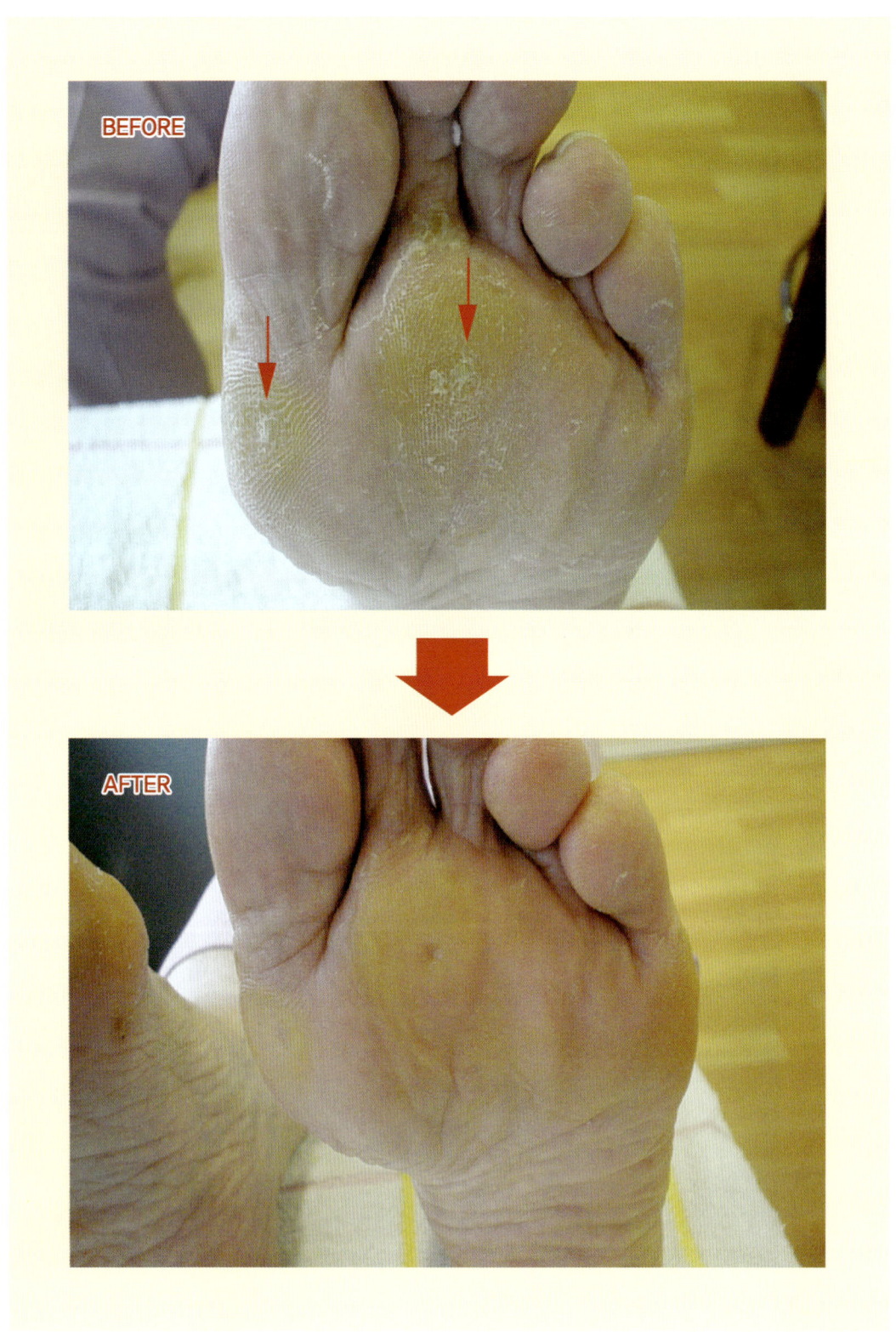

# 파고드는 발톱 (ingrown toenails)

발톱 안쪽으로 자라서 들어간 파고드는 발톱은 발톱 측면 부위가 발톱과 살이 이어진 부위로 깊이 들어가서 근육조직에 염증을 동반한 통증이 나타난다.

## ◎ 원인

- **발톱에 압력이 가해지는 경우** : 잘못된 신발의 선택(짧고 좁은 신발과 구두 앞뒤부분이 낮은 경우)

- **잘못된 발톱 관리** : 발톱을 잘못 자르거나 발톱 끝을 지나치게 많이 잘라서 발톱이 파고들게 된다. 또한 발톱과 피부 사이 부위에 외상이 일어날 수 있다. (처음 통증이 생길 때 무조건 파고든다고 발톱만 안쪽으로 자르는 경우가 많은데 자르고 며칠 지나지 않아 통증이 생기고 또 다시 더 깊이 안쪽으로 자르면서 점차적으로 파고드는 발톱을 만드는 경우가 70~80% 정도 된다.)

- **외부적인 문제로 발톱의 생김새가 변한 경우** : 발 기형과 발톱의 기형으로 발톱 전체의 측면 부위가 발톱 끝 부위에서 압박을 받게 된다. (사고로 인해 발을 다치면서 발톱이 살 속으로 들어간 경우가 있고 피부가 너무 얇아서 아기 피부 같은 경우 조금만 외부의 압박을 받아도 염증과 통증을 동반하는 경우가 있다.)

## ◎ 증상 : 대부분 엄지발가락에서 발생한다.

- **염증은 없고 통증이 있는 단계(1단계)** : 발톱 끝이 발톱과 피부 사이에 깊숙이 들어가 있다. 발톱과 피부가 맞닿아 있는 부위에서 염증은 나타나지 않지만 굳은 각질이나 티눈이 생기면서 통증이 생긴다.
이때 발톱만 자꾸 잘라내선 안되며 발톱 밑에 자리 잡고 있는 티눈을 제거해야만 염증이 생기는 단계를 막을 수 있다.

- **염증은 있지만 곪지는 않은 단계(2단계)** : 근육조직에 있는 측면 발톱 끝 부위가 세게 눌림으로써 발톱과 피부 사이 부위와 발톱을 덮고 있는 피부 부위에서 나타나는 전형적인 염증상태를 말한다. (피부의 붉어짐, 부어오름, 통증, 과열, 기능장애 등의 상태)

- **염증과 곪는 단계(3단계)** : 종종 화농성 박테리아가 발톱과 피부가 맞닿아 있는 부위에 들어가게 된다. 이때 빠르게 발톱에 염증을 일으켜 발톱 아래부터 아주 깊숙한 발가락 층까지 퍼지게 된다. 종종 화농성 분비물(곪거나 피고름)은 자연적으로 압력에 의해 피부에 나타나게 된다.

만성 염증단계에서는 피가 아주 잘 도는 육아조직이 형성되는데 이것이 발톱을 덮고 있는 피부 측면 부위에 불규칙한 염증을 만들고 발톱 전체 부위에 퍼지게 된다. (3단계는 의사에게 맡겨야 하고, 특히 당뇨병이나 심한 혈액순환장애가 있는 사람은 퍼지는 염증으로 발가락을 자를 수도 있다.)

● 파고드는 발톱 관리 시 사용하는 기구들

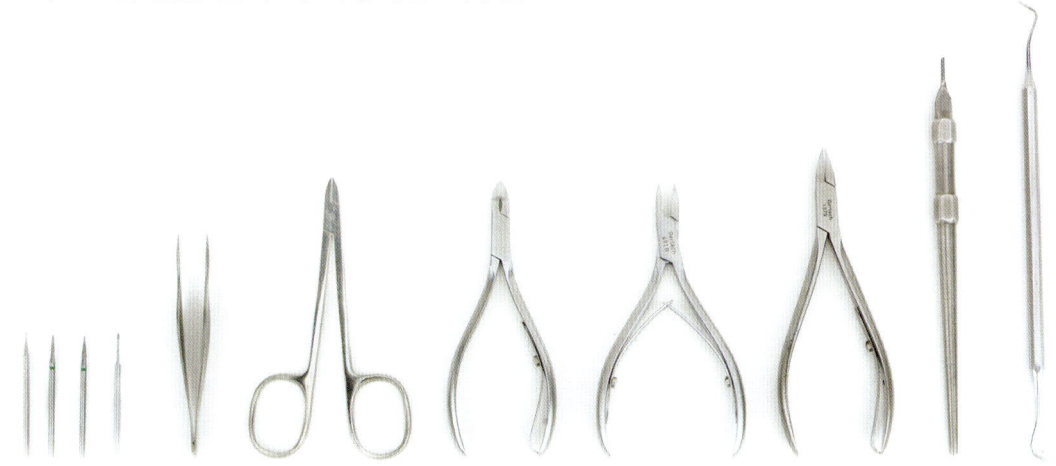

● 유형

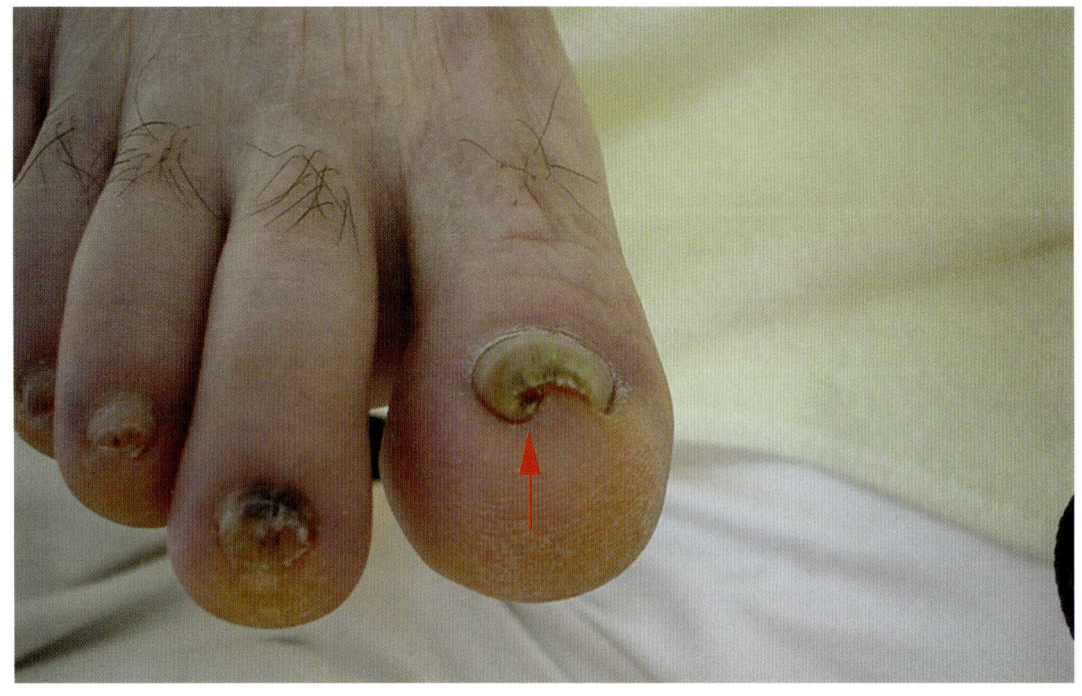

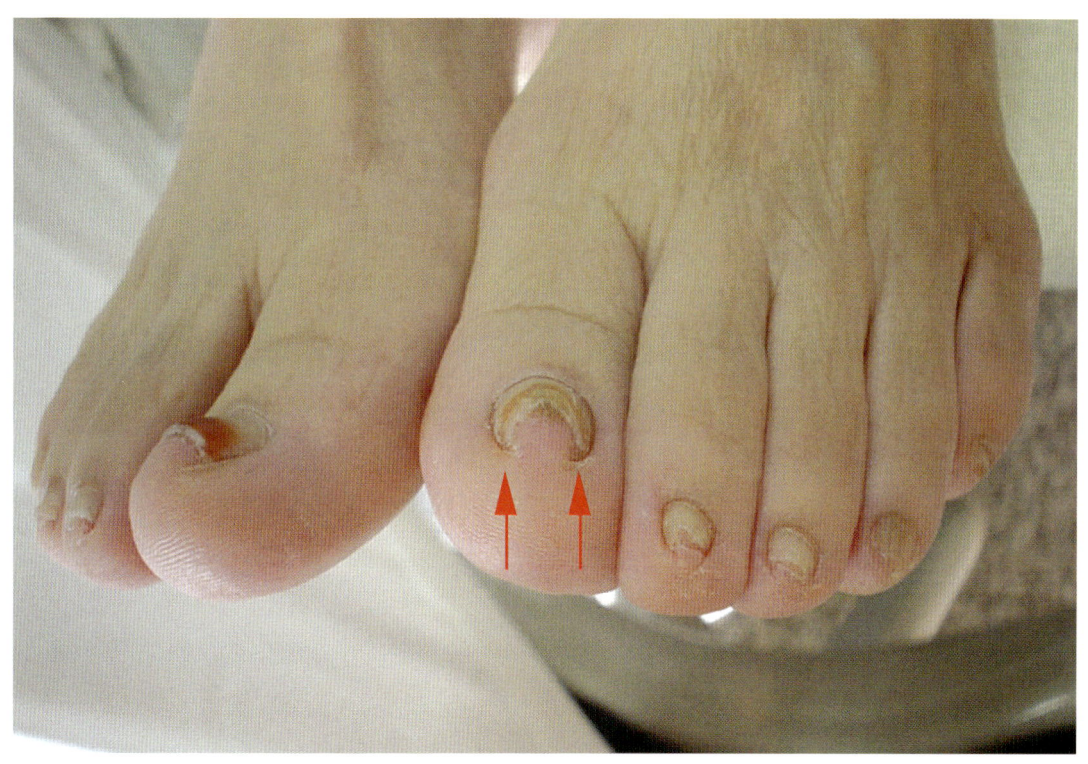

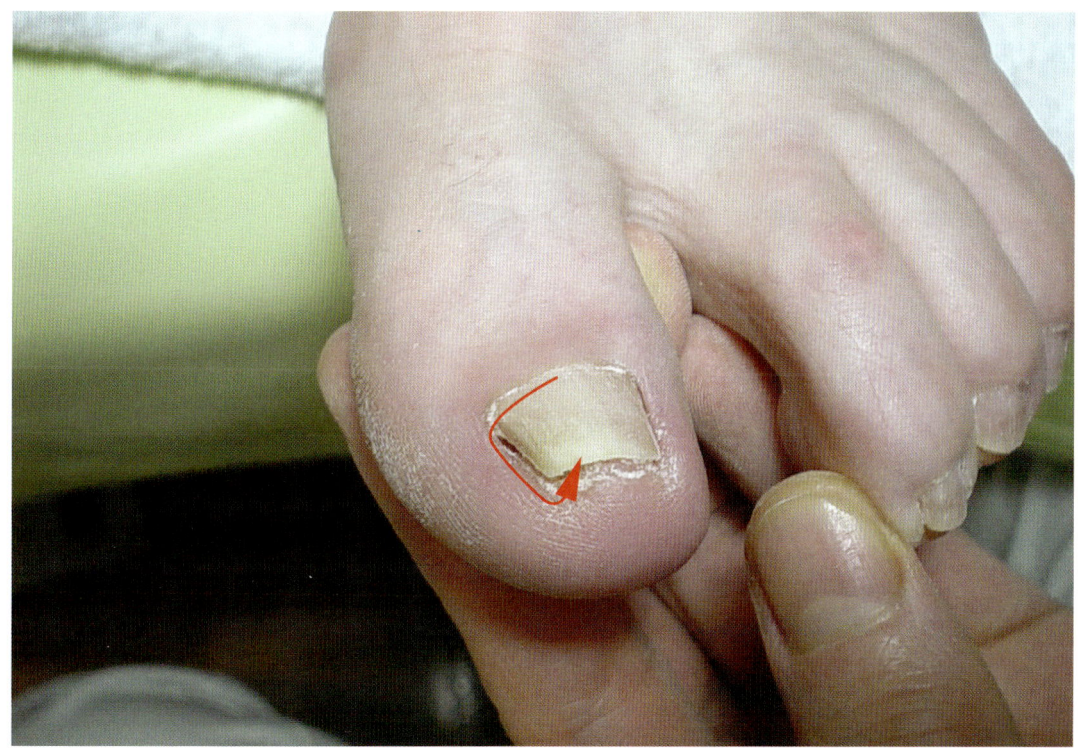

● 가위와 스칼펠(scalpel)을 이용한 파고드는 발톱 관리 모습

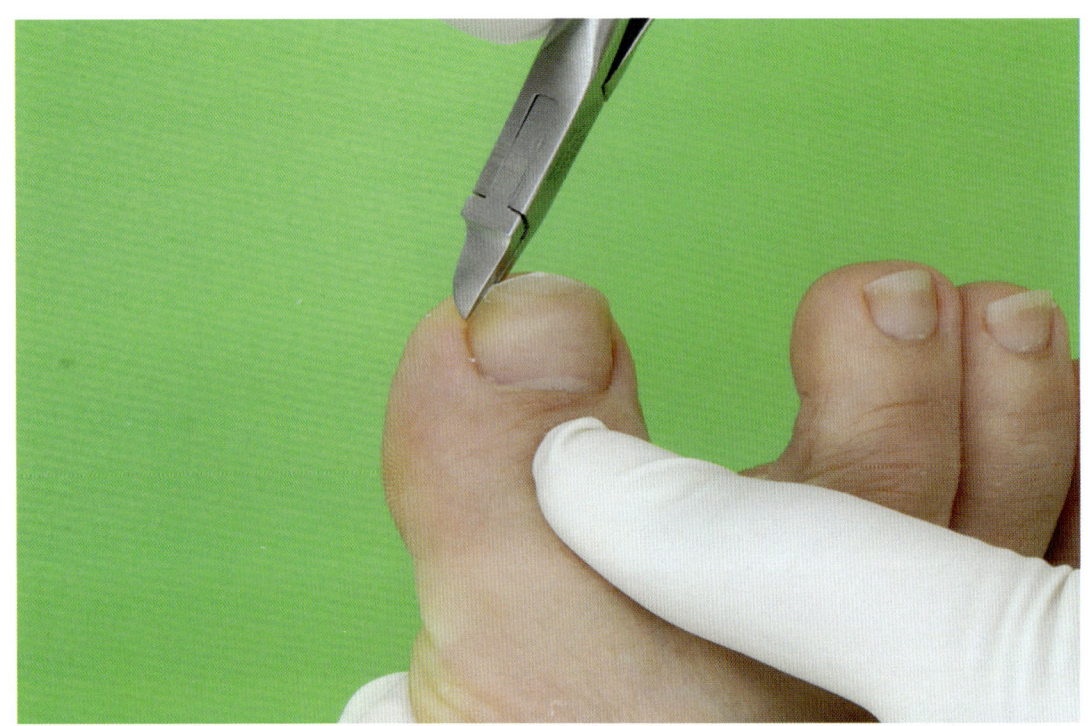

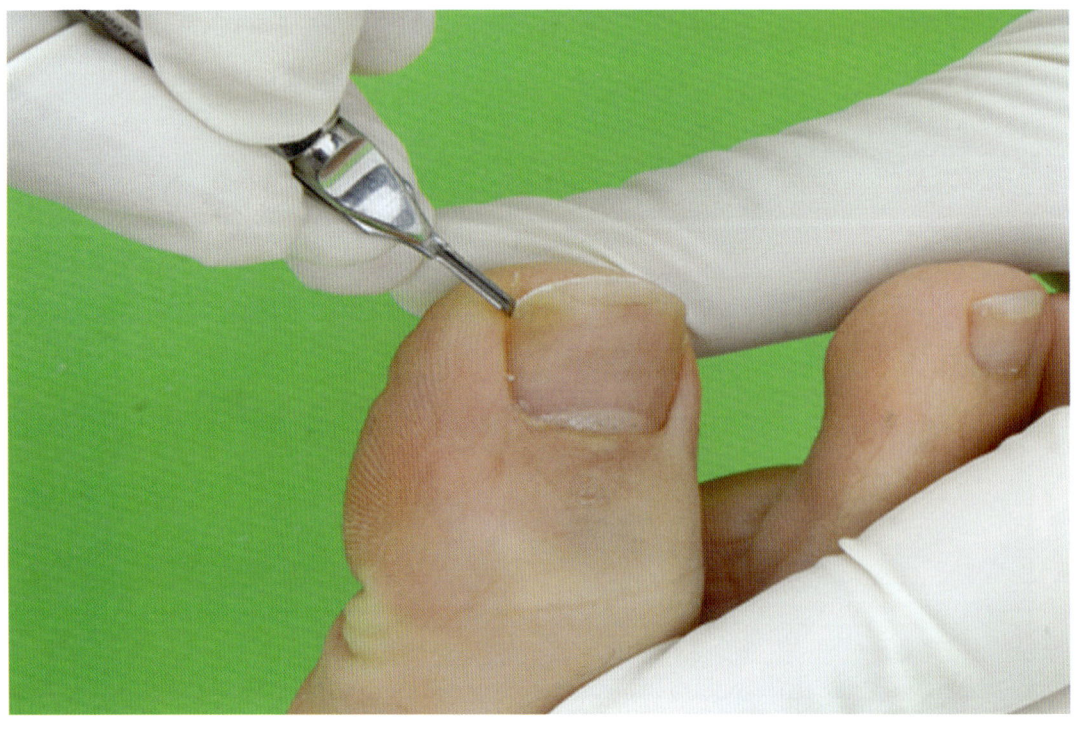

## 🌀 관리 전후

발톱이 달팽이처럼 생겼다 해서 '달팽이 발톱' 이라 부른다.

발톱이 달팽이 모양을 하면서 발톱 뿐만 아니라 피부도 같이 변한 상태이기 때문에 발톱을 자를 때 특히 중요하며 일자로 자르면 절대 안되고 발톱 모양에 따라 원형 모양으로 자른다.

· BEFORE (처음 단계) : 직업상 오랜 세월 동안 꼭 조이는 버선을 신어야 했고 엄지발가락에 하중을 실어서 생활하다보니 발톱에 이상이 생기기 시작했다.

· AFTER 1 (중간 단계) : 관리를 시작한지 6개월 정도 지난 상태이고 발톱 속에 꽉 눌려 패여 있던 피부가 서서히 재생하여 달팽이 모양이던 발톱이 조금씩 넓어지고 있는 단계이다. 발톱의 두꺼움도 조금 완화된 상태이다.

· AFTER 2 (넓어지고 있는 단계) : 1년 정도 지난 상태이며 정상적인 발톱 상태로 호전된 상태이다.

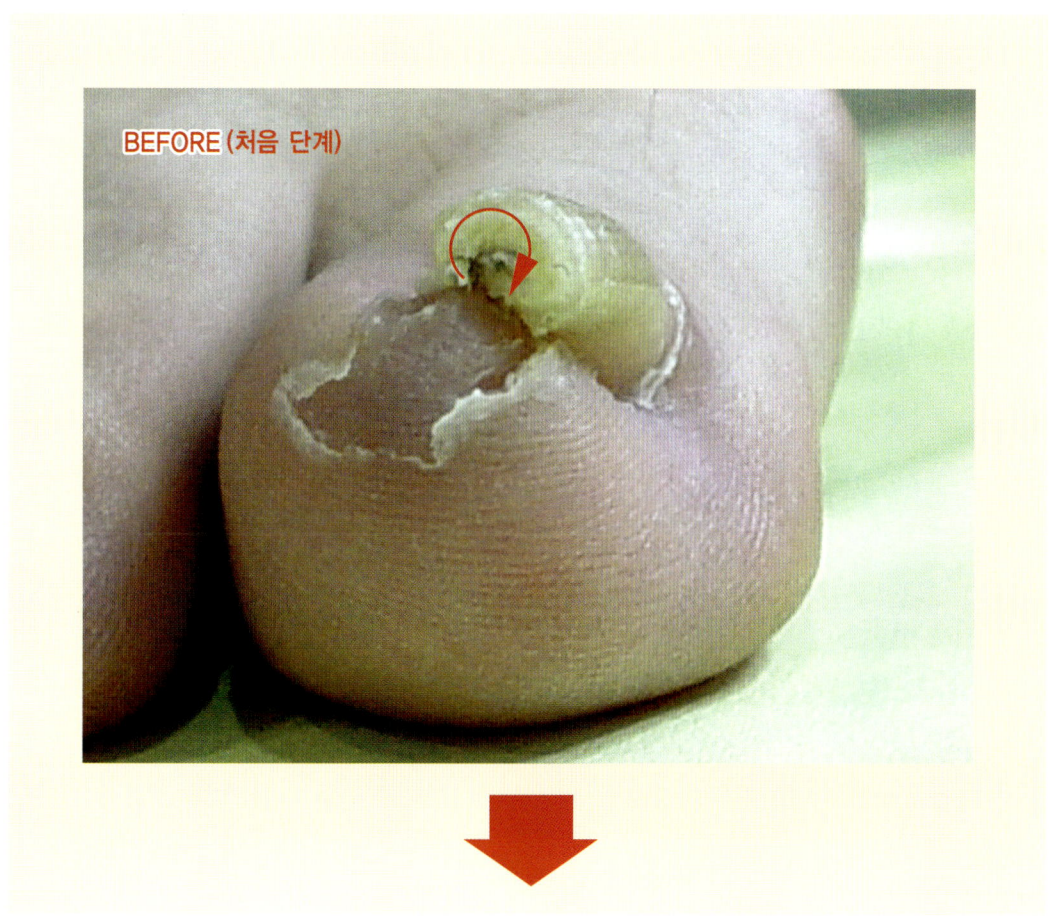

BEFORE (처음 단계)

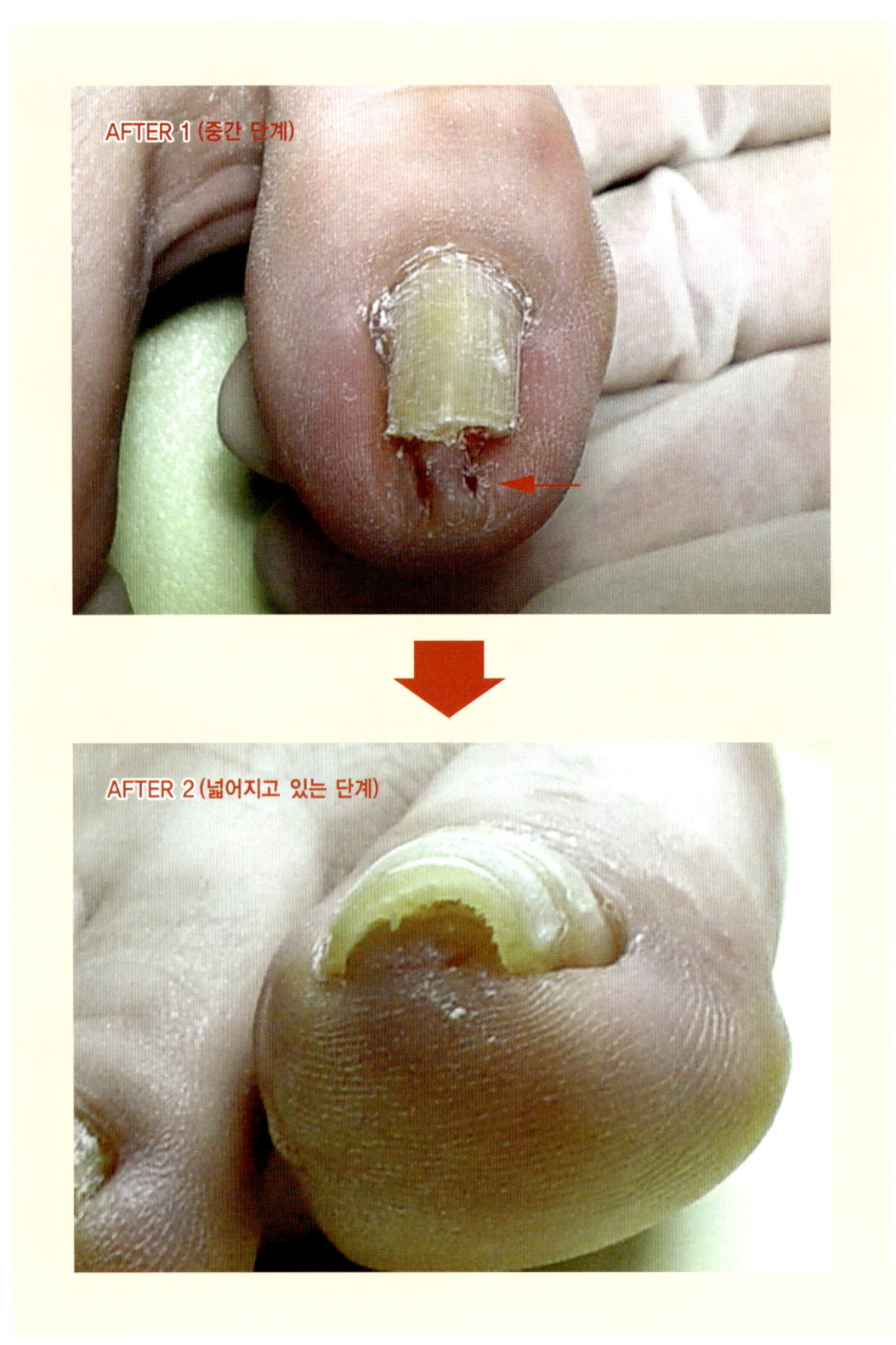

AFTER 1 (중간 단계)

AFTER 2 (넓어지고 있는 단계)

• 엄지 안쪽으로 눌리면서 발톱이 변한 경우이다.

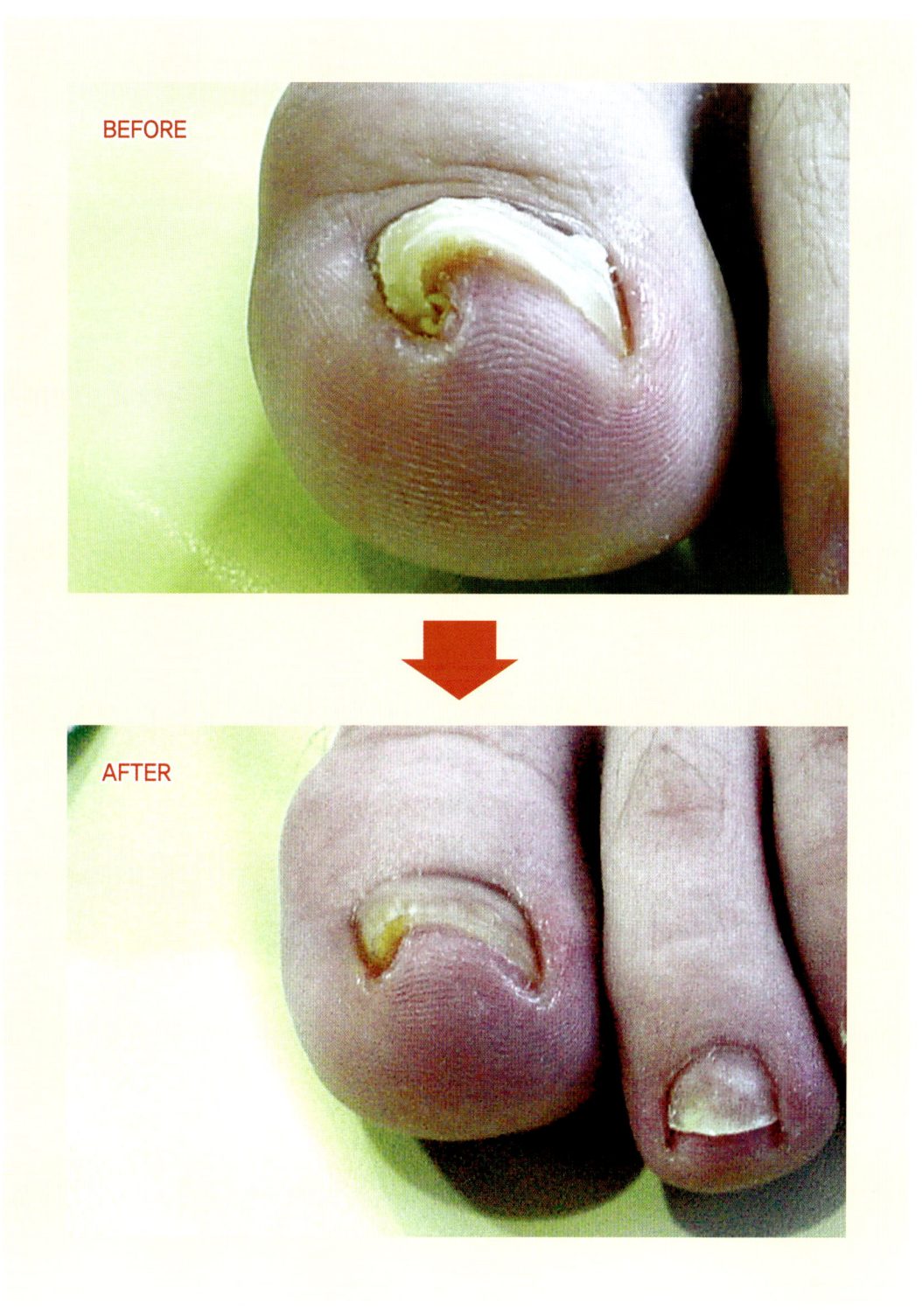

BEFORE

AFTER

• 발톱 끝부분이 점점 좁아지면서 통증이 시작됐다.

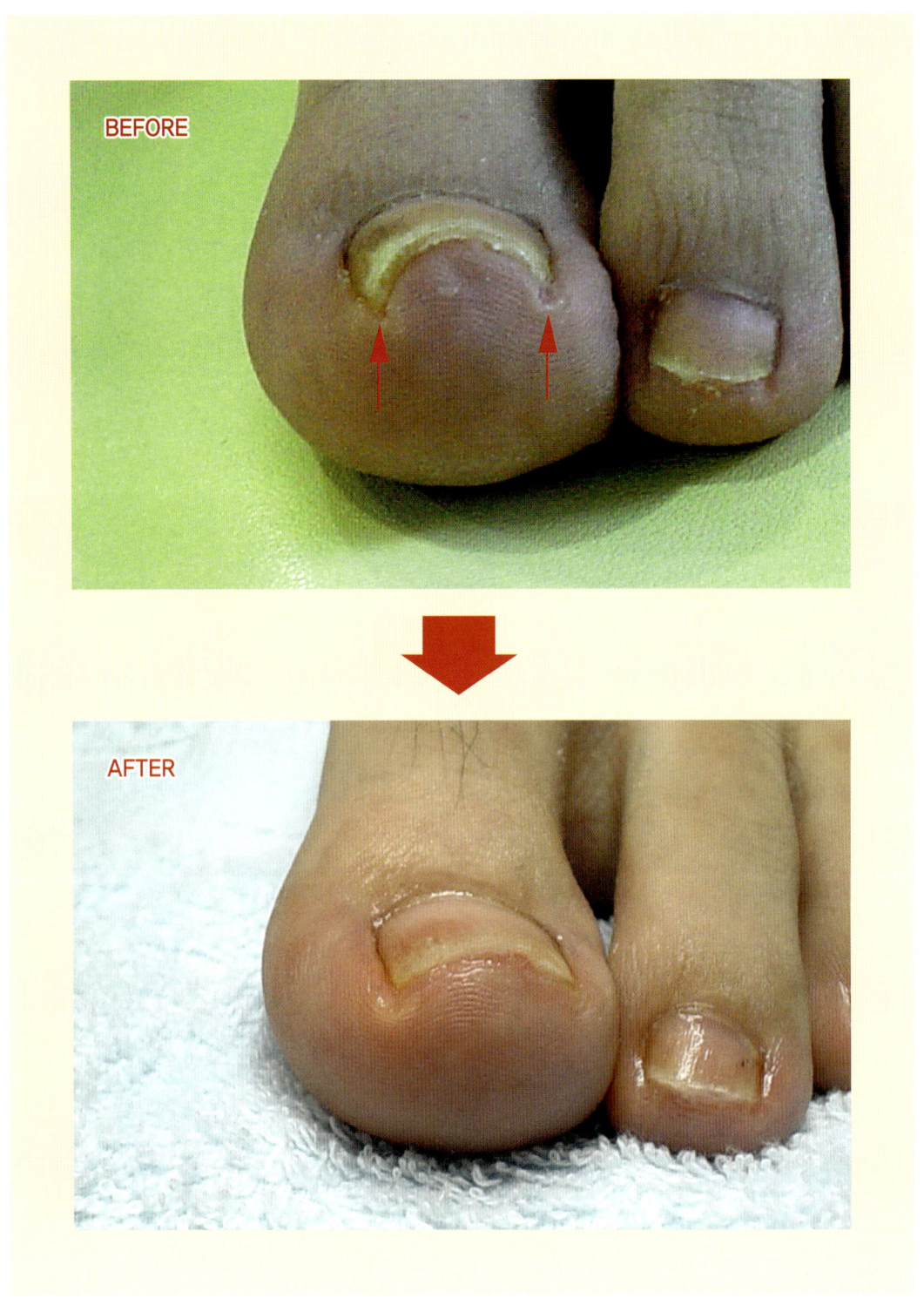

• 발톱이 눌리면서 끝부분에 자극을 받아 통증이 생긴 경우이다.

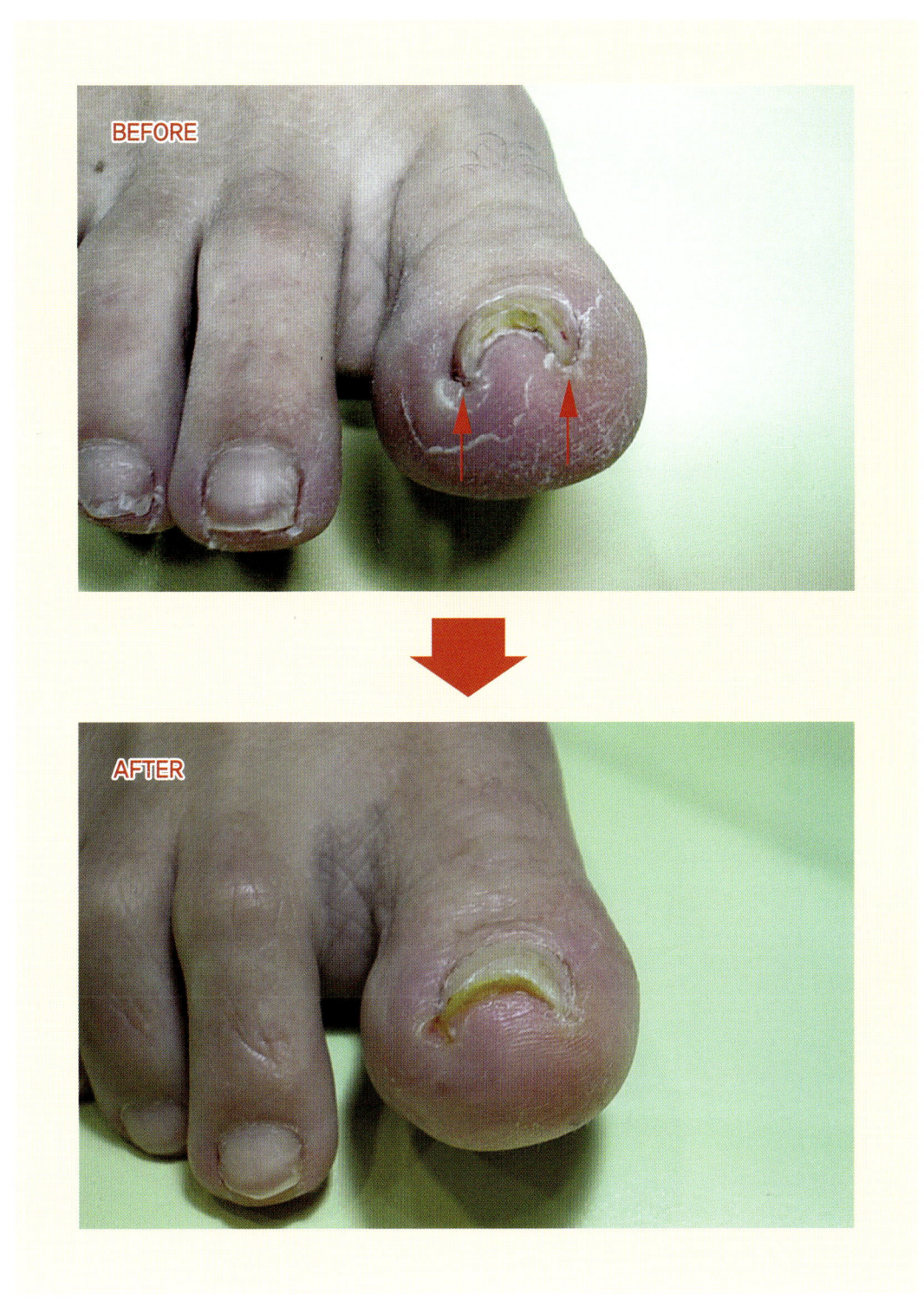

• 혈액순환이 안되어 발톱이 두껍고 사이드 안쪽으로 말려 들어가 파고드는 경우이다. (누르면 상당히 아픔을 느낀다.)

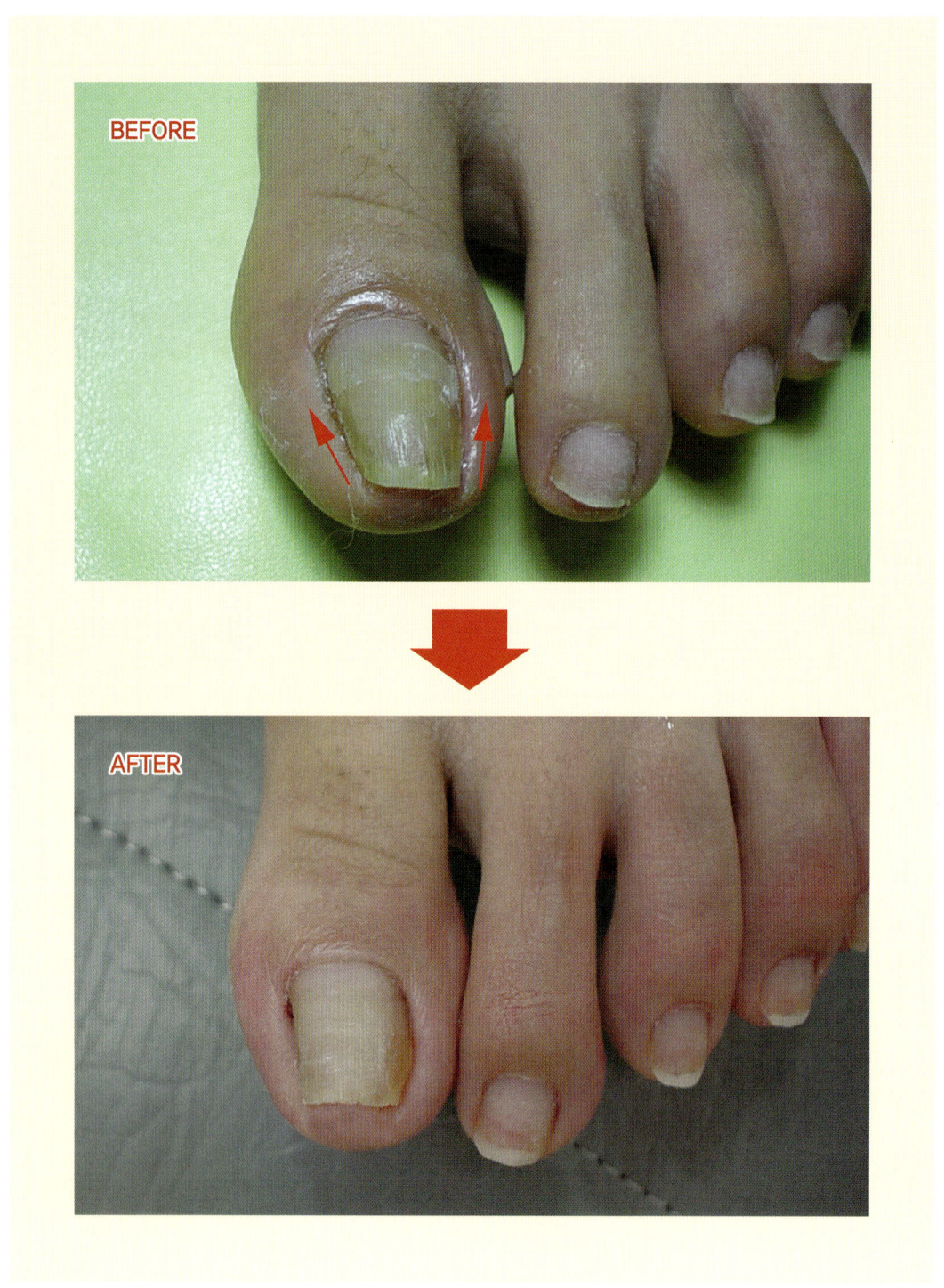

• 앞쪽이 좁아지면서 눌리는 상태이다.

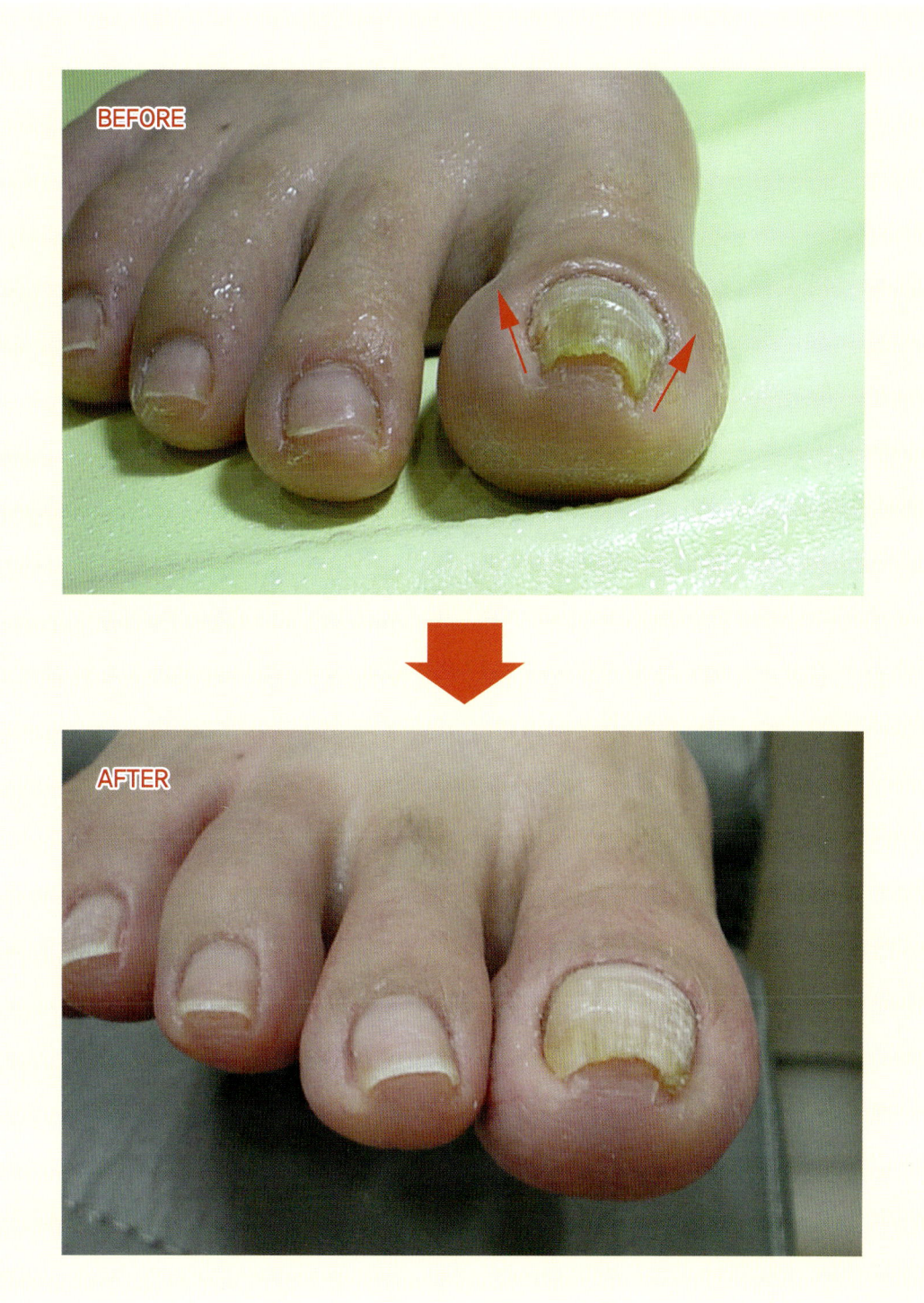

• 여러 번 파고드는 발톱을 뽑았지만 재발한 경우이다. (당뇨발)

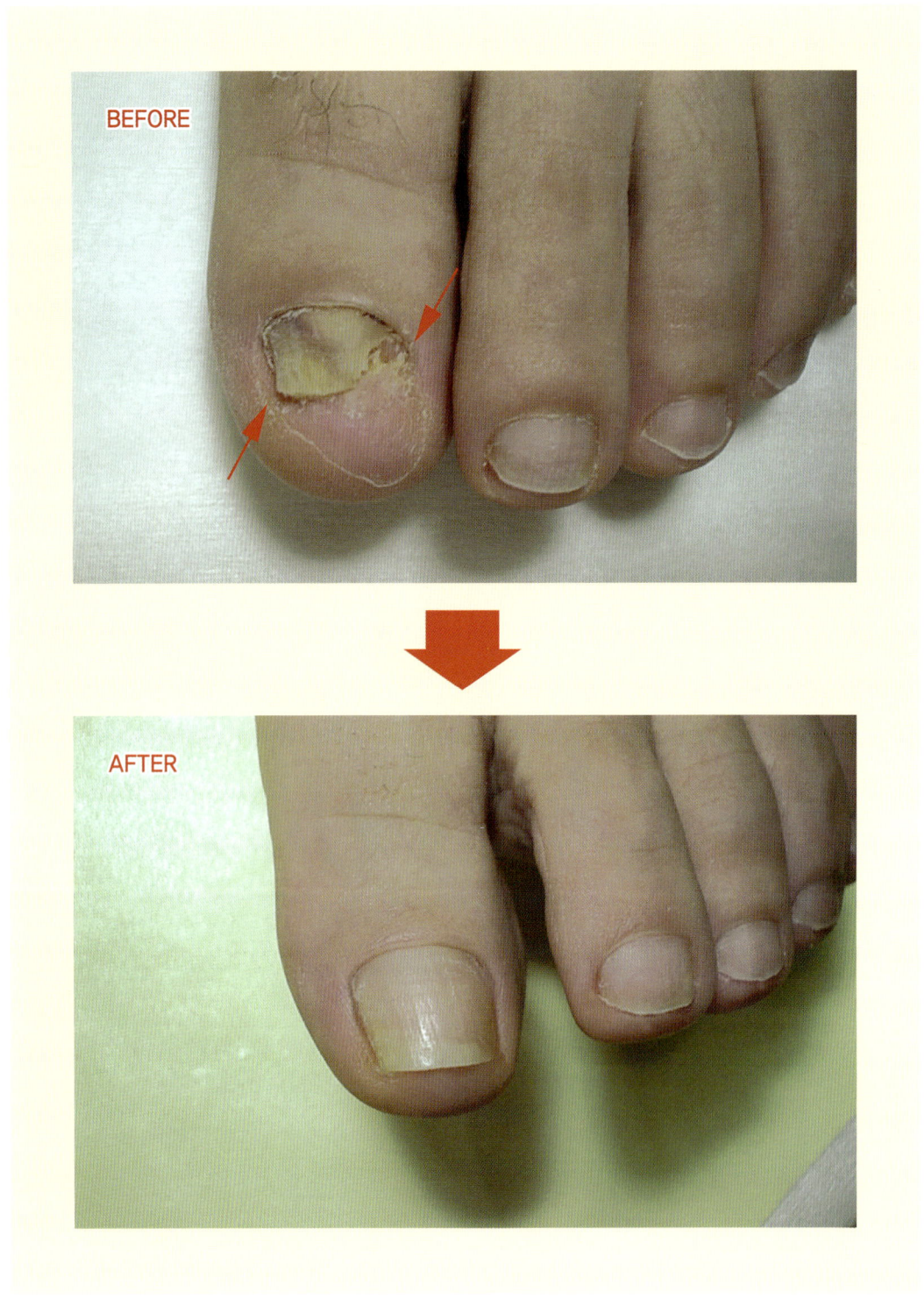

◦ 발톱 밑으로 눌리면서 파고드는 발톱(under nail) 제거하는 관리 연속동작 1

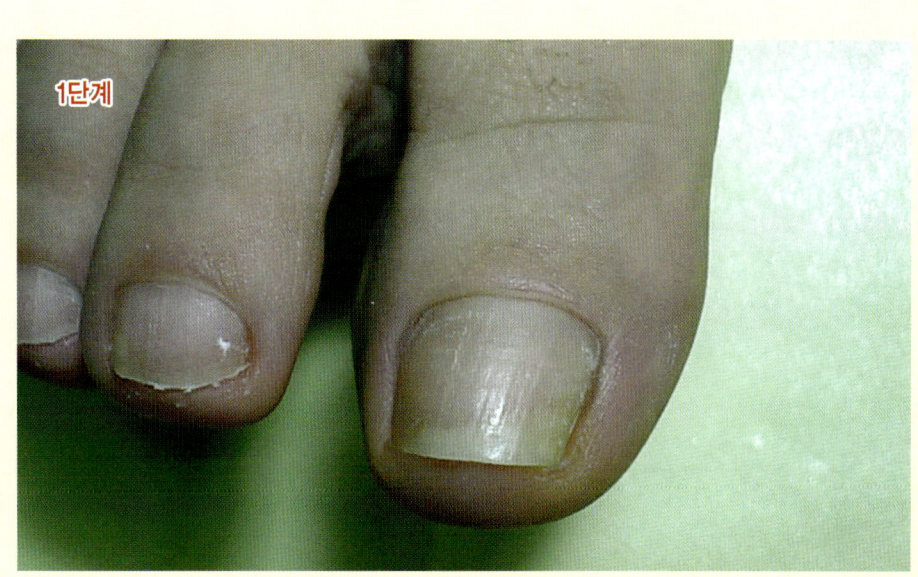

보이는 발톱은 정상이다. (누르면 아픈 상태)

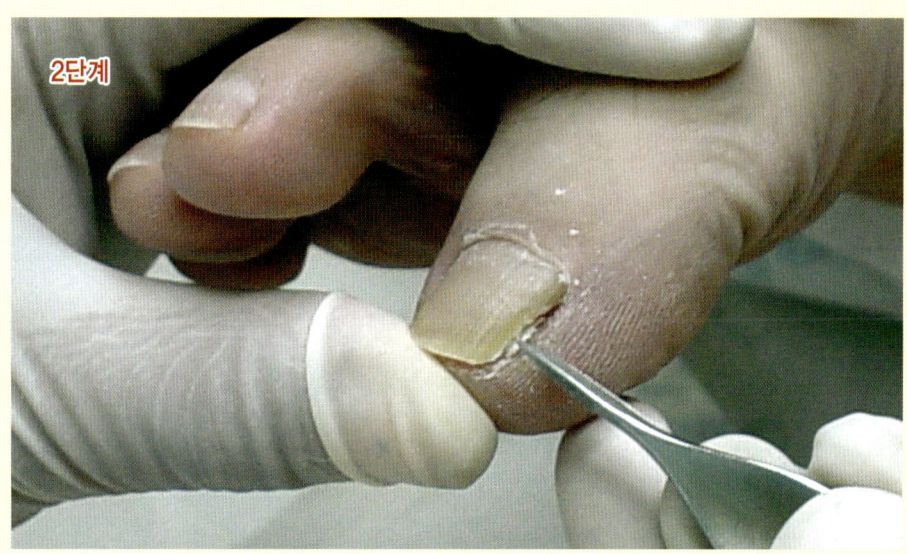

발톱 밑을 자른 상태이다.

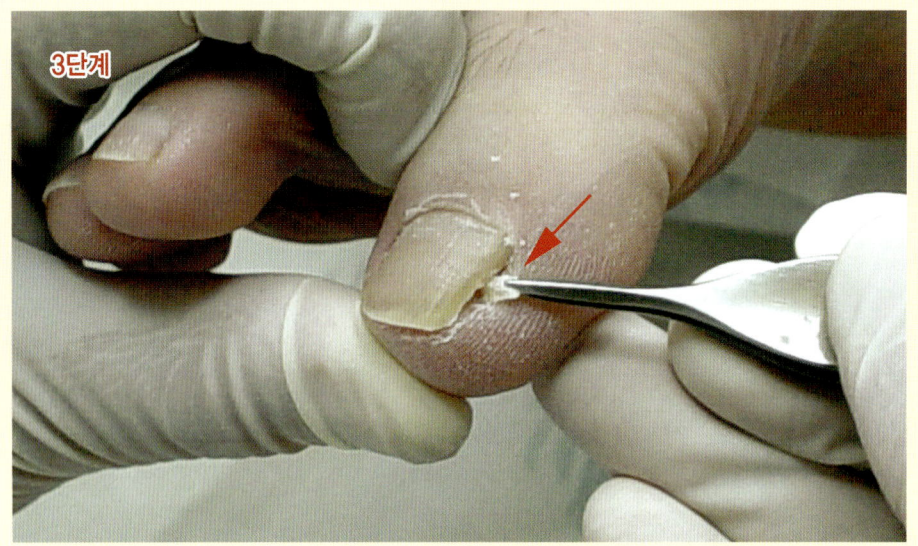

발톱을 제거하는 상태이다.

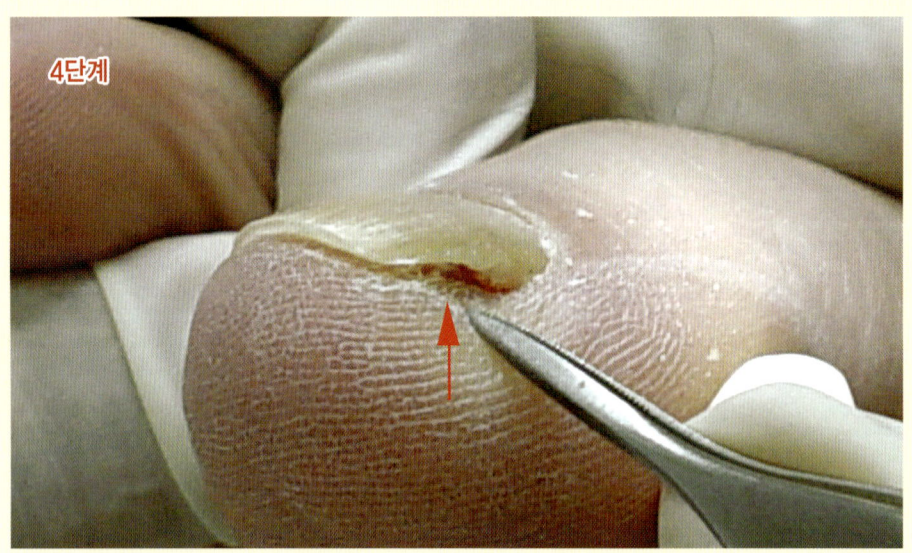

발톱 밑으로 눌린 상태가 보인다.

● 발톱 밑으로 눌리면서 파고드는 발톱 제거하는 관리 연속동작 2

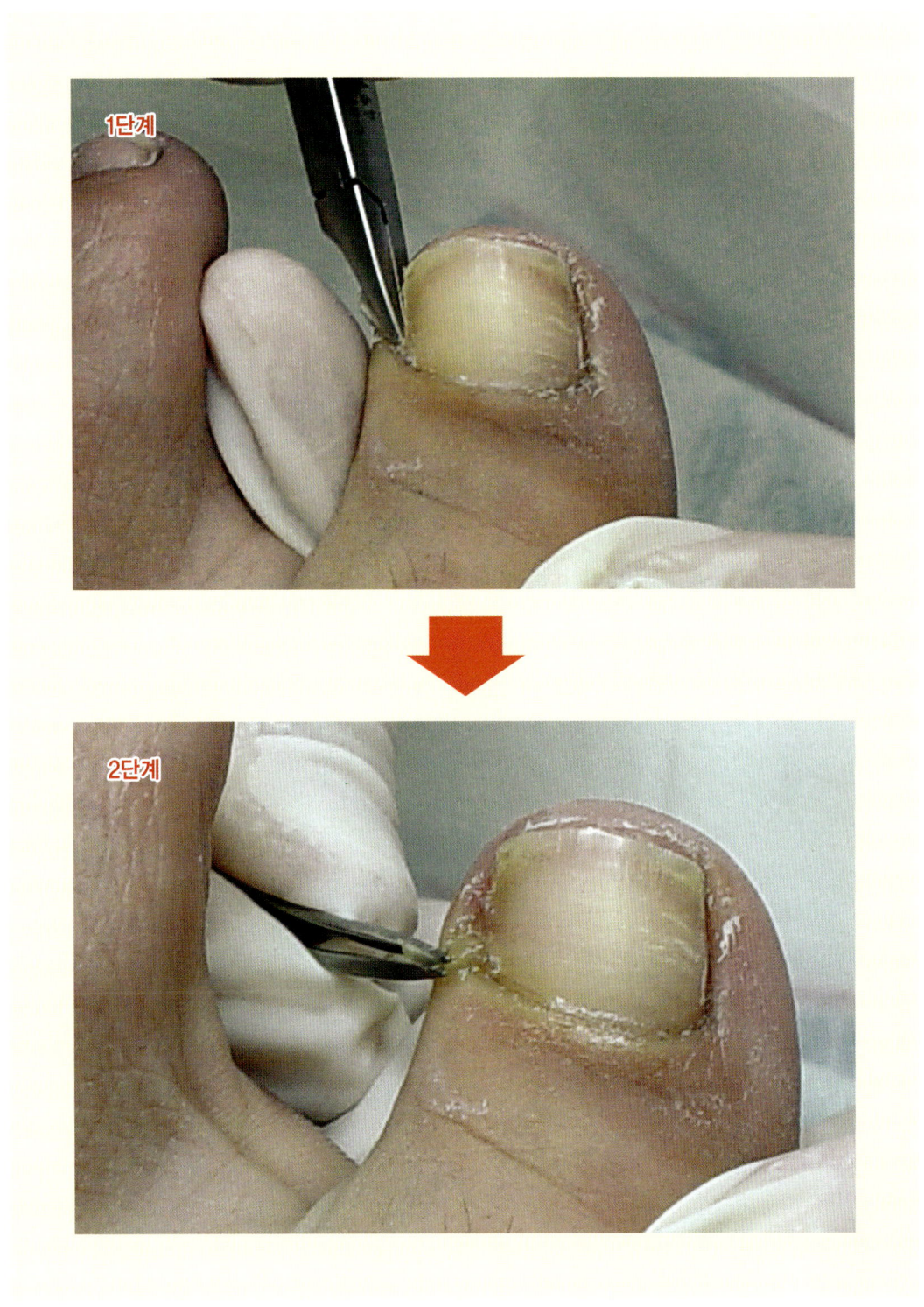

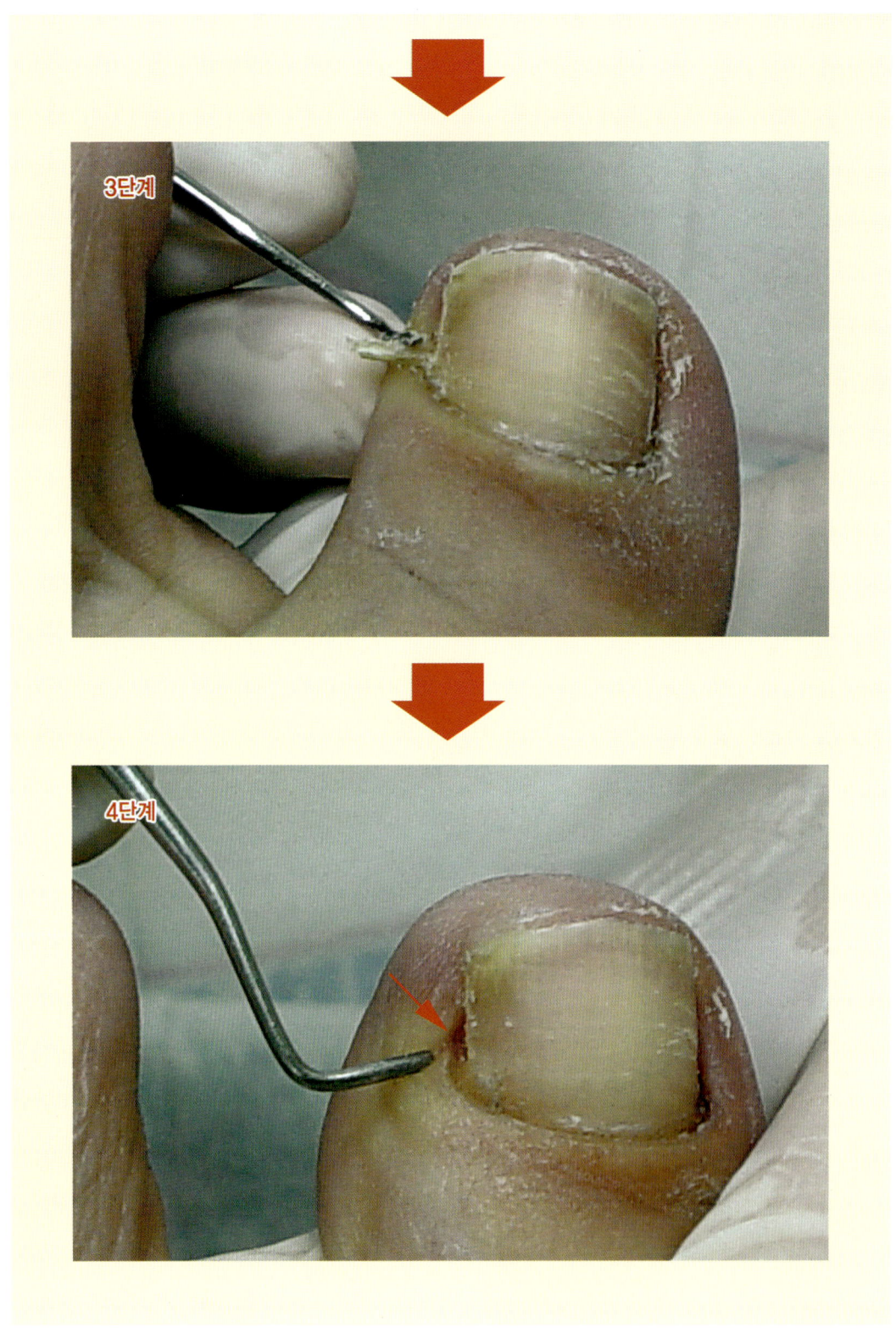

# 두꺼워지는 발톱(thickened toenails)

노인성으로 많이 나타나며 발톱의 뿌리를 다쳤거나 지속적인 발톱의 눌림으로 발톱이 두꺼워진다.

### ⚬ 원인

- 혈액순환의 장애로 나타난다. (거의 노인들에게 많이 생긴다.)
- 발톱이 오랫동안 신발에 눌려 나타난다.
- 발톱을 자라게 하는 뿌리 부분에 손상이 생겨 나타난다. (사고나 어떤 사물에 부딪혀 뿌리 부분을 다쳤을 때)

### ⚬ 상태

- 혈액순환의 장애가 올 때 발톱이 두꺼워진다.
- 발톱무좀으로 누렇게 변한다.

### ⚬ 관리

- 두꺼워지는 발톱을 매일 샤워 후 5분씩 마사지한다.
- 도구를 사용해 갈아준다.

### ⚬ 두꺼워지는 발톱 관리 시 사용하는 기구들

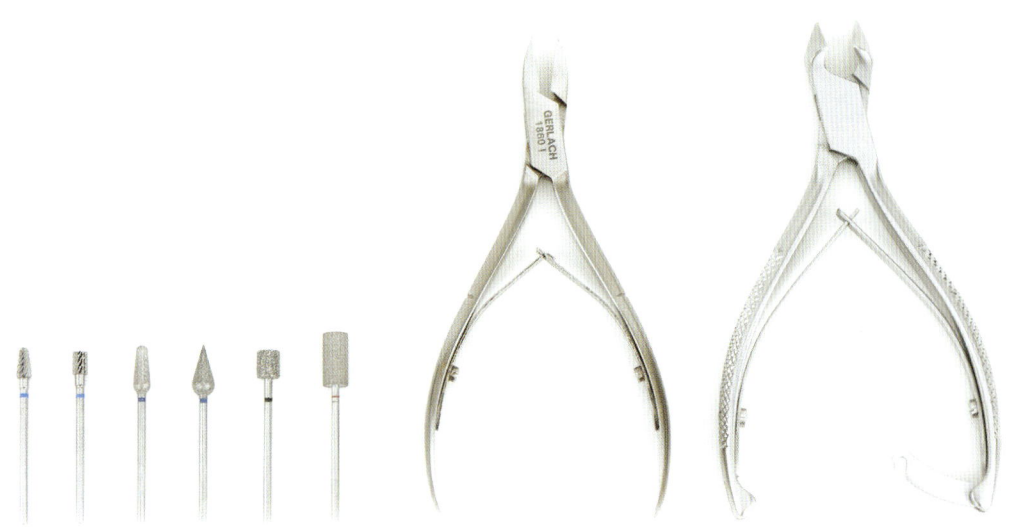

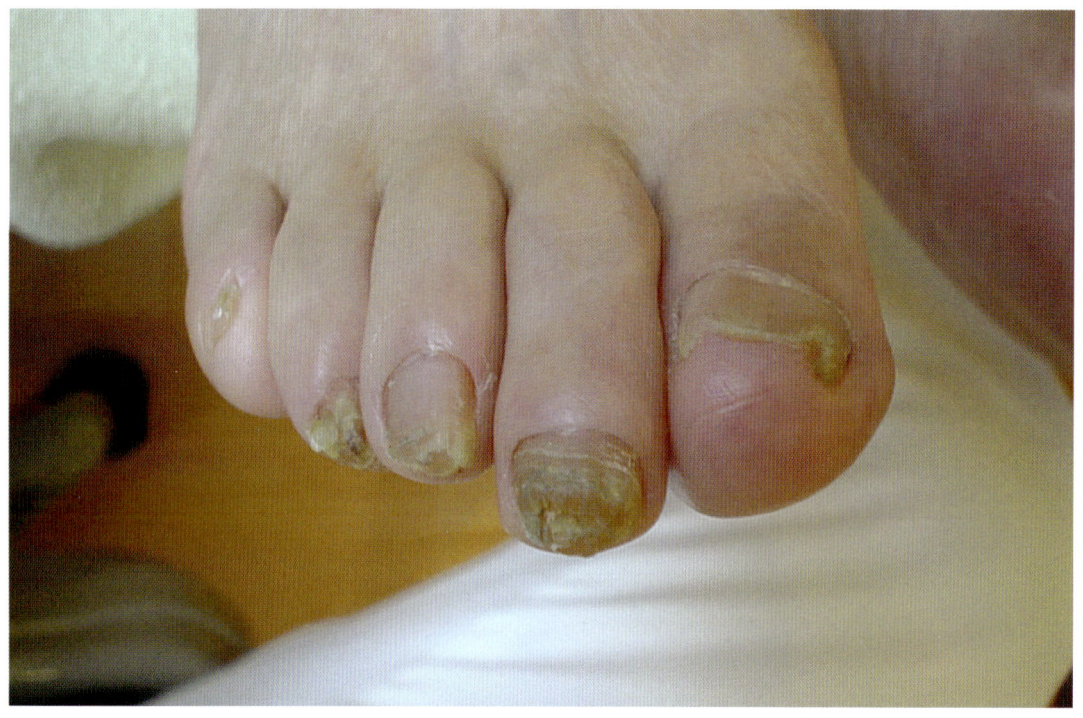

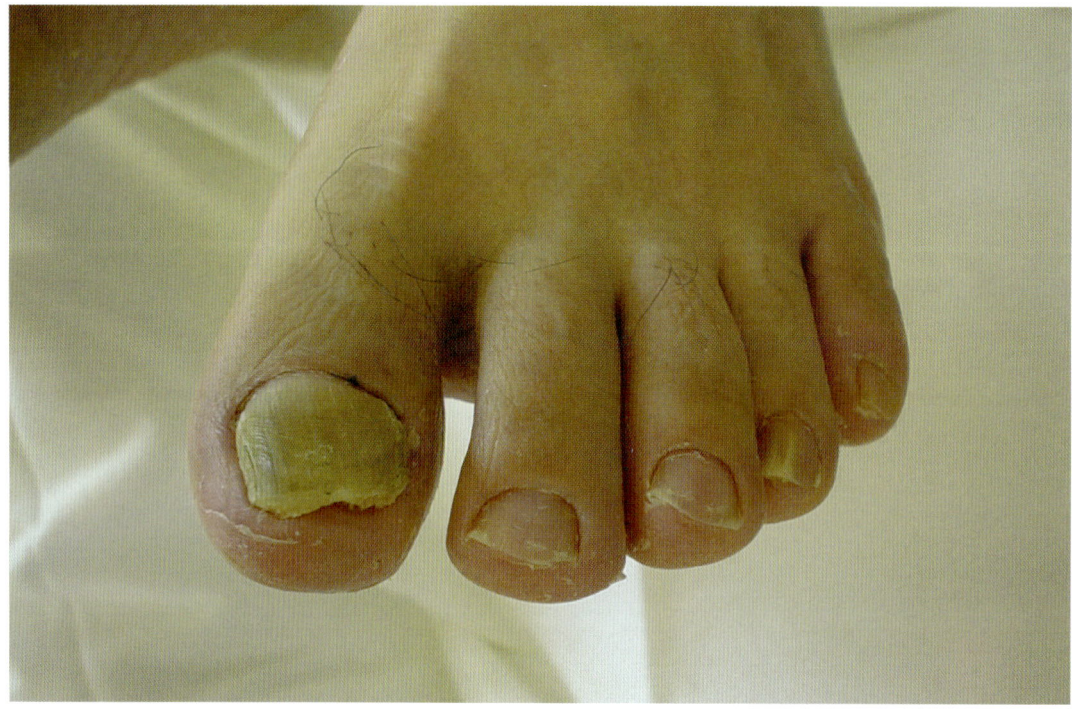

● 버(burr)를 이용한 두꺼워지는 발톱 관리 모습

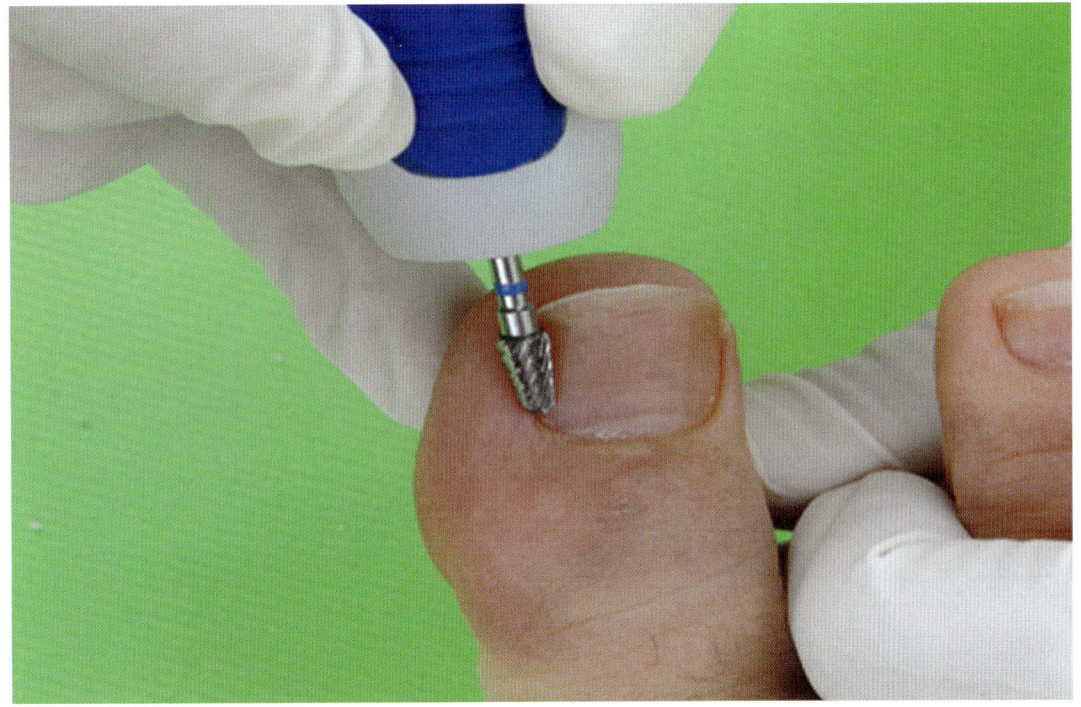

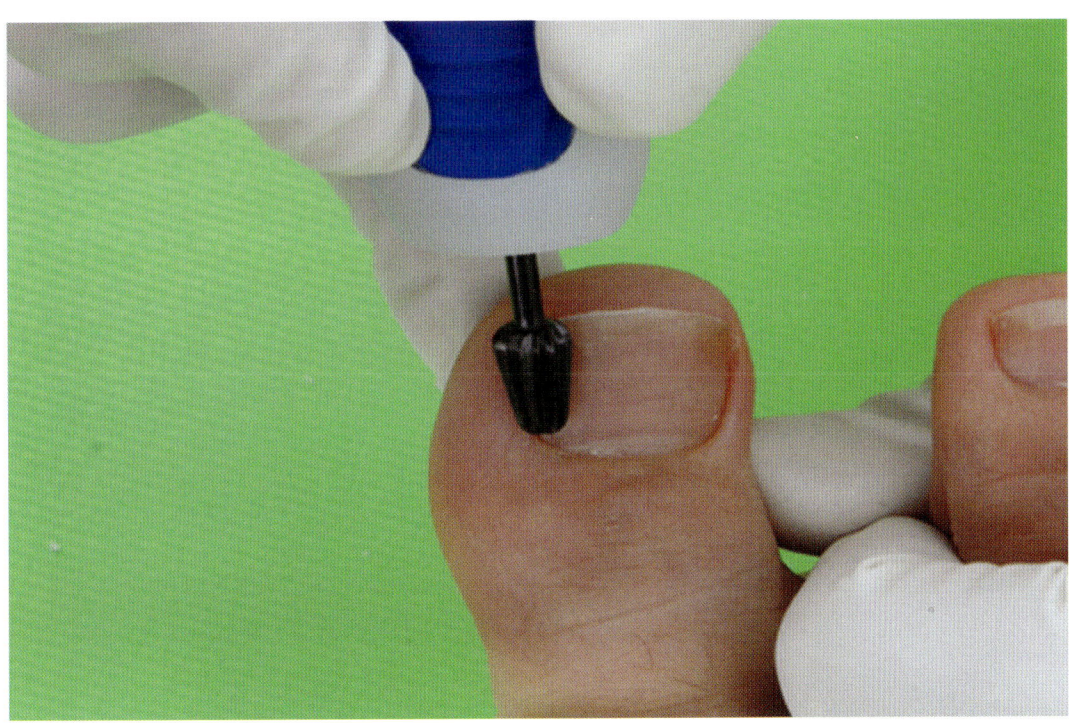

## ● 관리 전후

• 사고로 인해 발톱이 변한 상태이다.

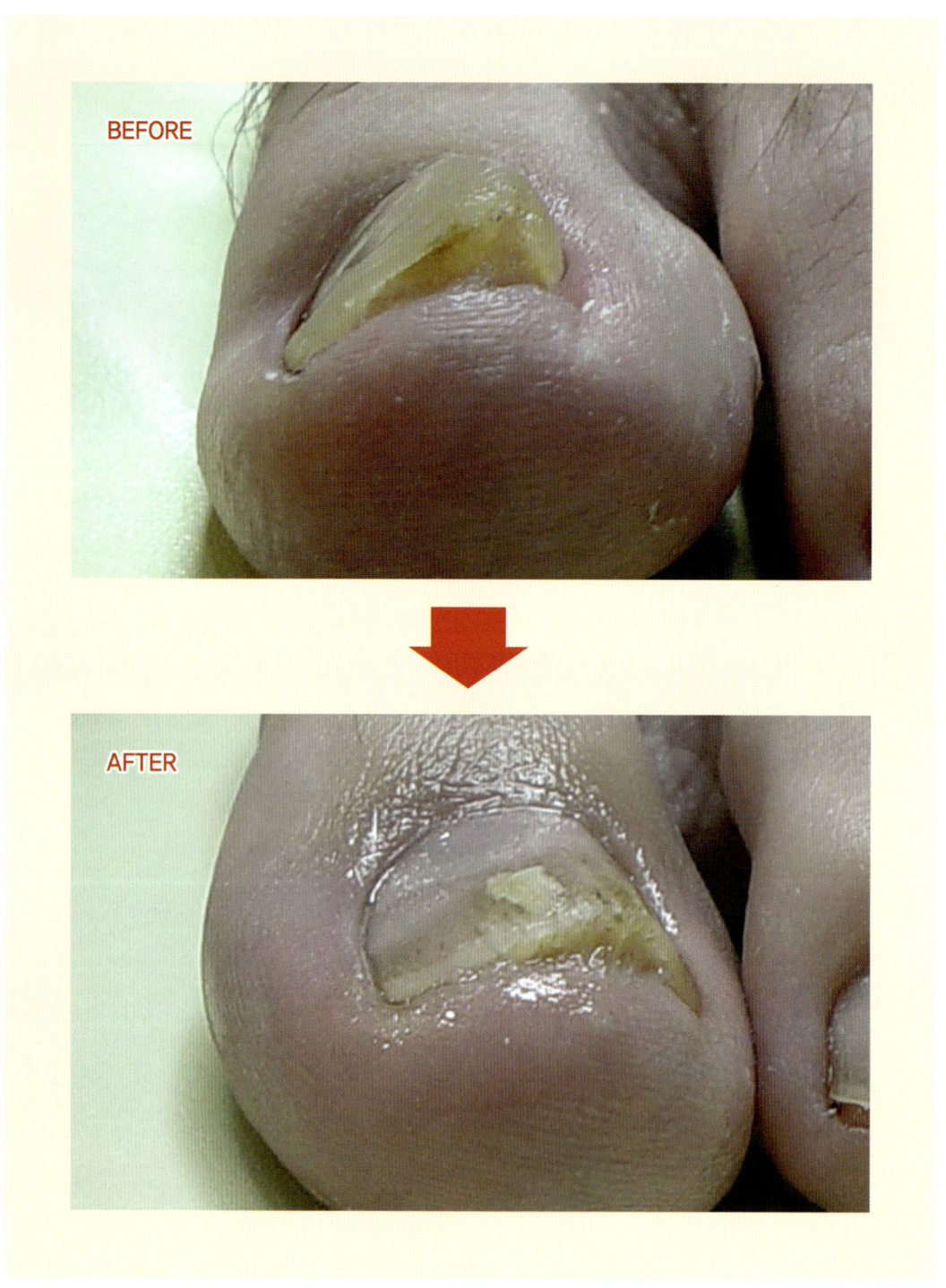

• 혈액순환이 잘 안되어 발톱이 두꺼워지고 색깔이 변했으며 점점 발톱산을 만들고 있는 경우이다.

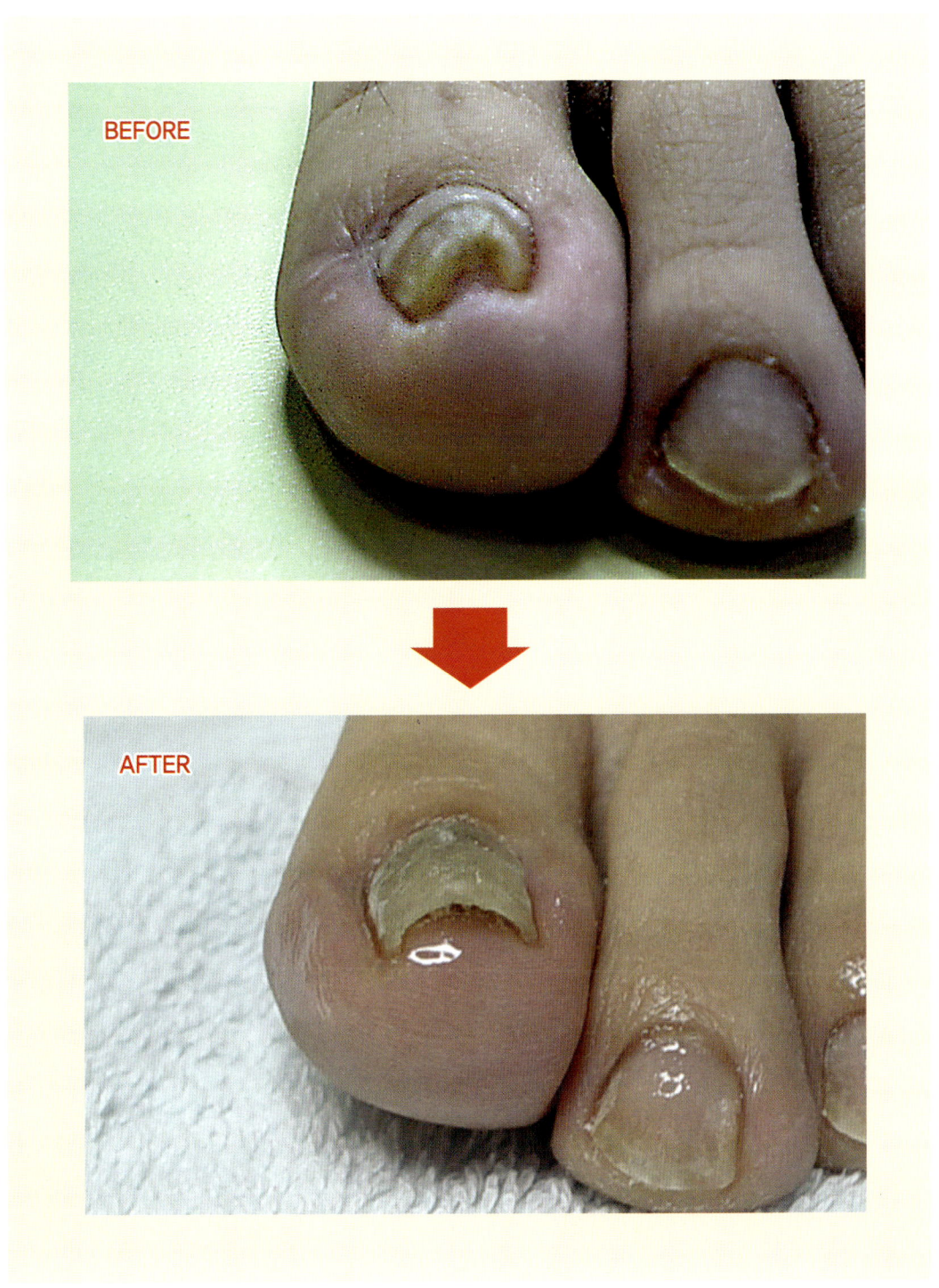

• 혈액순환이 안되는 상태이다. (노인성)

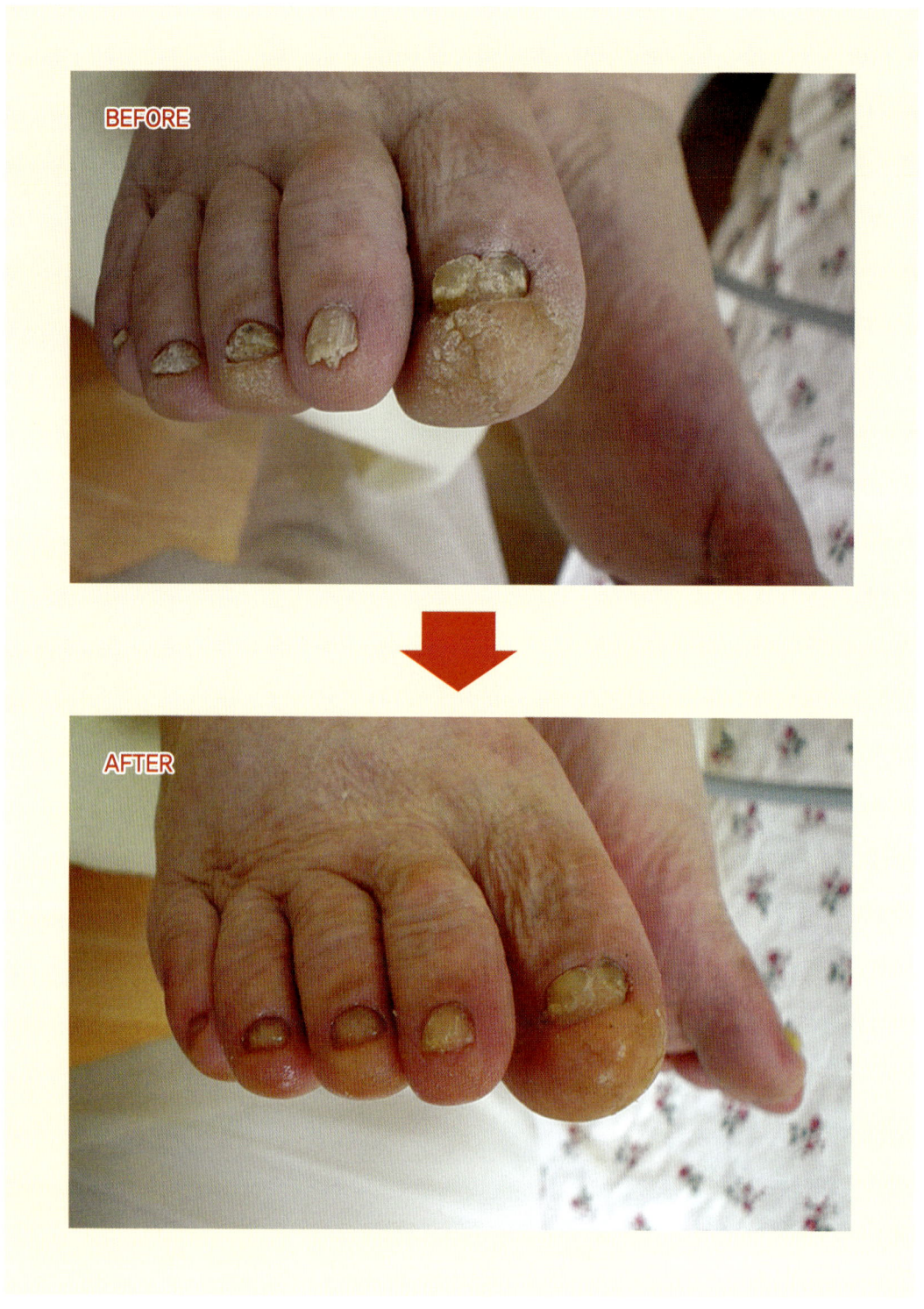

• 림프순환이 안되는 경우이다.

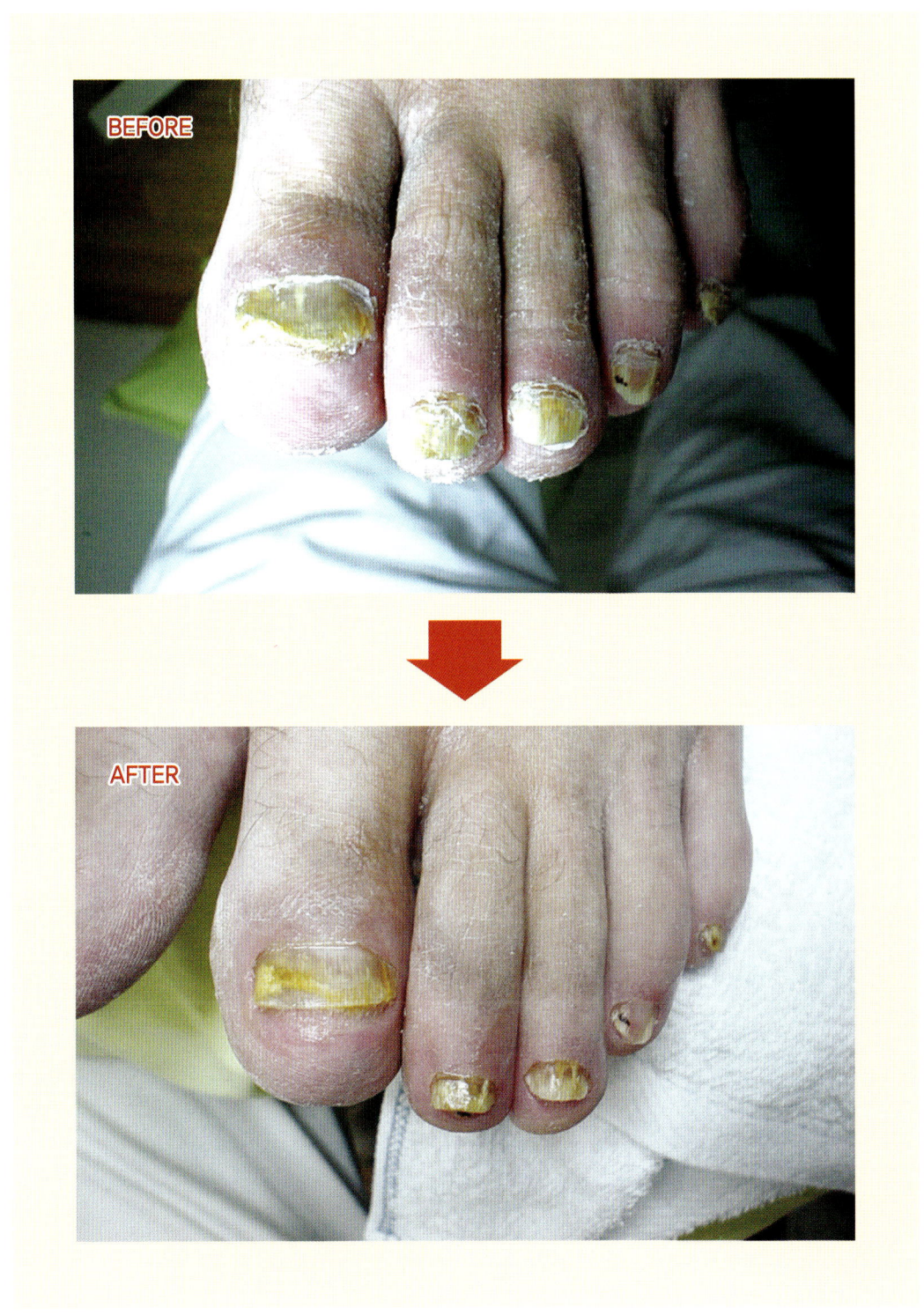

# 갈라지는 뒤꿈치(cracked heels) / 지저분한 뒤꿈치

### 원인

- 호르몬의 불균형에 의해 나타난다.
- 오픈된 신발이나 맨발로 다니면 생긴다.
- 발이 건조해지면 생긴다.

### 상태

- 혈액순환이 안되고 생식기에 이상이 생기면서 갈라진다.
- 맨발로 생활하면 발이 거칠어지면서 갈라진다.

### 갈라지는 뒤꿈치 관리 시 사용하는 기구들

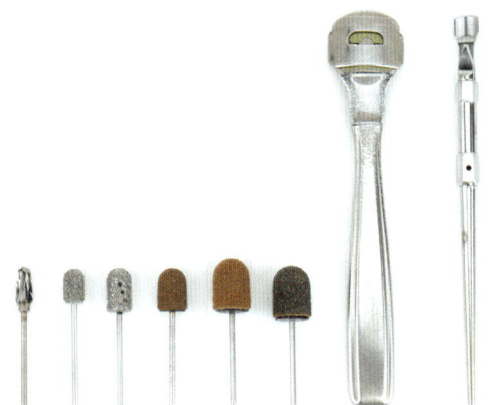

---

 *Note*

**♥ 관리 방법**

- 신발의 굽 높이가 너무 낮지 않은 신발을 선택한다. (오픈된 신발일수록 굽이 너무 낮으면 먼지나 그 밖의 이물질에 의해 발이 더 지저분해질 수 있다.)
- 갈라지는 뒤꿈치일수록 버퍼 등을 사용하지 않는다. (버퍼 등을 사용하면 피부가 자극을 받아 더 거칠어지고 갈라진 부위가 더 심해질 수 있다.)
- 샤워 후 뒤꿈치에 발 전용 특수크림(없을 때는 바세린도 좋음)을 듬뿍 바르고 수건으로 감싼 후 20~30분 뒤에 티슈로 닦아낸다. (매일 1주일 정도 관리하면 효과를 볼 수 있다. 이때 절대로 버퍼를 사용해선 안된다.)

◉ 버(burr)를 이용한 갈라지는 뒤꿈치 관리 모습

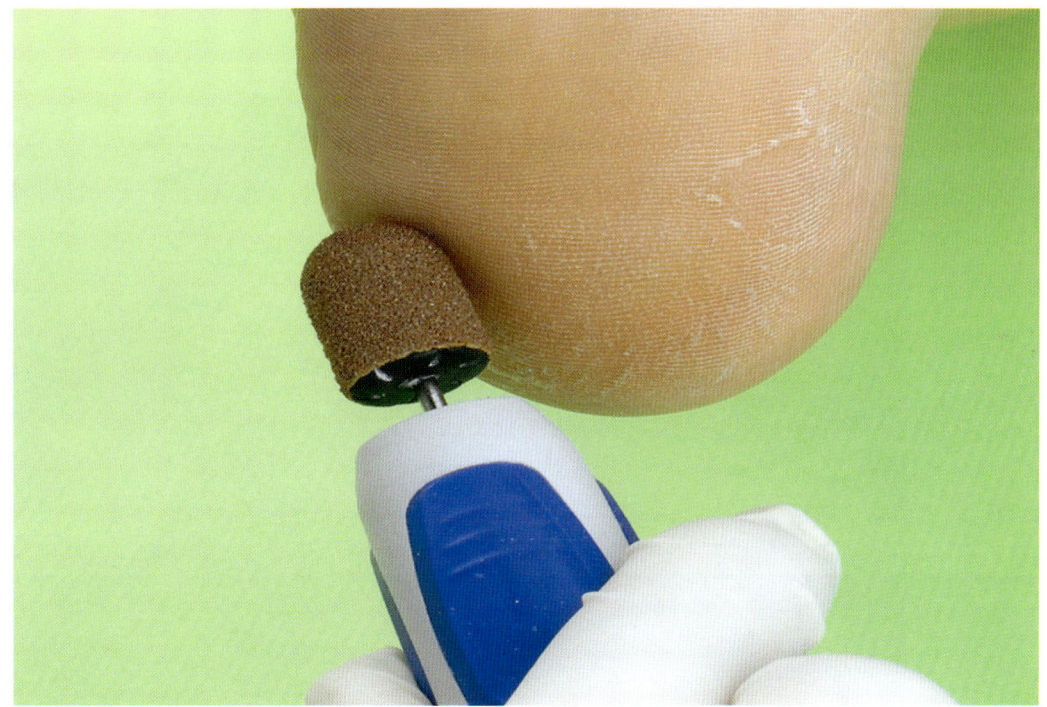

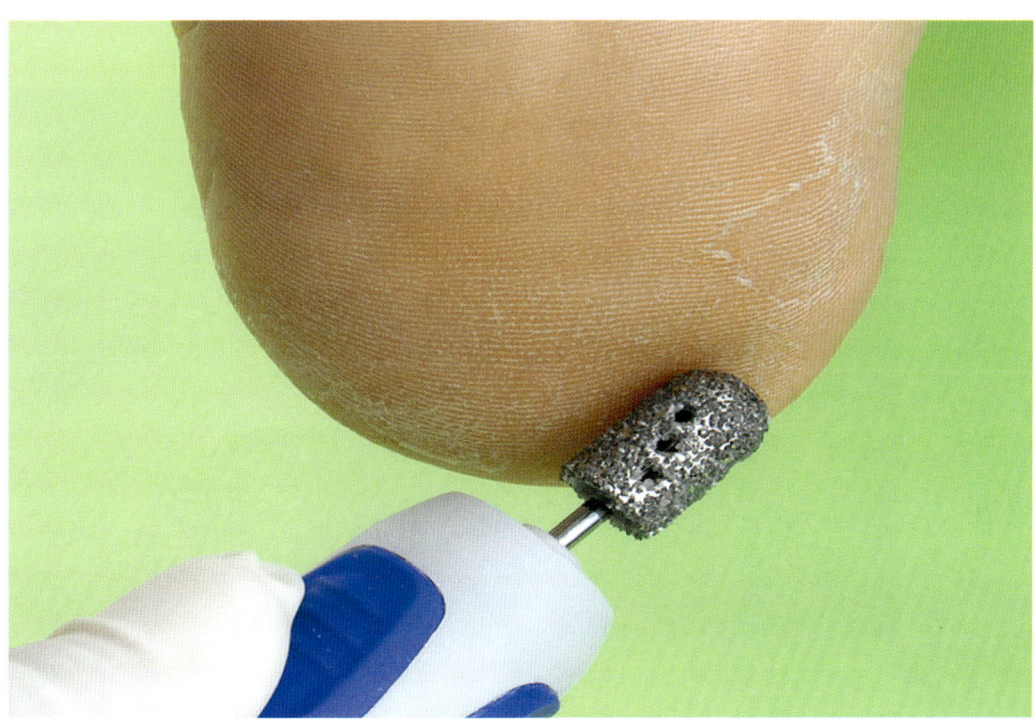

## ◉ 관리 전후

• 호르몬의 불균형에 의해 갈라진 경우이다.

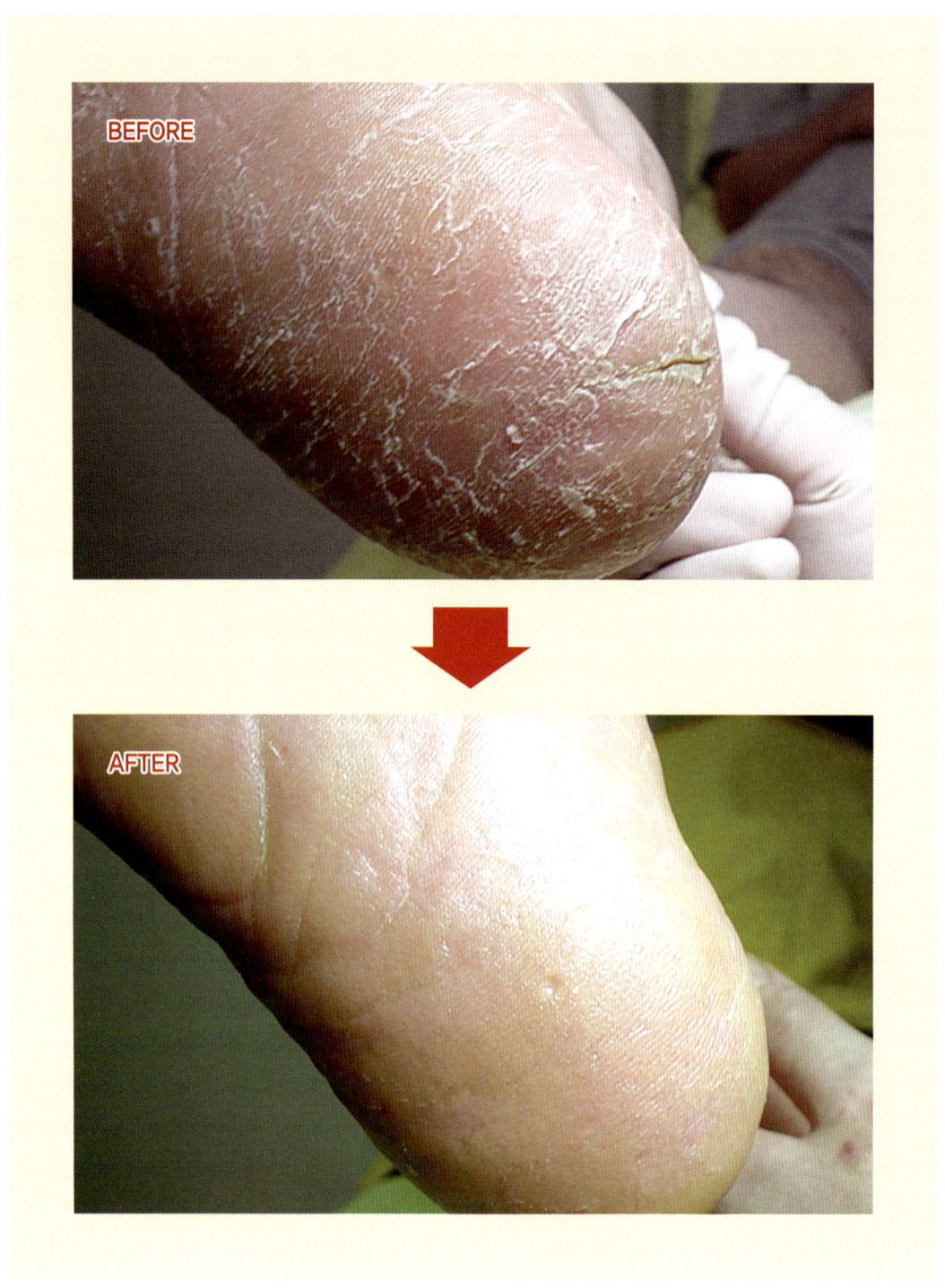

• 전체적으로 피부가 전조한 사람이다.

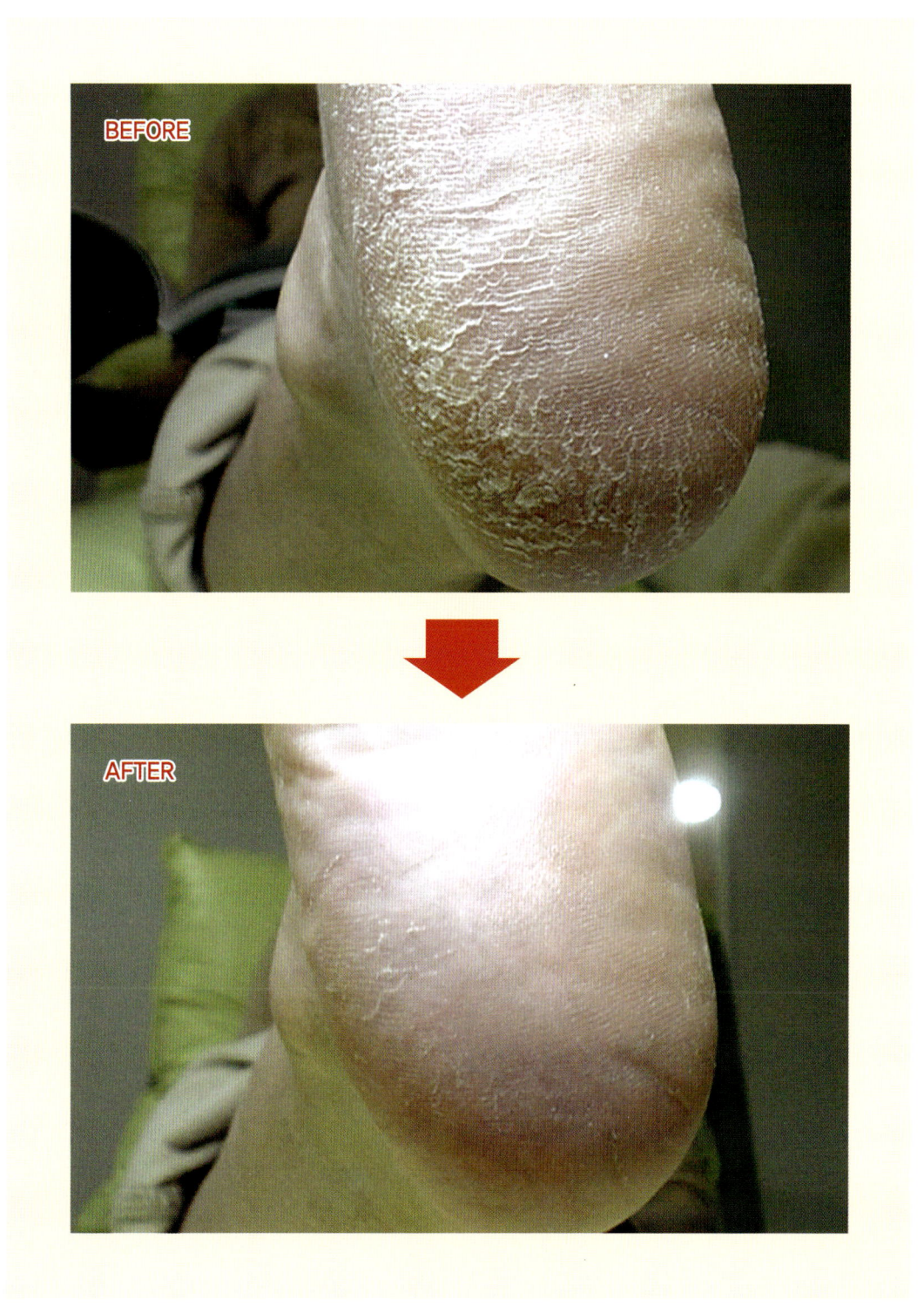

• 건조한 환경과 맨발로 인해 생긴 경우이다.

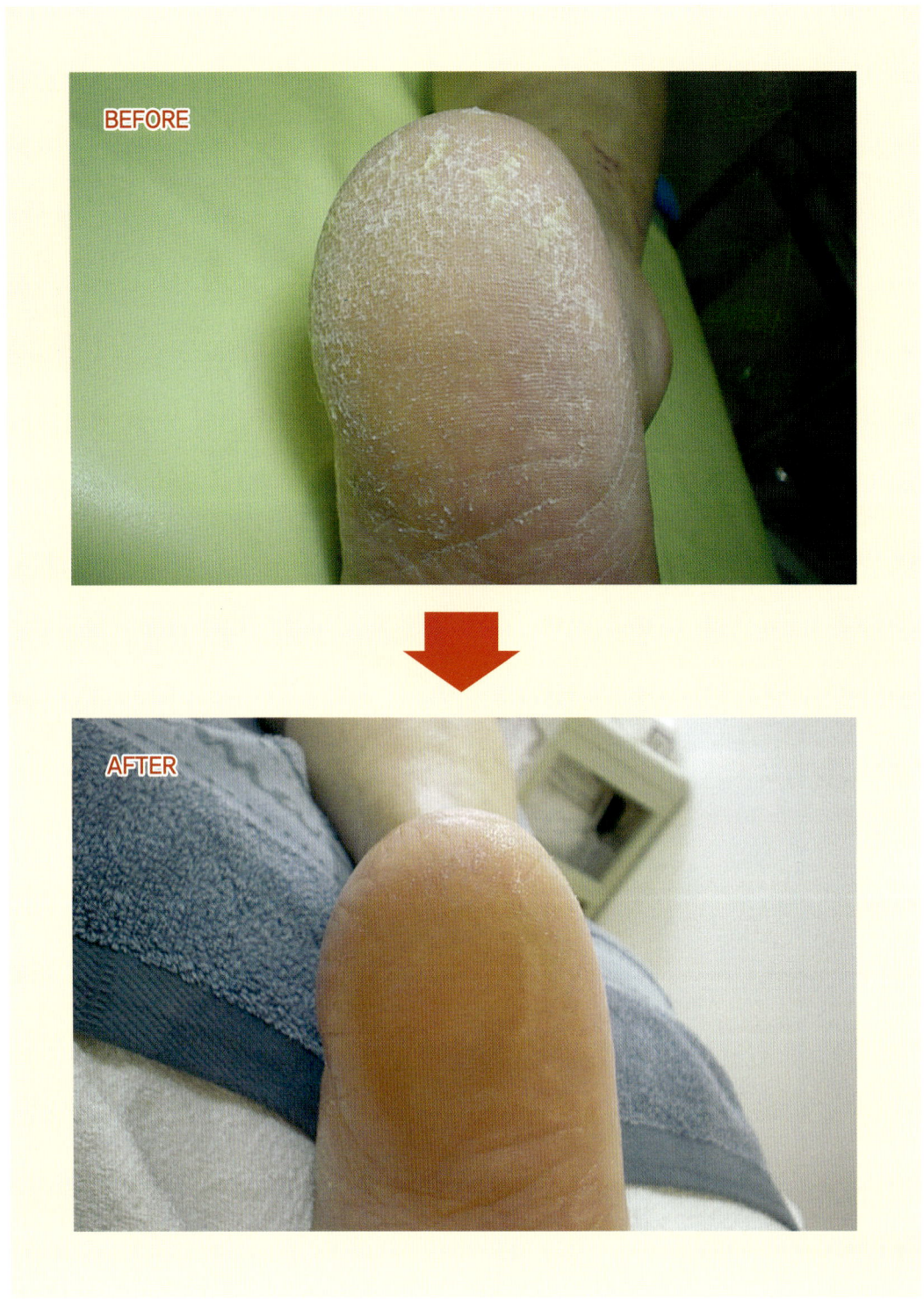

• 체중에 눌려 생긴 경우이다.

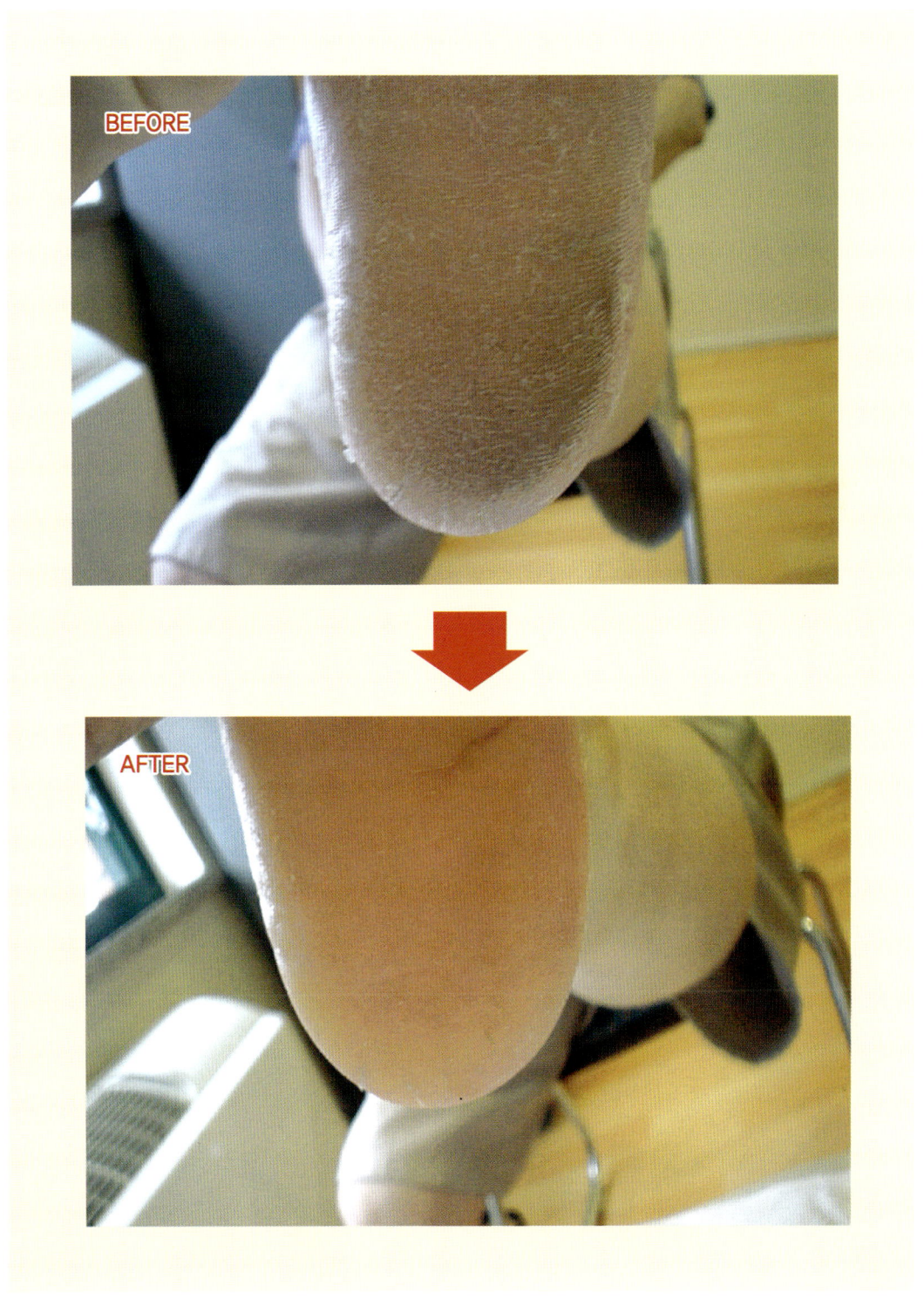

# 발을 보호하고 통증을 예방하는 액세서리

- **발가락 사이 끼우기(toe spreader)** : 발가락 사이를 벌려줌으로써 발가락 사이의 티눈이나 발톱이 엄지발가락에 파고드는 것을 감소시켜 준다.

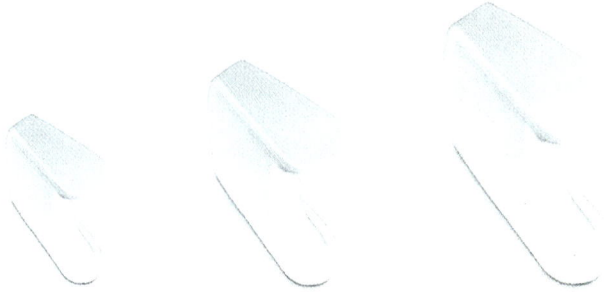

SIZE : small, medium, large

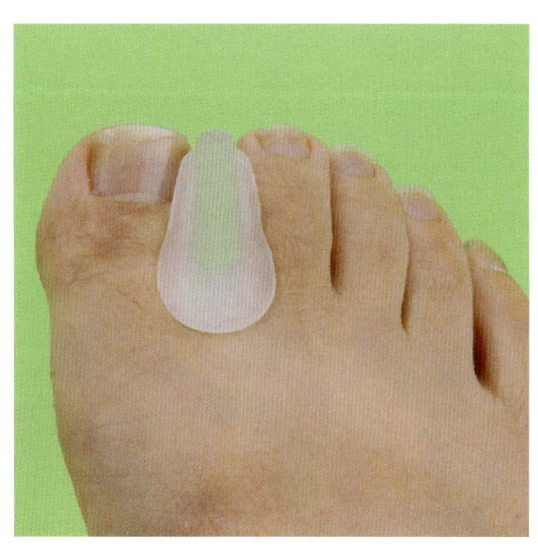 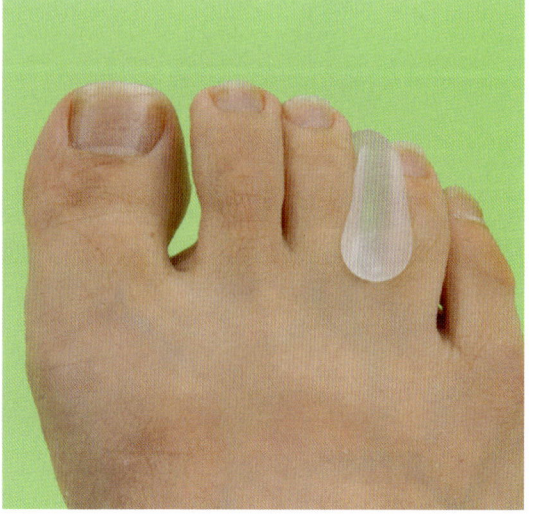

● **외반무지 보호** : 뼈의 휘어짐을 감소시켜 준다.

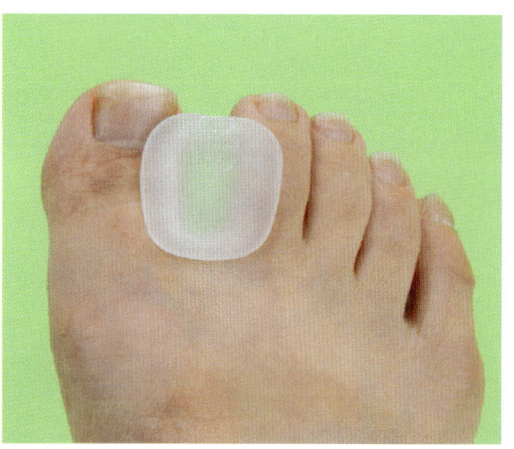

SIZE : small, medium, large

● **발가락 보호하는 링(toe protection ring)Ⅰ** : 발가락과 발가락 사이에 서로 자극을 받으면서 생기는 티눈과 발등에 생기는 티눈을 예방한다.

SIZE : small, medium, large

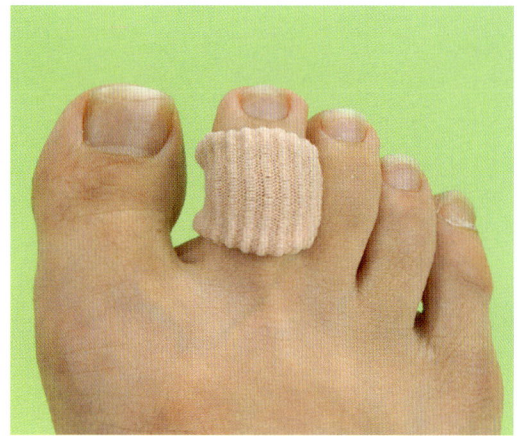 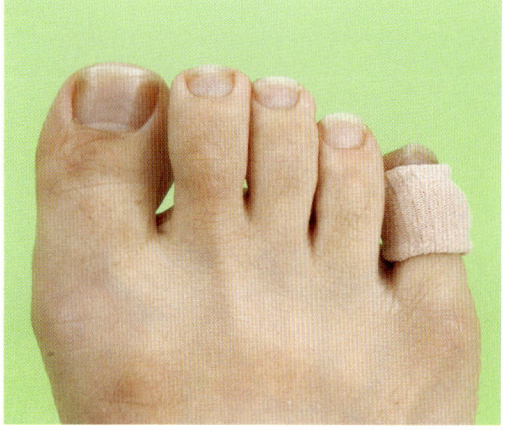

● **발가락 보호하는 링**(toe protection ring)Ⅱ : 발등에 티눈과 굳은살이 생기는 것을 감소시켜 준다.

SIZE : mini, small, medium, large

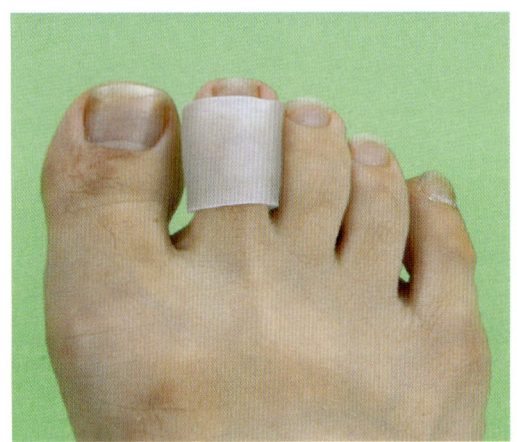
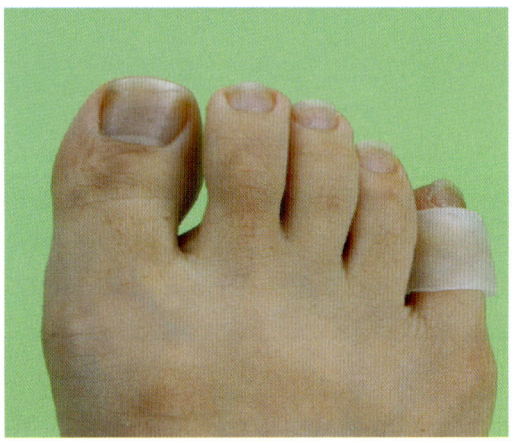

● **발가락 보호하는 링**(toe protection ring)Ⅲ : 발등의 티눈과 엄지발가락이 안쪽으로 눌리면서 발생하는 파고드는 발톱을 예방시켜 준다.

SIZE : normal

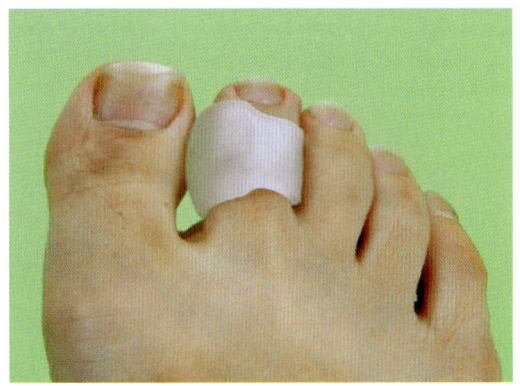

● **발바닥 보호대 (forefoot cushion)** : 발바닥의 통증이나 티눈 및 굳은살이 생기는 것을 감소시켜 준다.

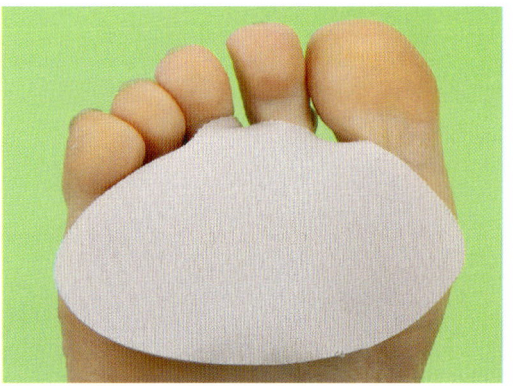

SIZE : normal

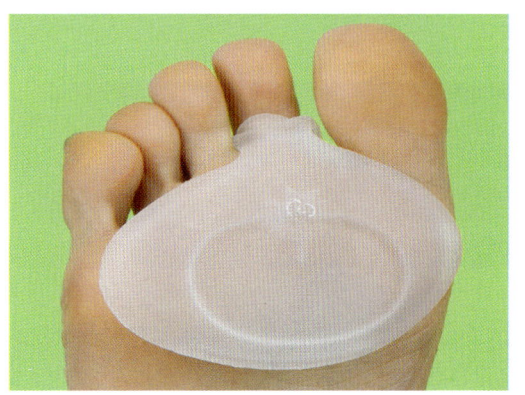

SIZE : normal

● **망치발가락 보호 (hammer toe cushion)** : 발가락의 생김새로 인해 받는 압력을 분산시켜 주고 발가락을 보호한다.

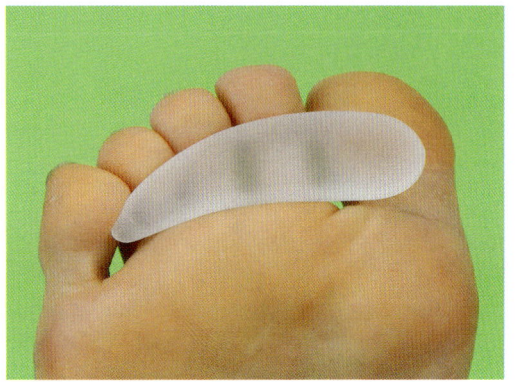

SIZE : normal right / left

● **외반무지 보호**(bunion protection) : 뼈의 돌출 부위 통증을 감소시켜 준다.

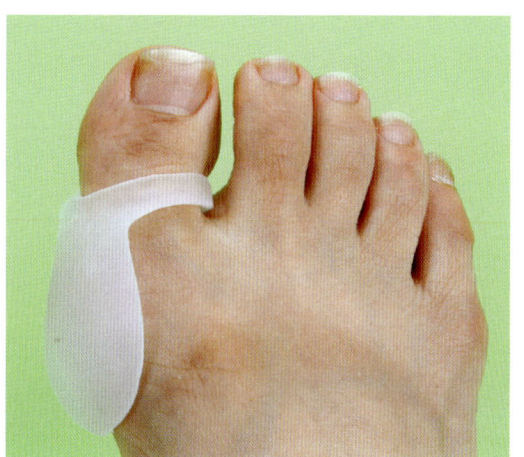

SIZE : normal

general podiatry
technic

# 부 록

- 발반사 마사지
- 발 건강에 도움이 되는 아로마

# 발반사 마사지

▶▶▶ **발은 제2의 심장**

　심장에서 분비되는 혈액은 동맥을 통해 발까지 내려가 산소와 영양소를 공급한 후 탄산 가스와 노폐물을 싣고 정맥을 통해 다시 심장으로 돌아온다.

　발은 혈액을 다시 심장으로 올려 보내는 펌프 역할을 하는데, 이때 발이 자극을 받으면 혈관을 확장시키는 호르몬이 분비되어 혈액순환이 더욱 촉진된다.

　혈액순환의 문제는 여러 가지 질환의 원인이 된다. 따라서 발을 자극하여 순환을 촉진 시키면 신진대사가 좋아지고 질병 예방에 도움을 준다.

▶▶▶ **발반사 마사지란?**

　발반사요법은 미국의 내과의사인 피츠제랄드(Fitzgerald)의 Zone Therapy 이론에 기 초한다.

　인체를 머리부터 손, 발끝까지 세로 10개의 구역으로 나누고 있는데, 특정 부분의 문제 는 같은 영역 내의 다른 부분에도 영향을 준다는 것이 Zone Therapy 이론이다.

　유니스 잉햄(Eunice Ingham)에 이르러 발에 인체의 모든 기관들을 나타내는 반사표 를 만들어 서양 발반사구학의 기초를 완성하였다.

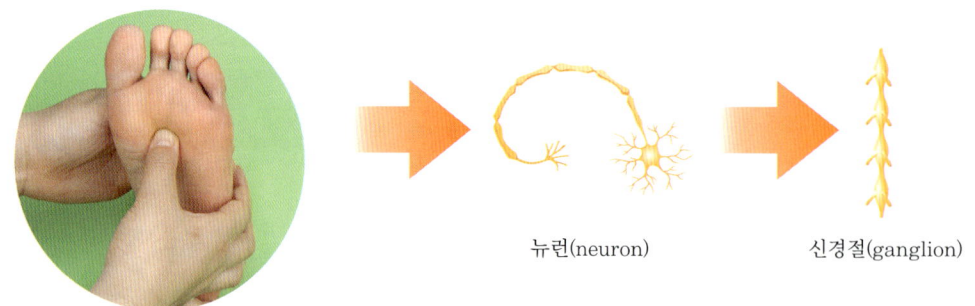

뉴런(neuron)　　　신경절(ganglion)

반사작용(reflex action)

발의 반사구(reflex point)를 자극하면 해당 반사위치(인체의 기관)에 반응이 전달되어 그 기능을 원활하게 한다. 이는 반사구의 신경자극이 감각뉴런을 통해 중추신경으로 전달되고, 다시 운동뉴런이 전달받아 반사 반응이 일어나는 원리이다.

또한 순환을 촉진시키고 노폐물과 독소를 배출하여 몸의 자연치유력을 회복시키는 자연요법이다.

## ▶▶ 발반사 마사지의 효과

- 신경반사를 촉진한다.
- 혈액순환을 촉진한다.
- 노폐물과 독소를 배출한다.
- 스트레스를 해소한다.
- 발의 부종 및 피로를 풀어준다.

## ▶▶ 발반사 마사지 시 주의할 점

- 정맥류, 당뇨병, 심장병, 고혈압, 간질 환자 및 임산부는 주의한다.
- 식후 1시간 이내의 마사지는 피한다.
- 발에 피부염과 무좀이 심한 사람은 피한다.
- 생리 중에는 피한다.

## ▶▶ 정맥 마사지의 필요성

정맥 마사지는 혈관 안쪽을 싸고 있는 혈관내피세포에서 혈관을 확장시키는 호르몬을 분비시켜 혈류량의 속도를 증가시킨다.

따라서 발반사 마사지 전에 실시하여 발반사 마사지에 의한 노폐물과 독소 배출을 원활하게 할 수 있도록 도와준다.

## ▶▶ 정맥 마사지의 방법

- 시작과 끝은 기본반사구로 해준다. (신장→수뇨관→방광→요도)
- 마사지의 방향은 발에서 심장 쪽으로 향한다.
- 왼발에서 시작하여 오른발에서 끝난다.

## ▶▶ 정맥 마사지 순서

1. 오일을 도포한다.

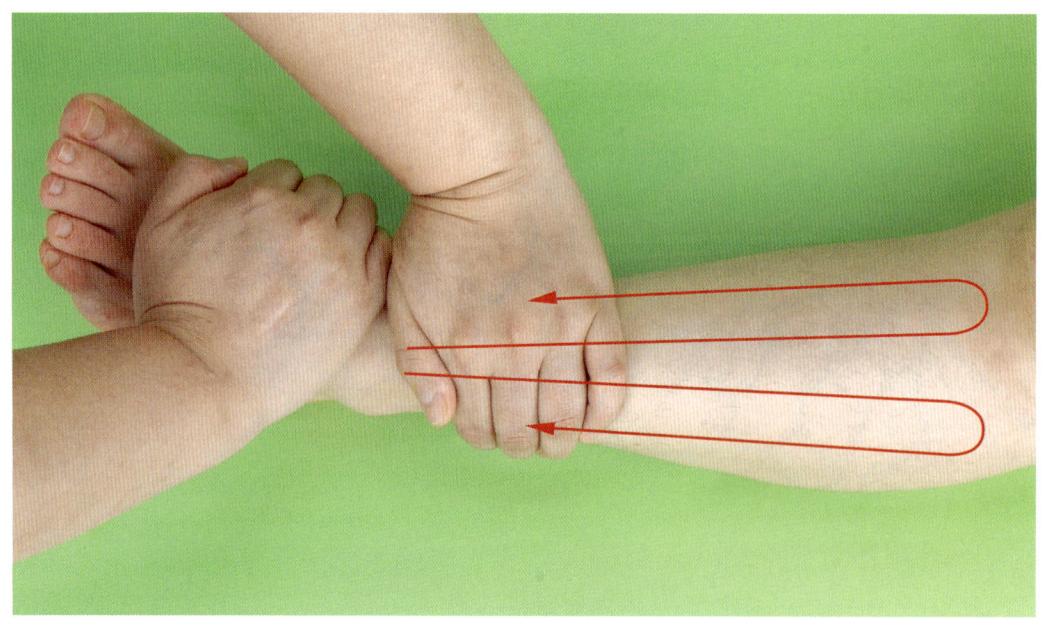

2. 전체적으로 쓸어준다.

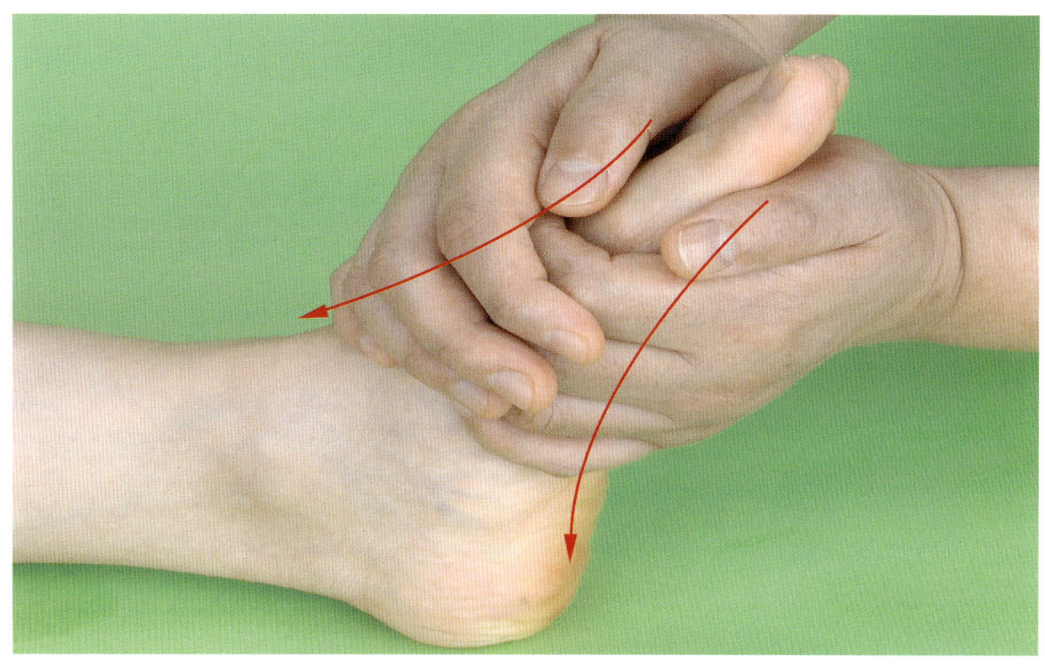

3. 발 전체를 쓰다듬어준다.

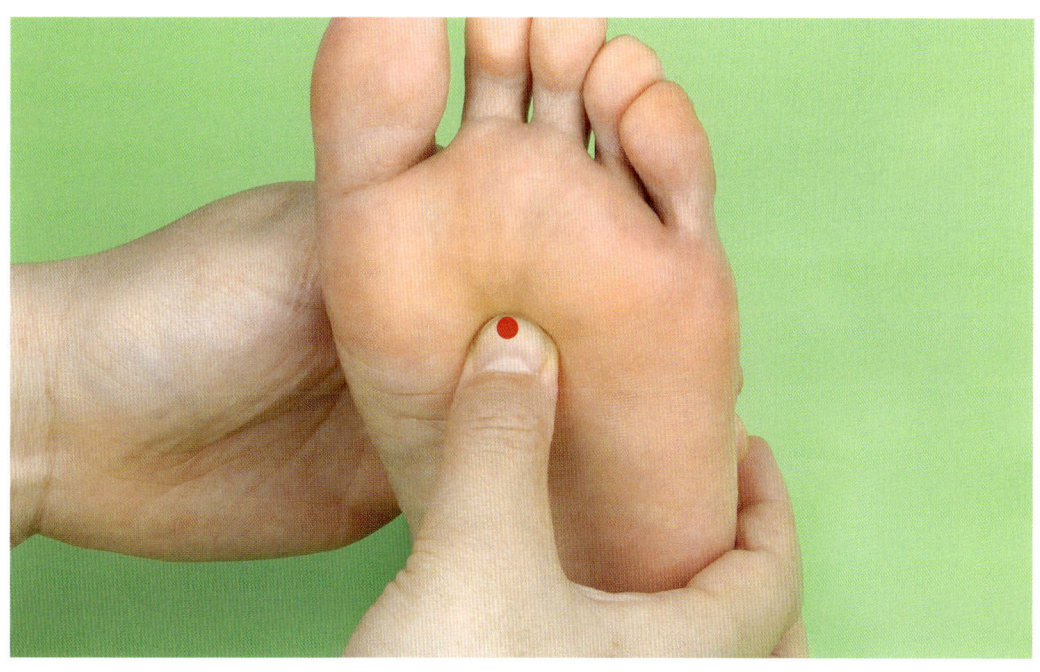

4. 용천 및 기본반사구를 누른다. (신장, 수뇨관, 방광)

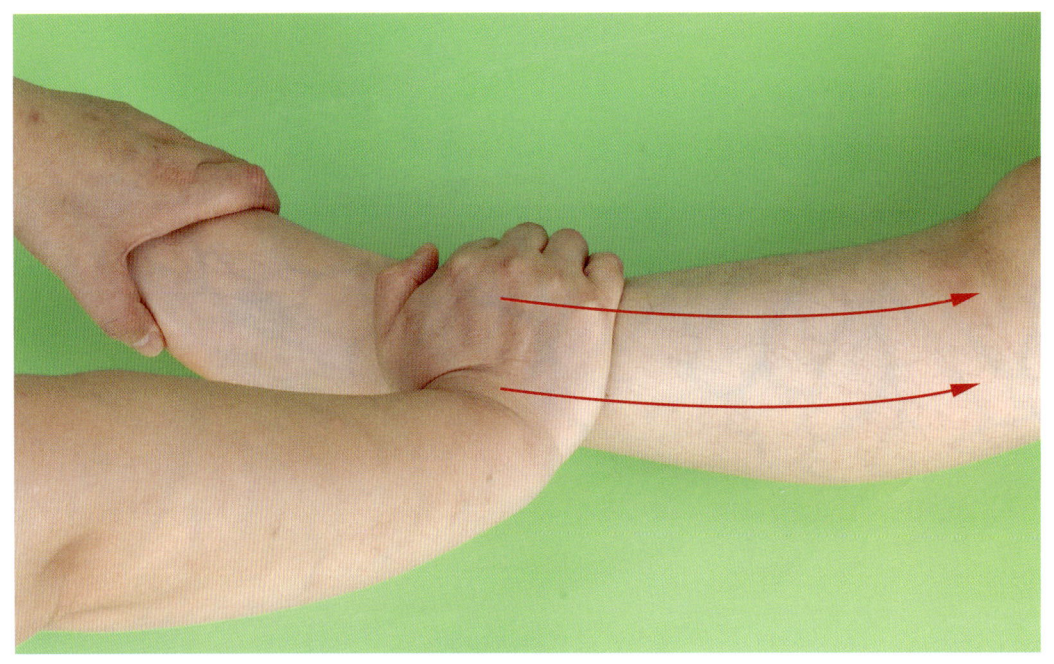

5. 전경골근을 밀어준다.

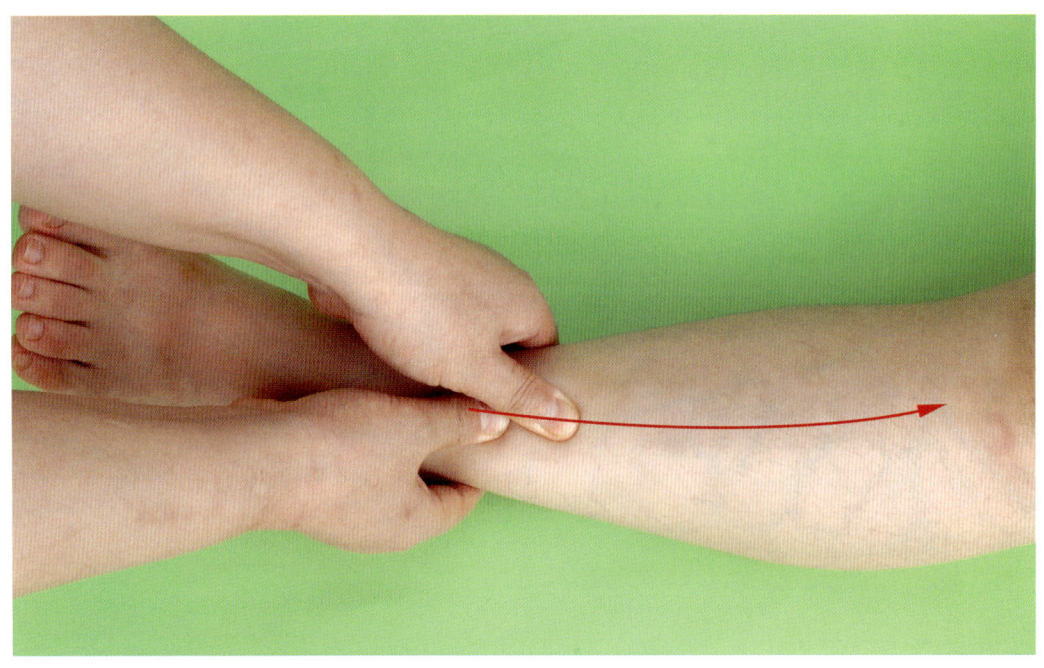

6. 위경을 밀어준다.

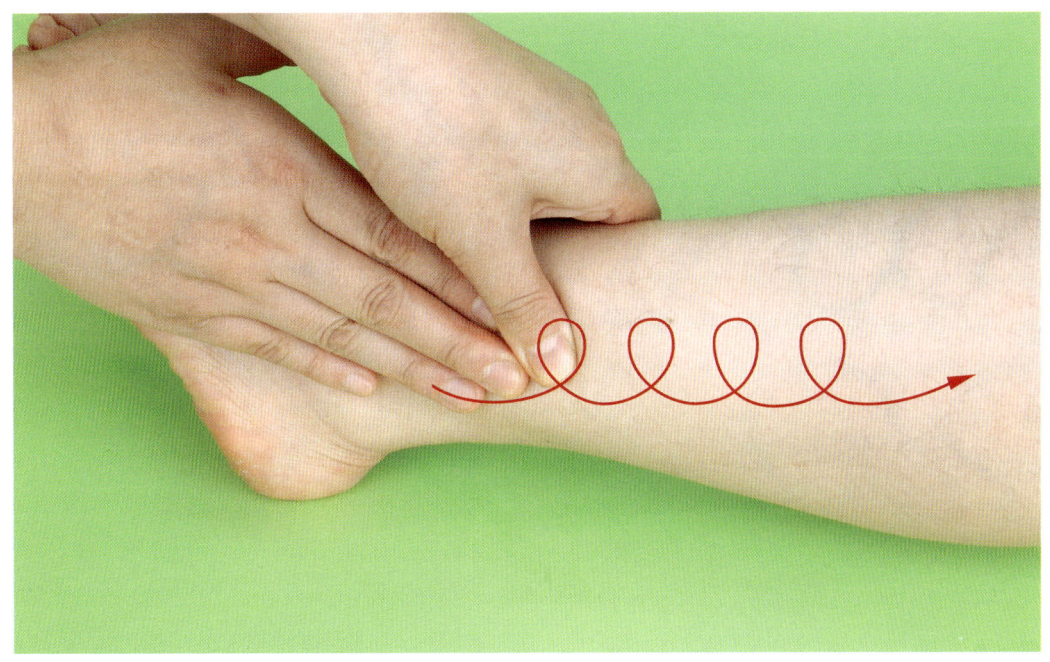

7. 담경라인(작은 원을 그린다.)

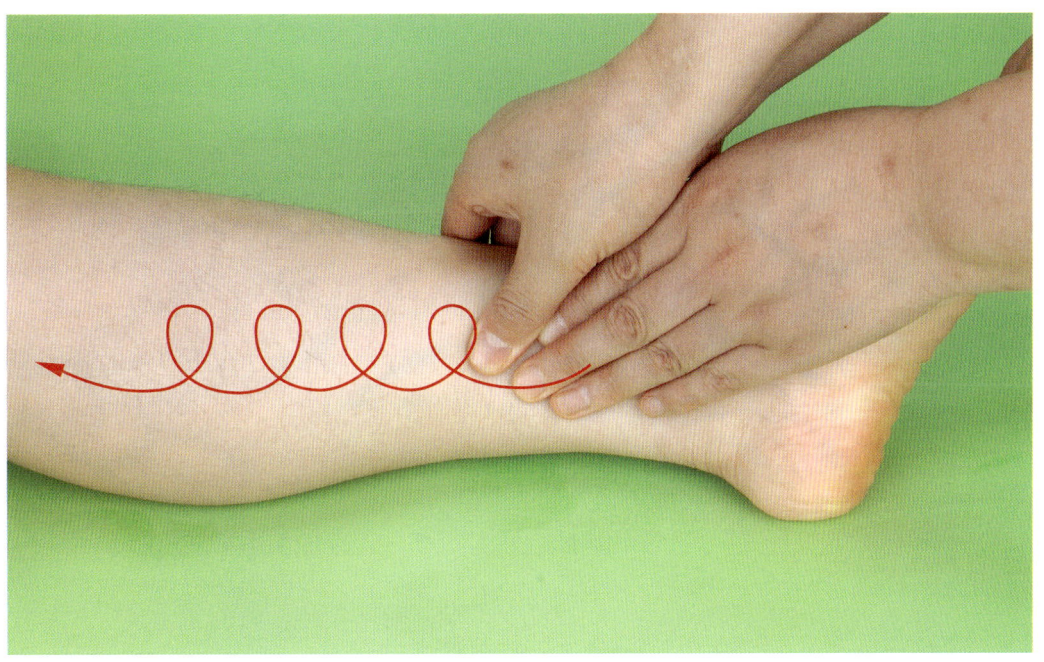

8. 간경, 비경라인(작은 원을 그린다.)

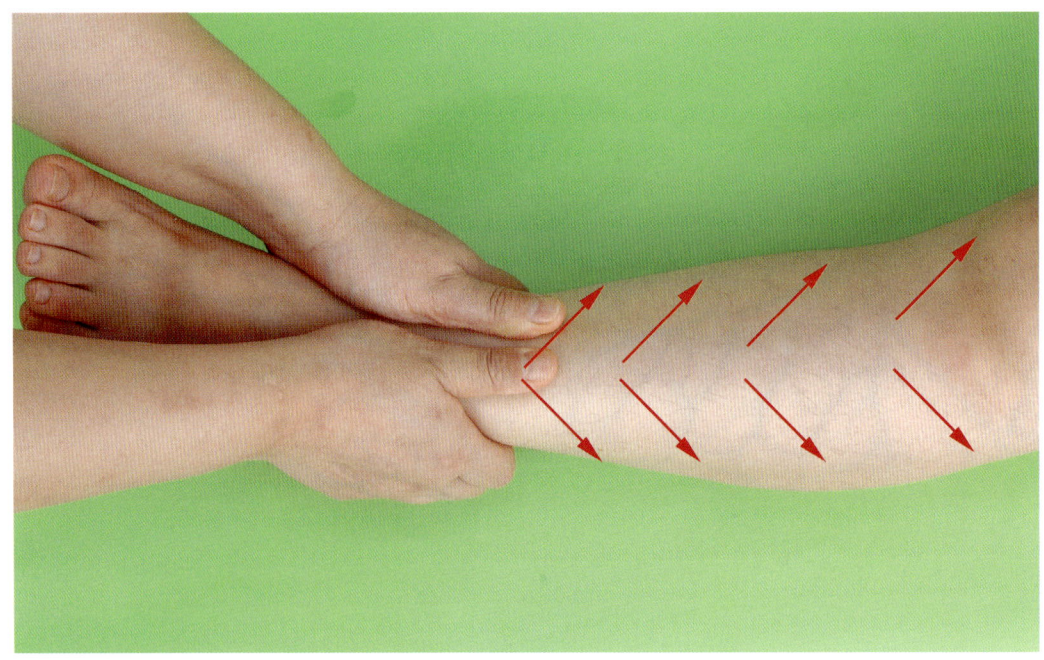

9. 엄지를 이용해 가로방향으로 밀어준다.

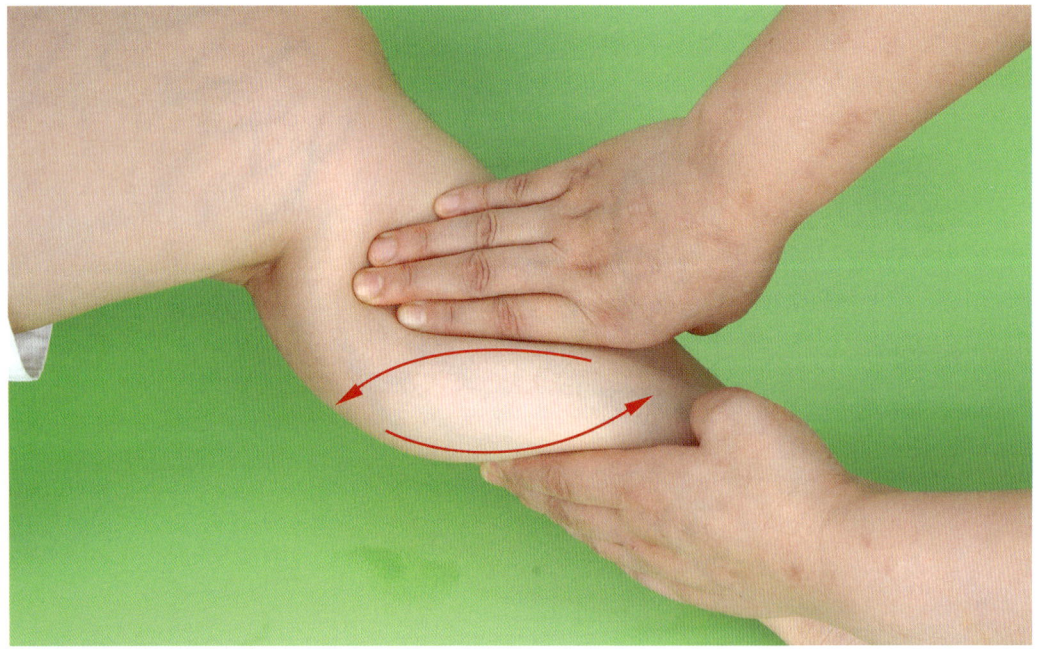

10. 비복근을 비틀어준다.

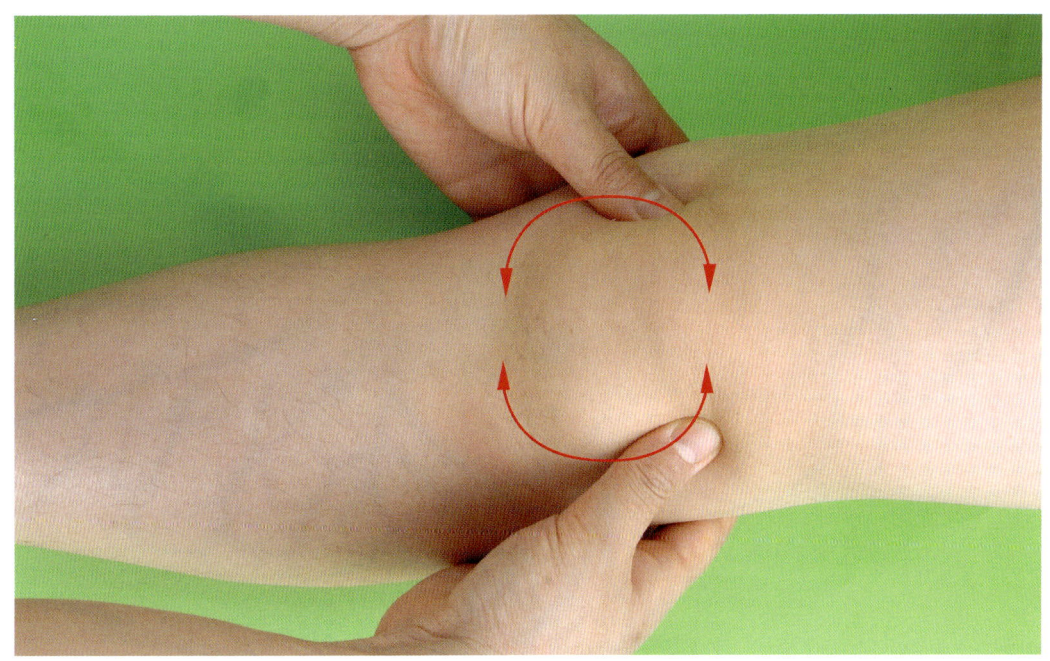

11. 무릎을 큰 원으로 돌려준다.

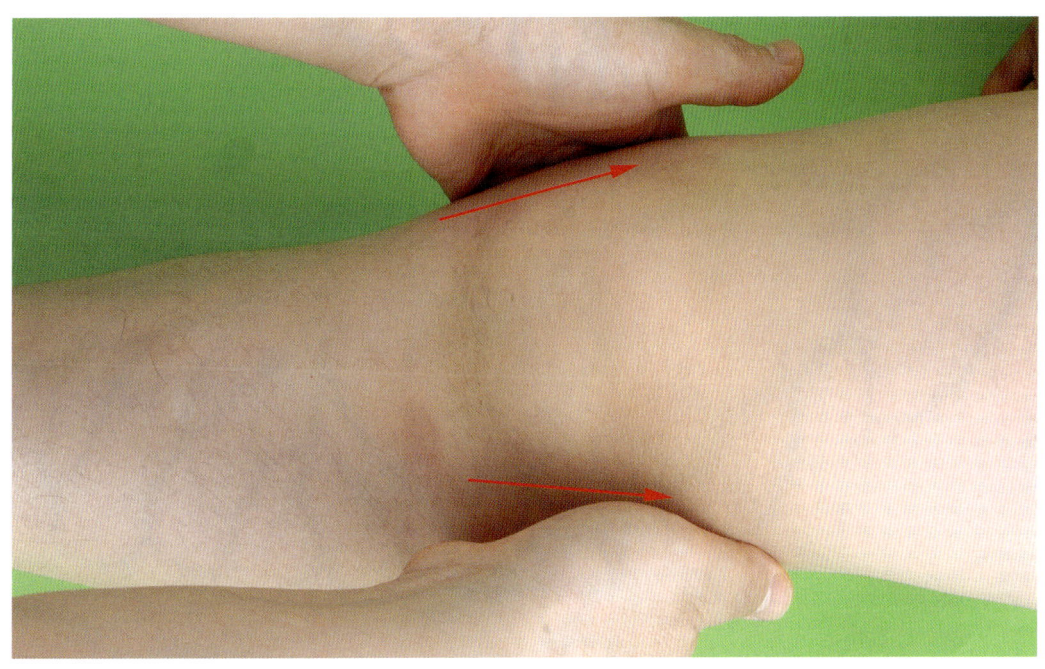

12. 슬와부를 위로 쓸어준다.

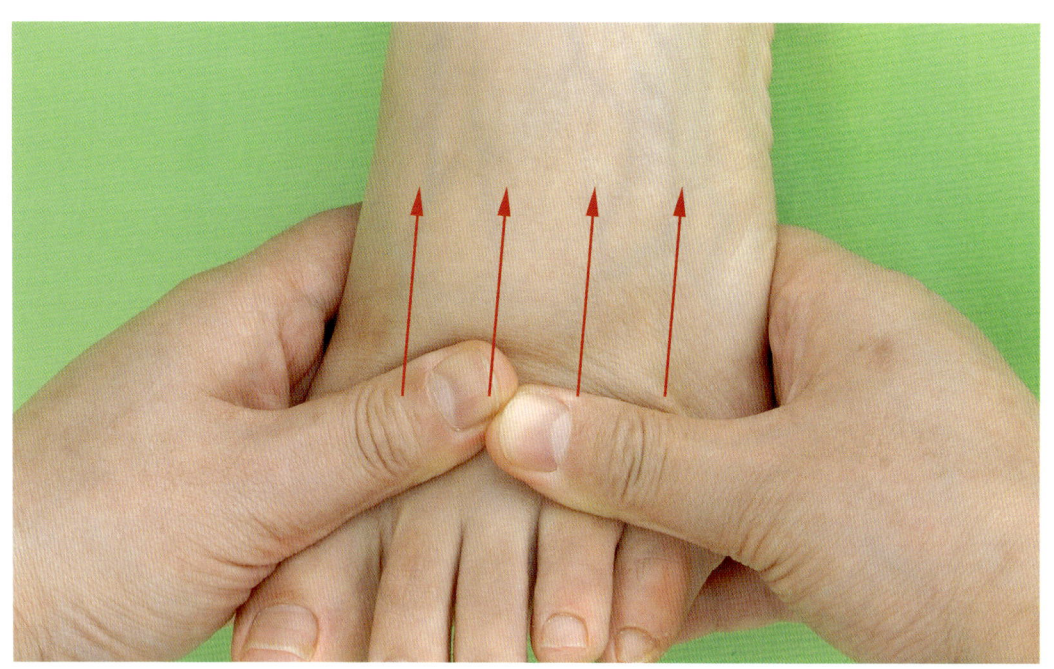

13. 발등 림프를 밀어준다.

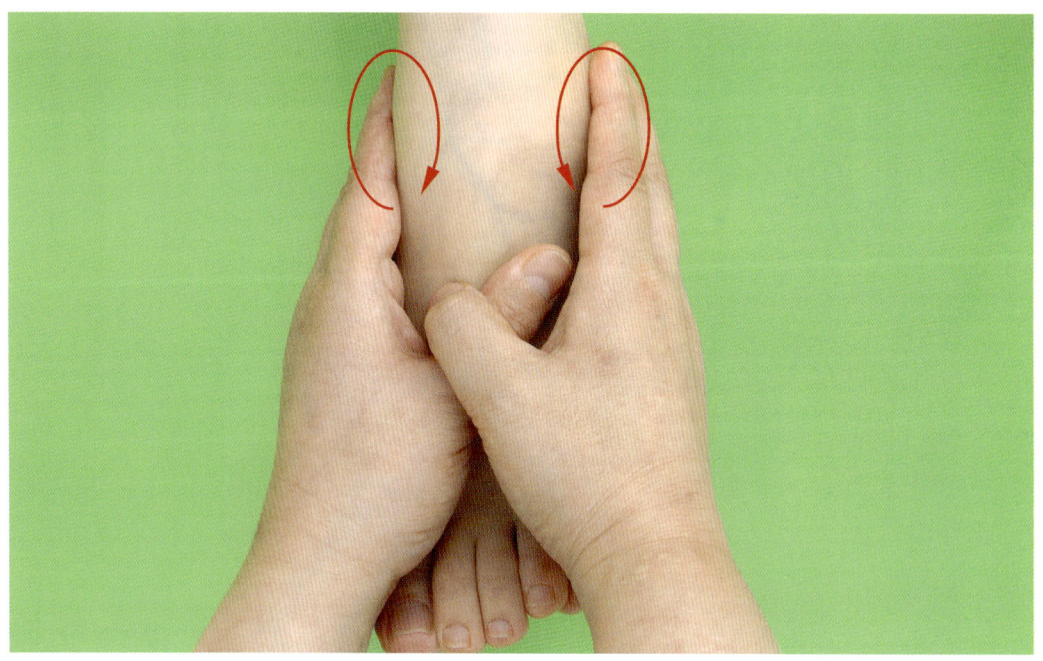

14. 발목 복숭아뼈를 돌려준다.

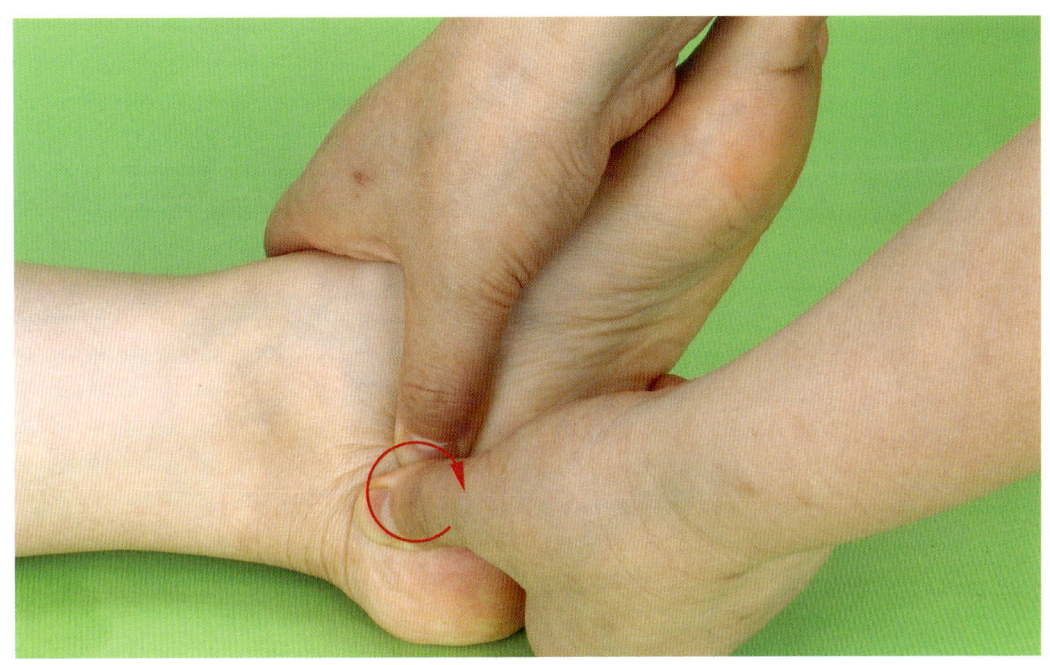

15. 자궁(전립선)을 작은 원으로 돌려준다.

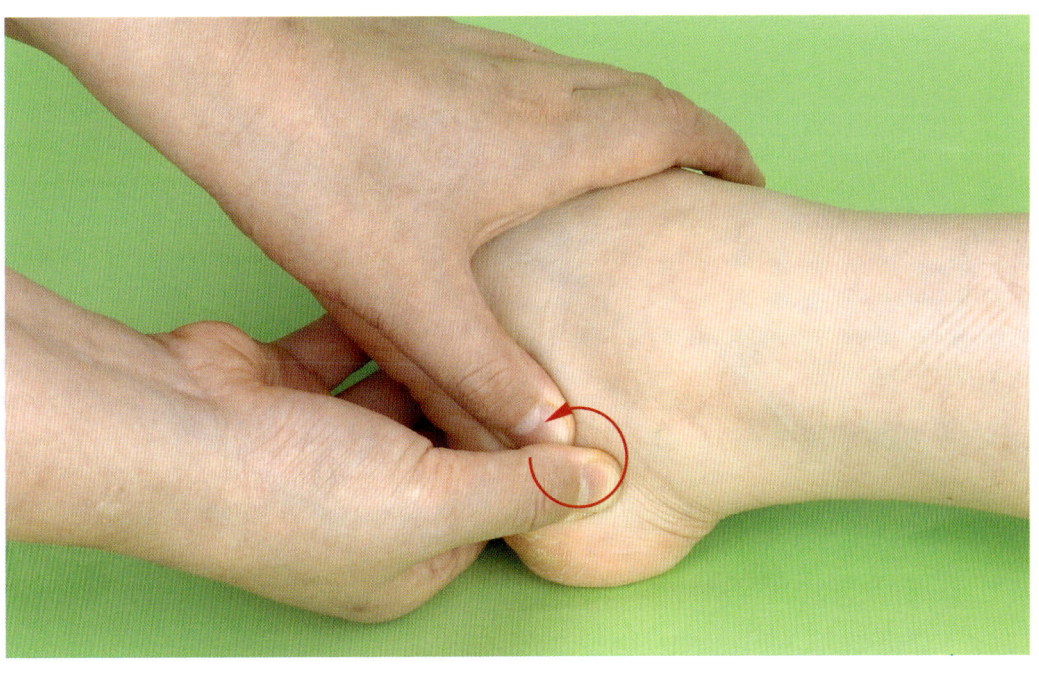

16. 난소(고환)를 작은 원으로 돌려준다.

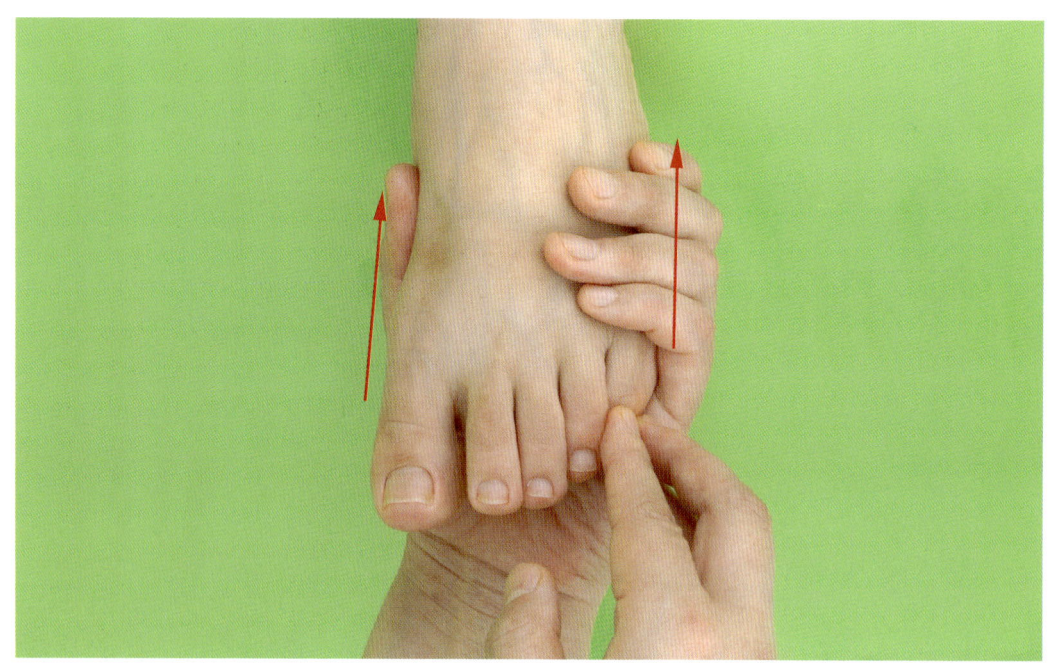

17. 발 안쪽과 바깥쪽을 밀어준다.

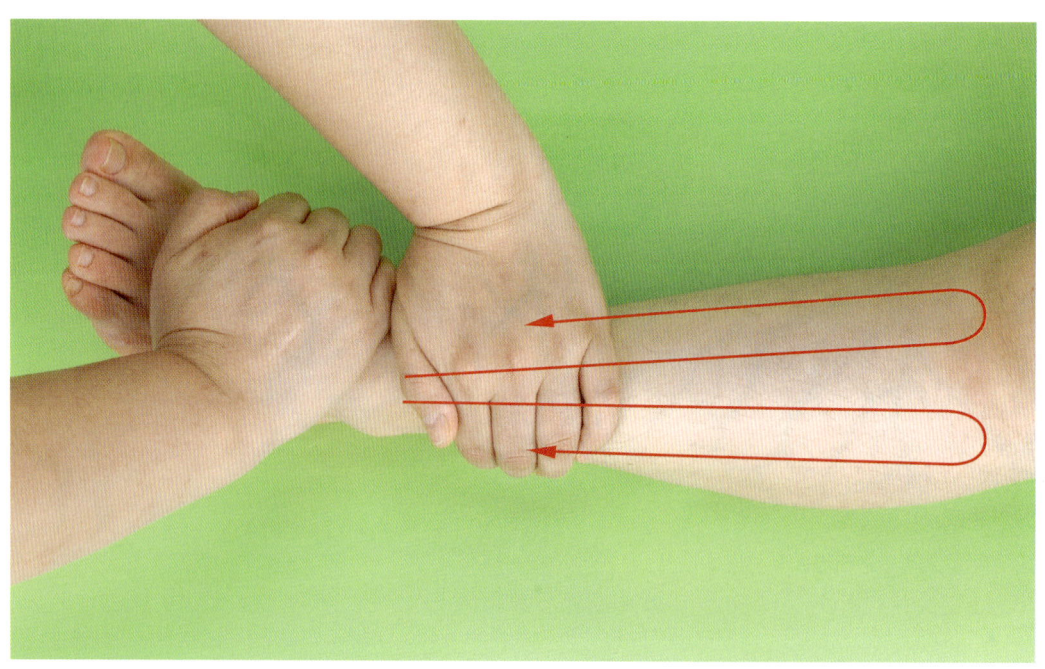

18. 전체적으로 쓸어준다.

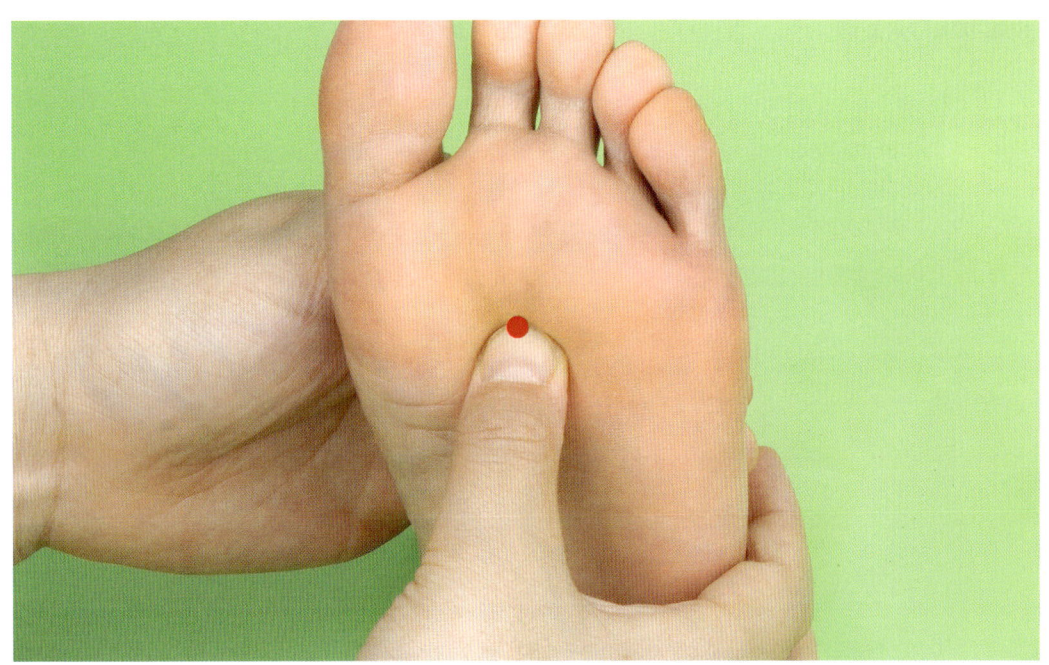

19. 용천 및 기본반사구를 누른다. (신장, 수뇨관, 방광)

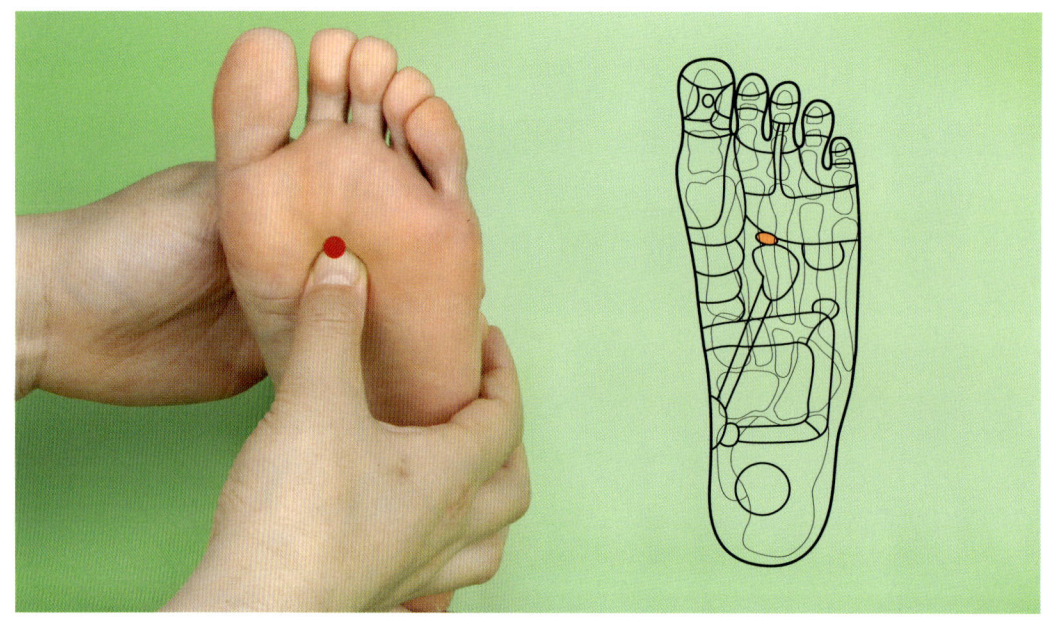

용천

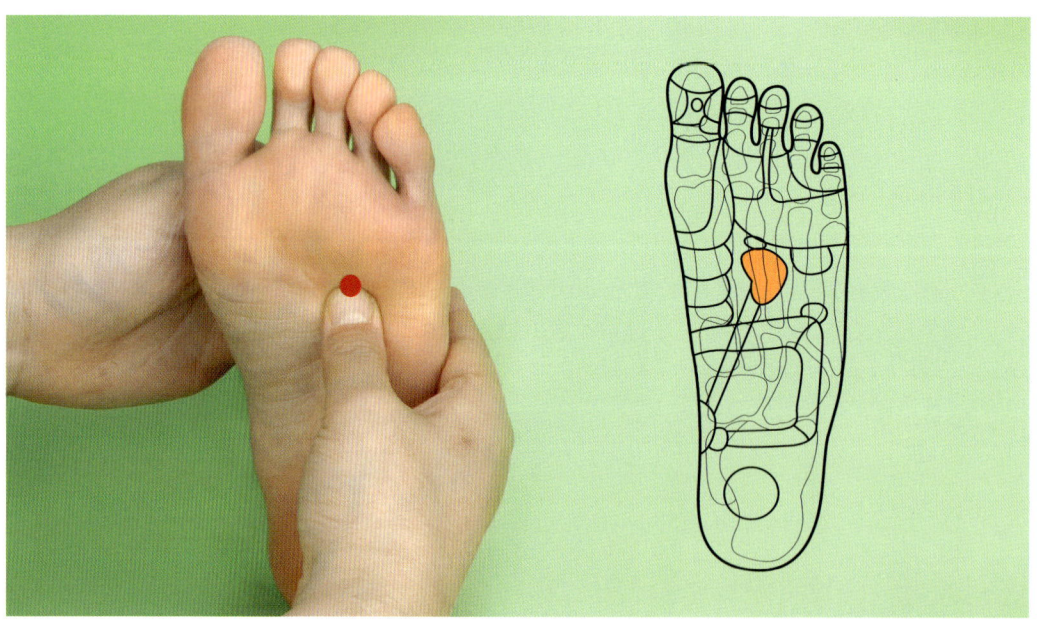

신장

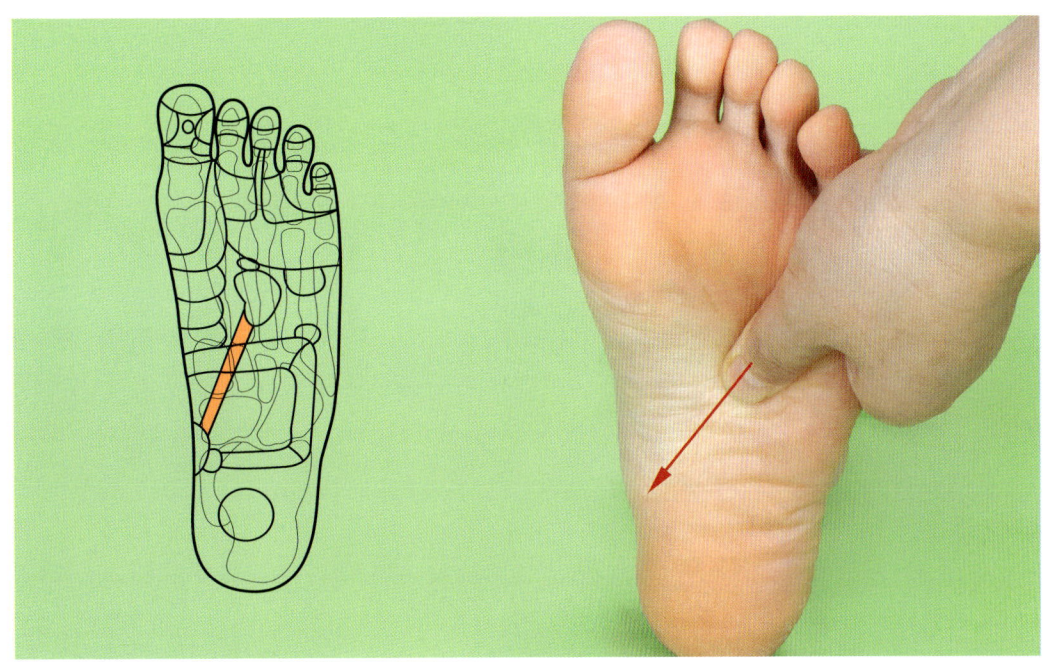

수뇨관

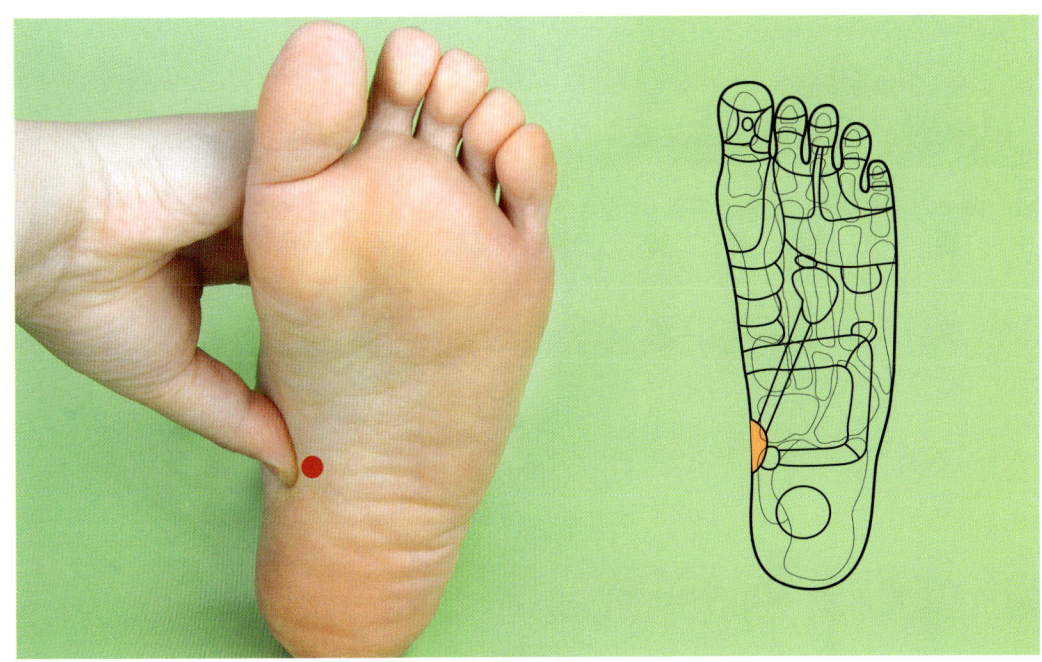

방광

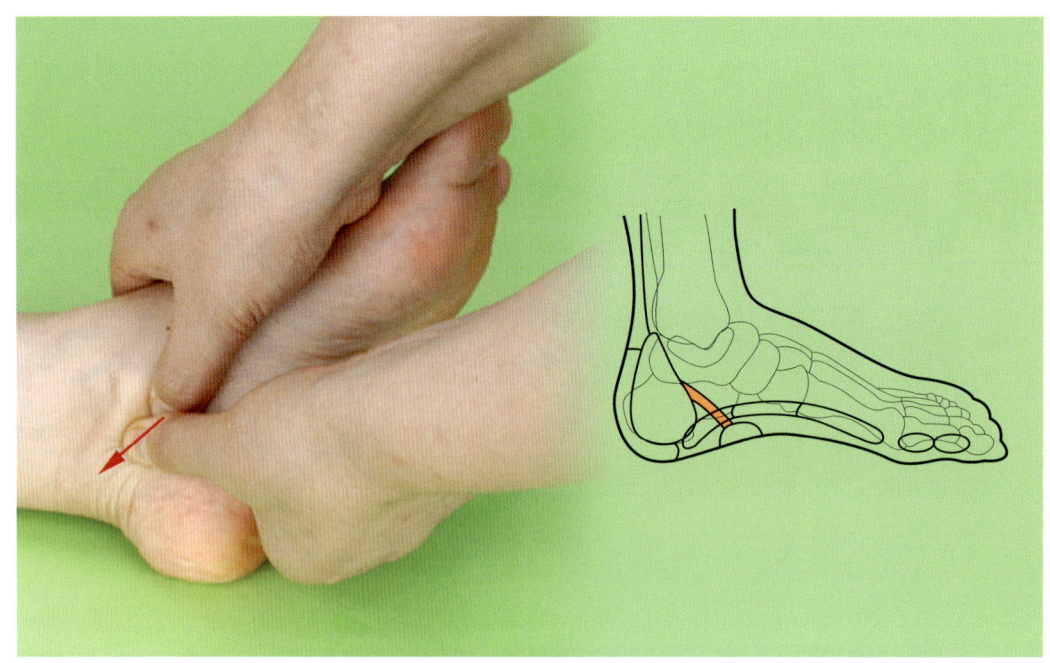

요도

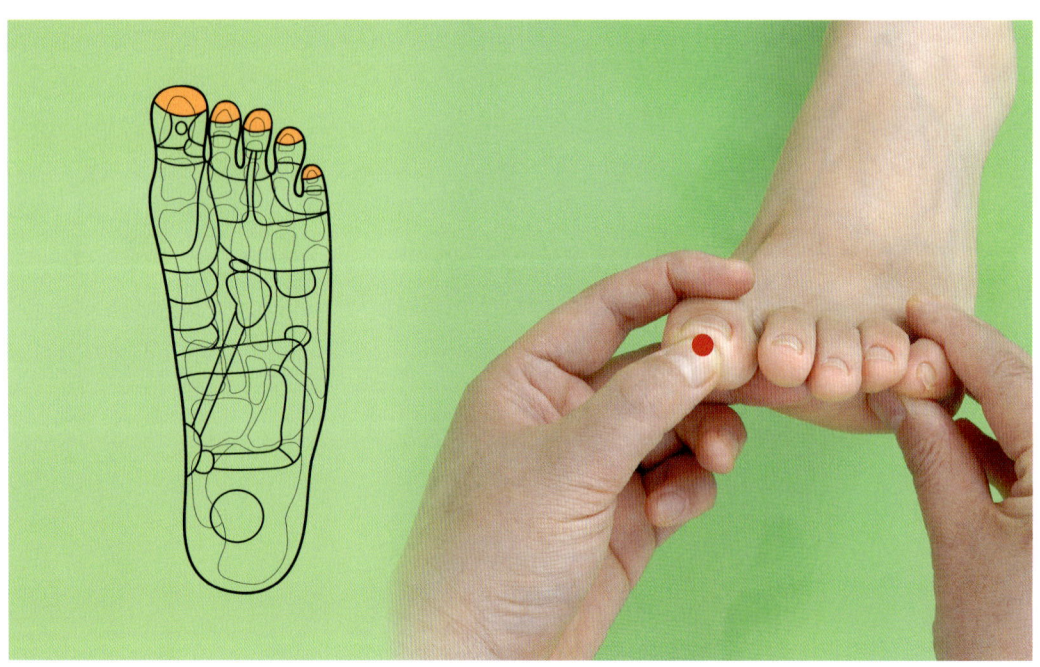

전두동

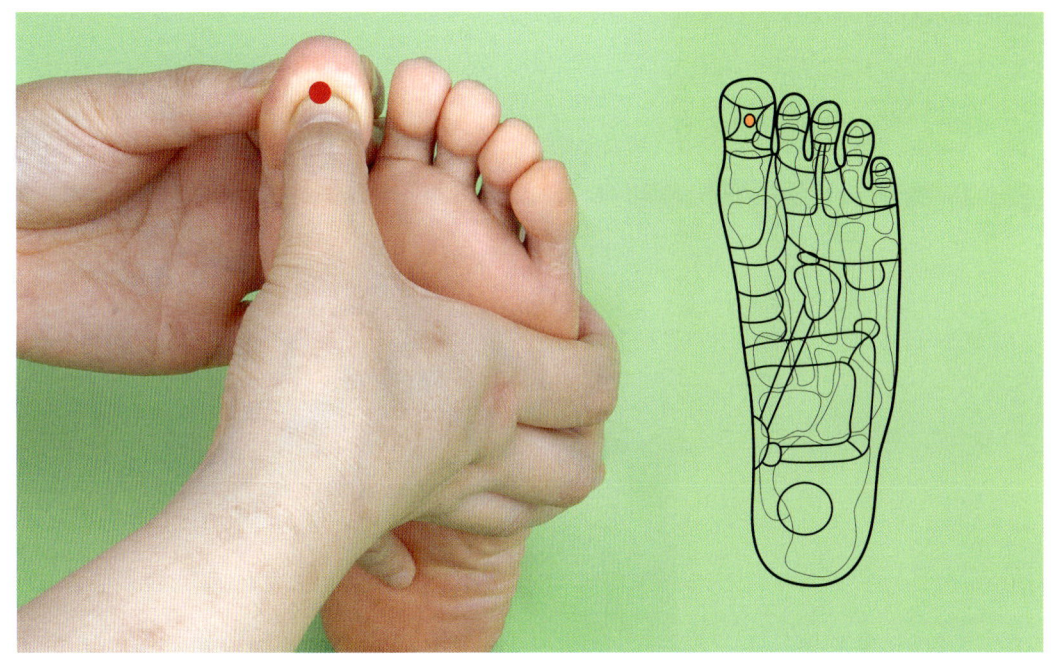

뇌하수체

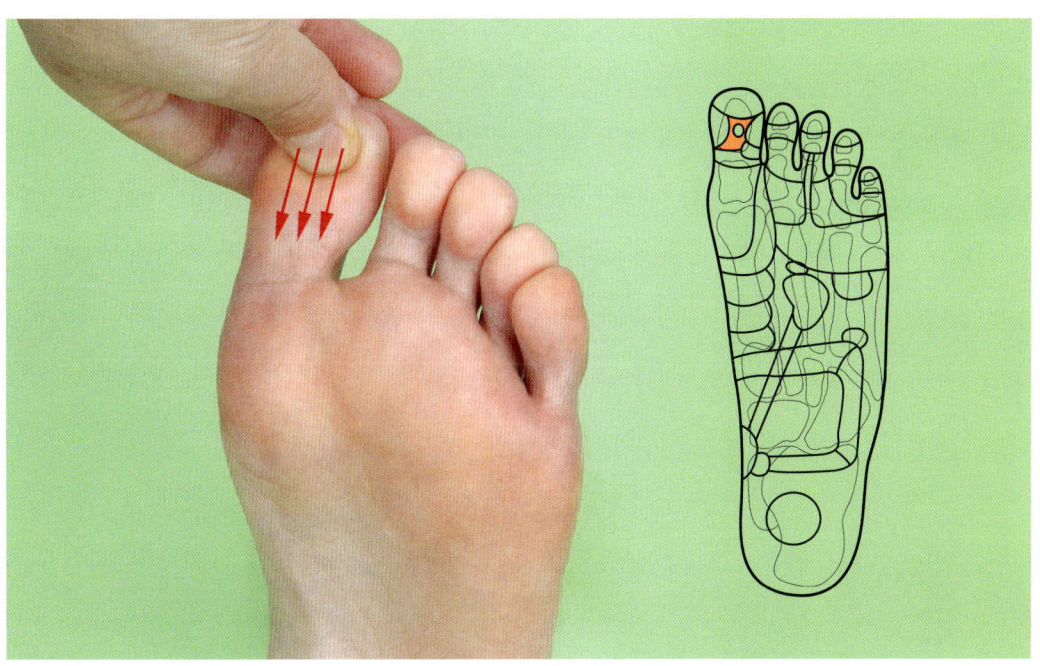

대뇌

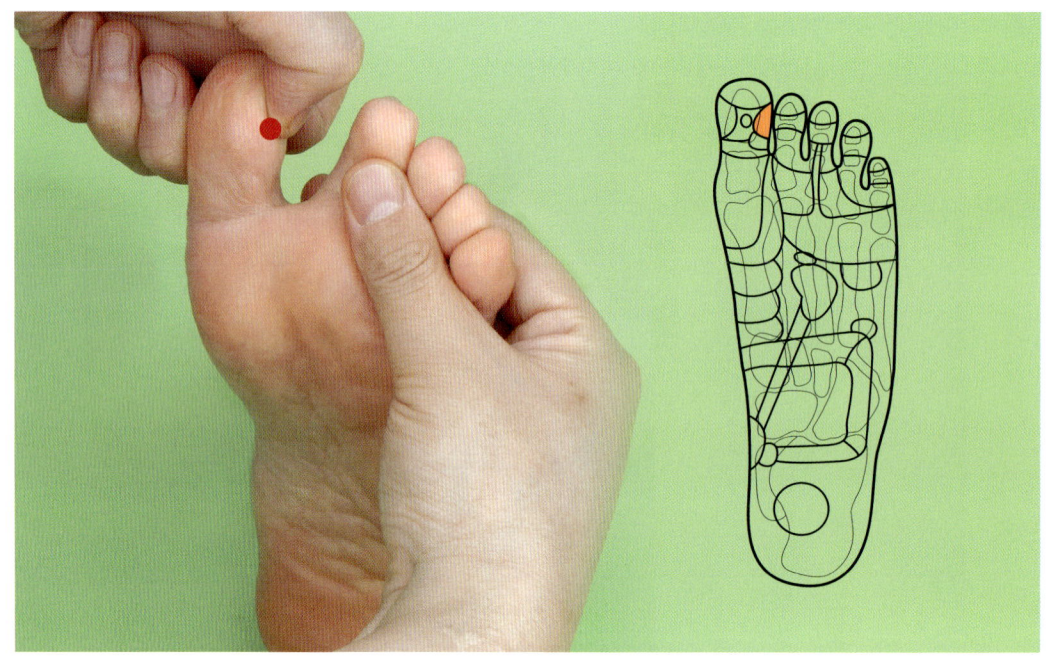

삼차 신경

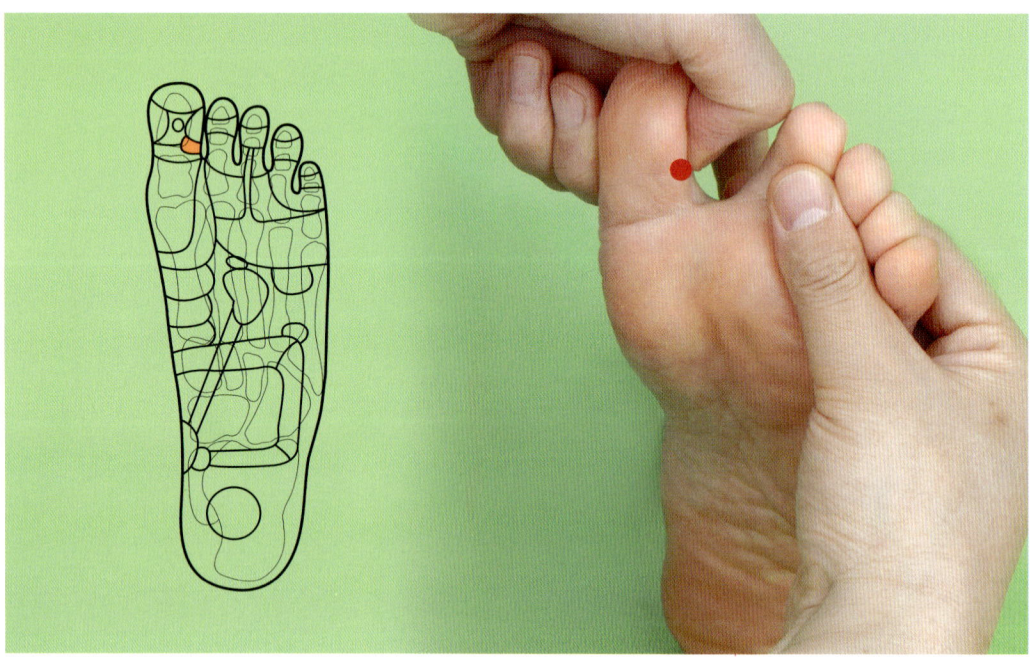

소뇌, 간뇌

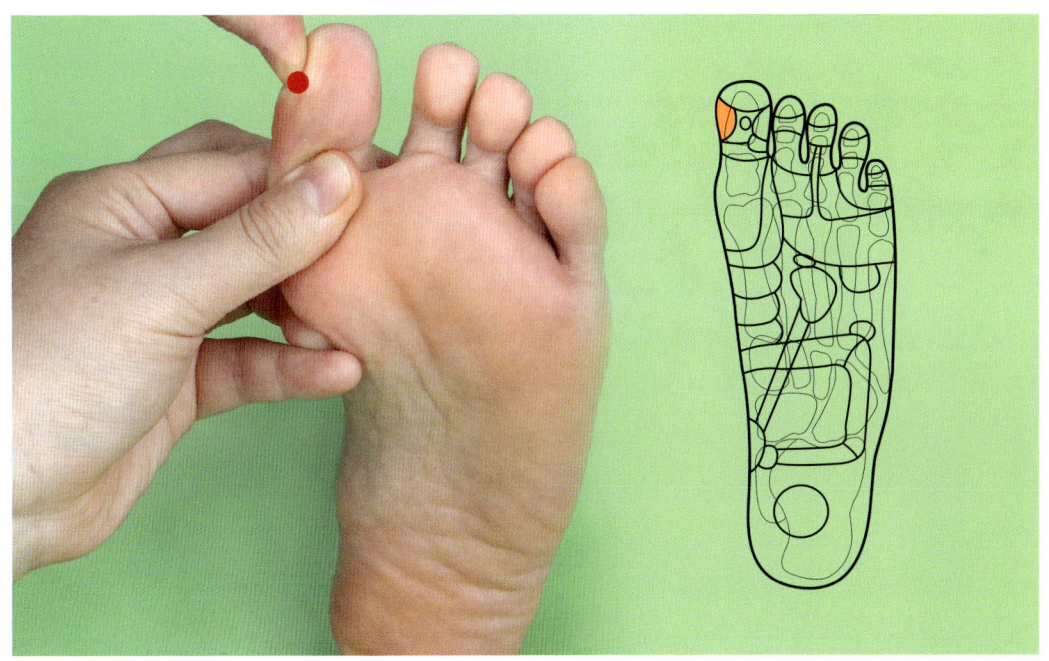

코

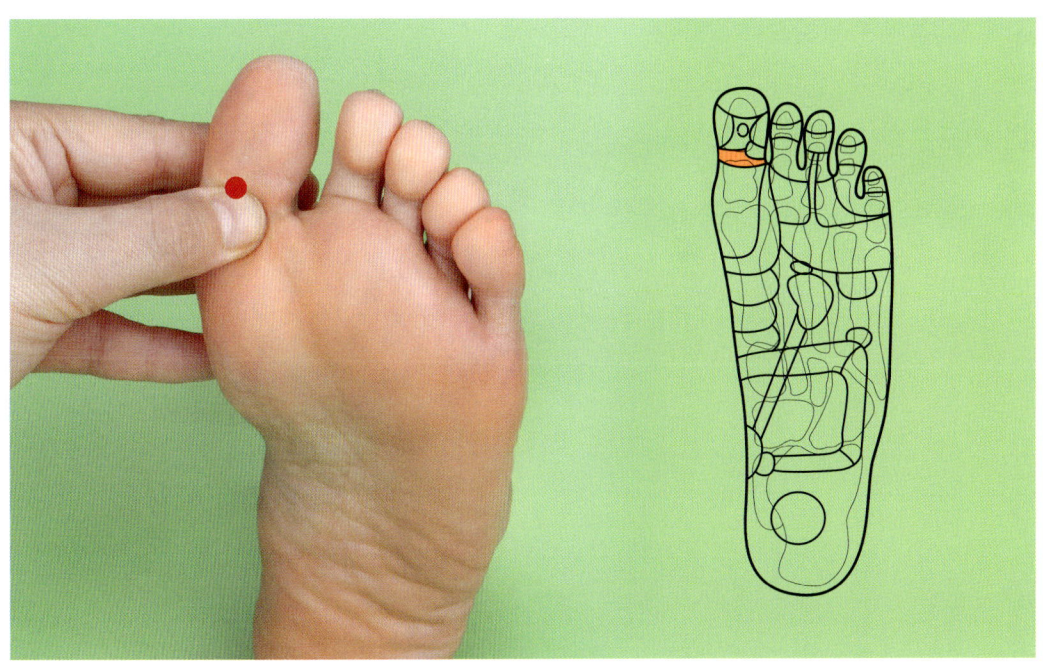

목

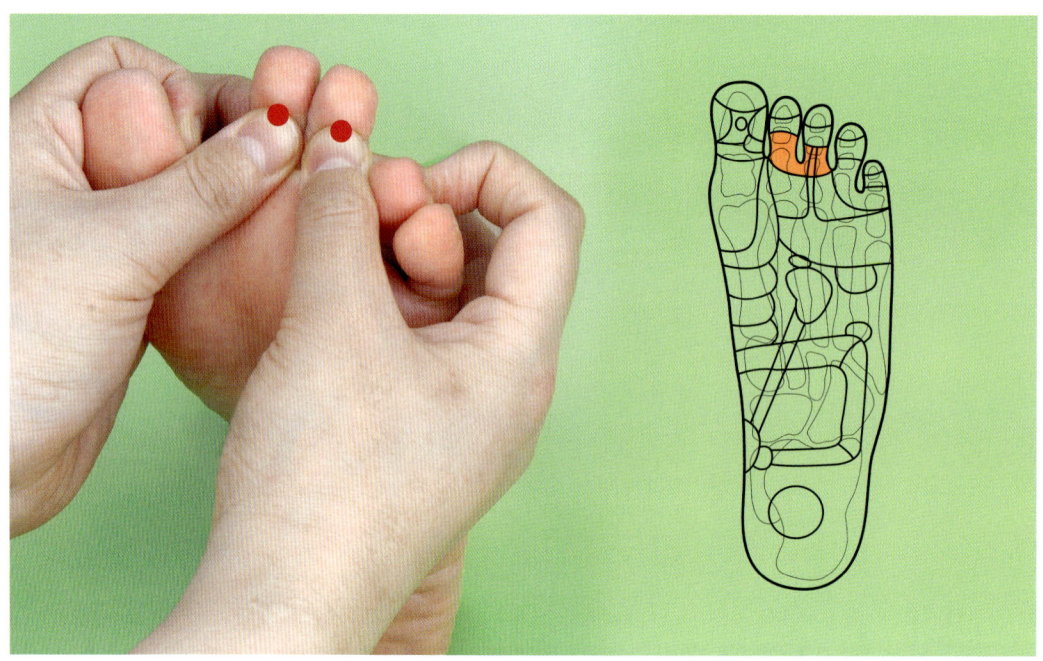

눈

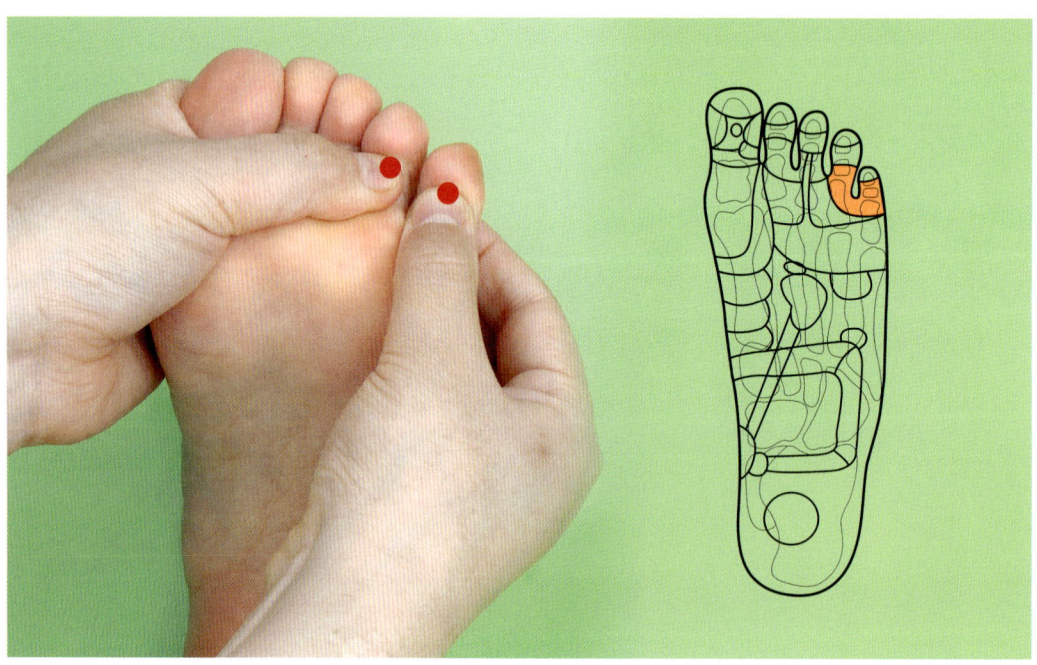

귀

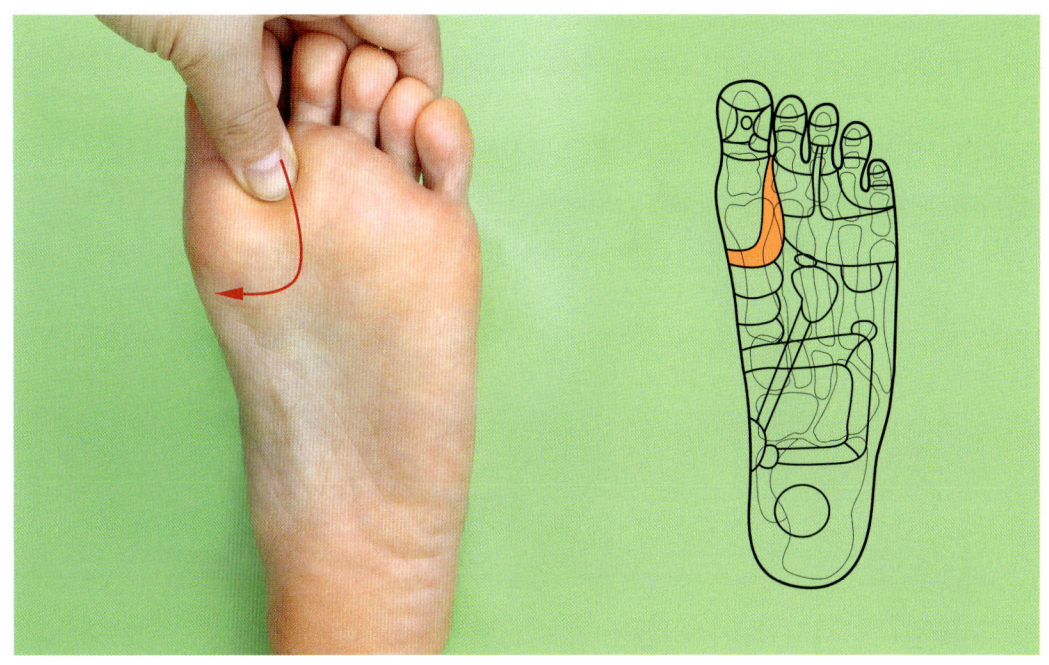

갑상선

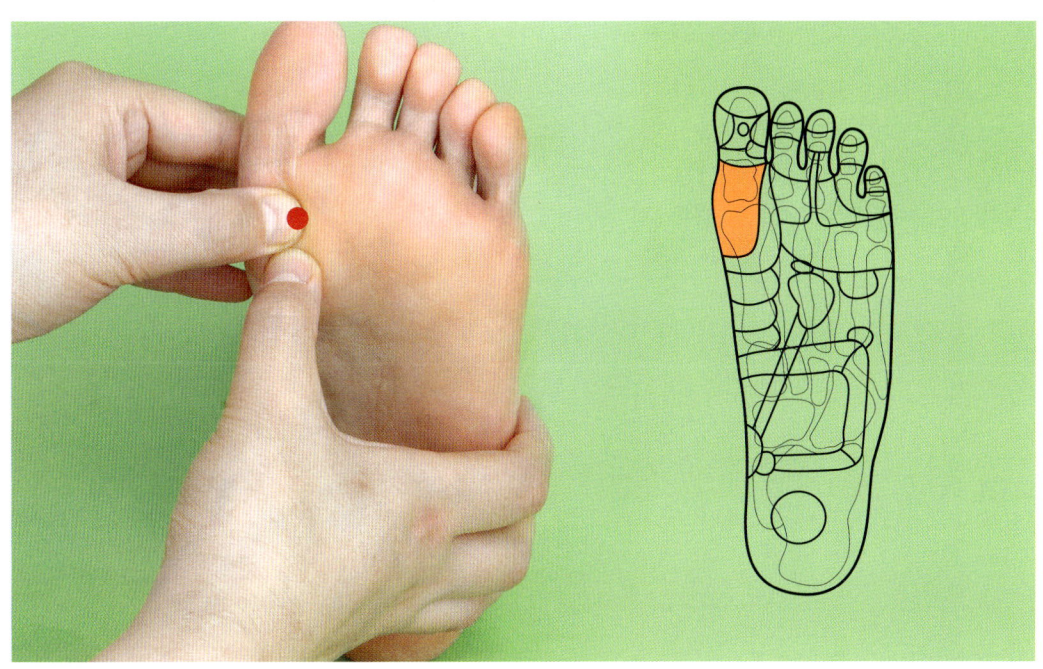

부갑상선

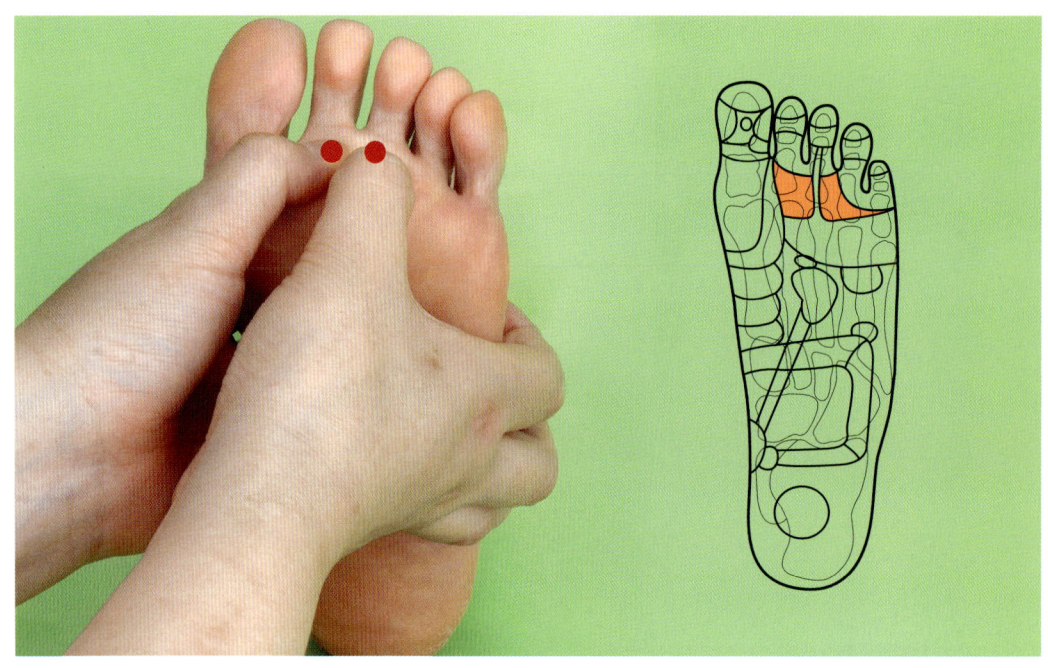

승모근

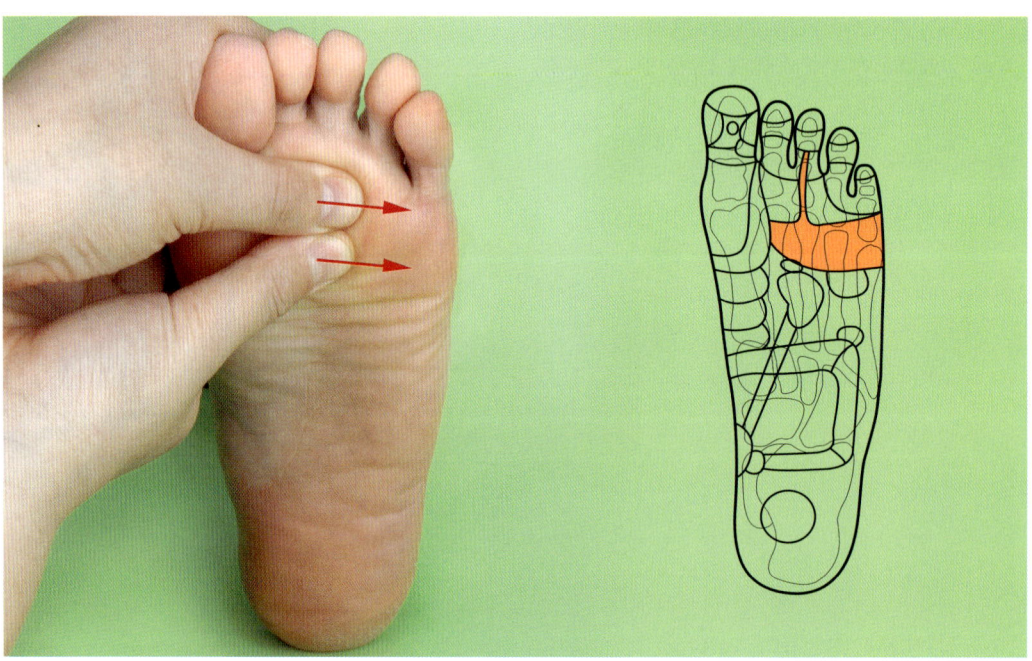

폐

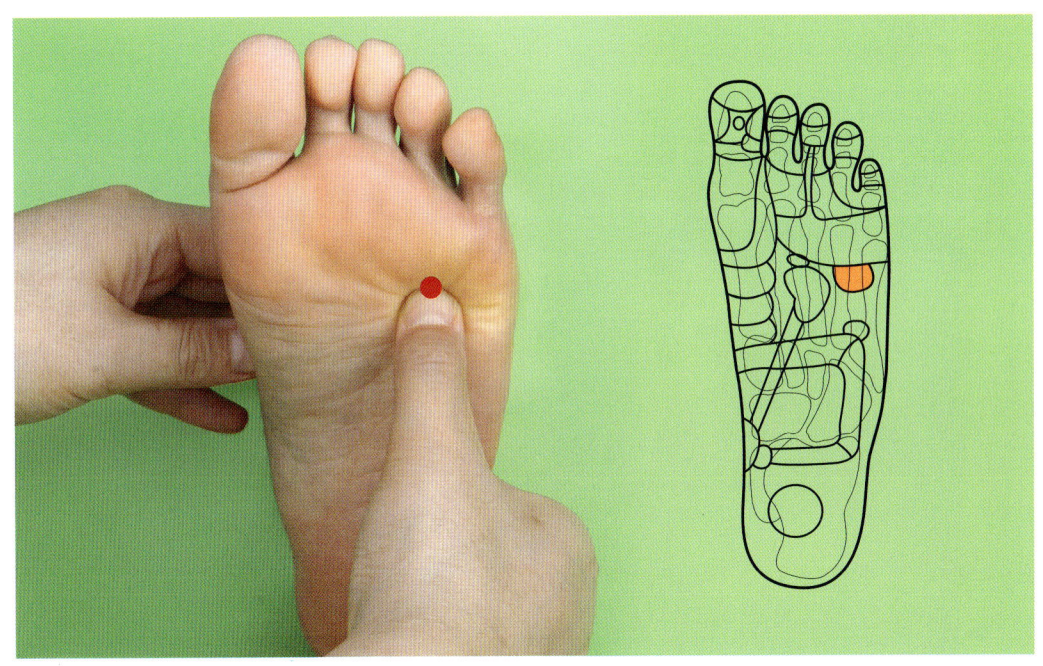

심장(L)

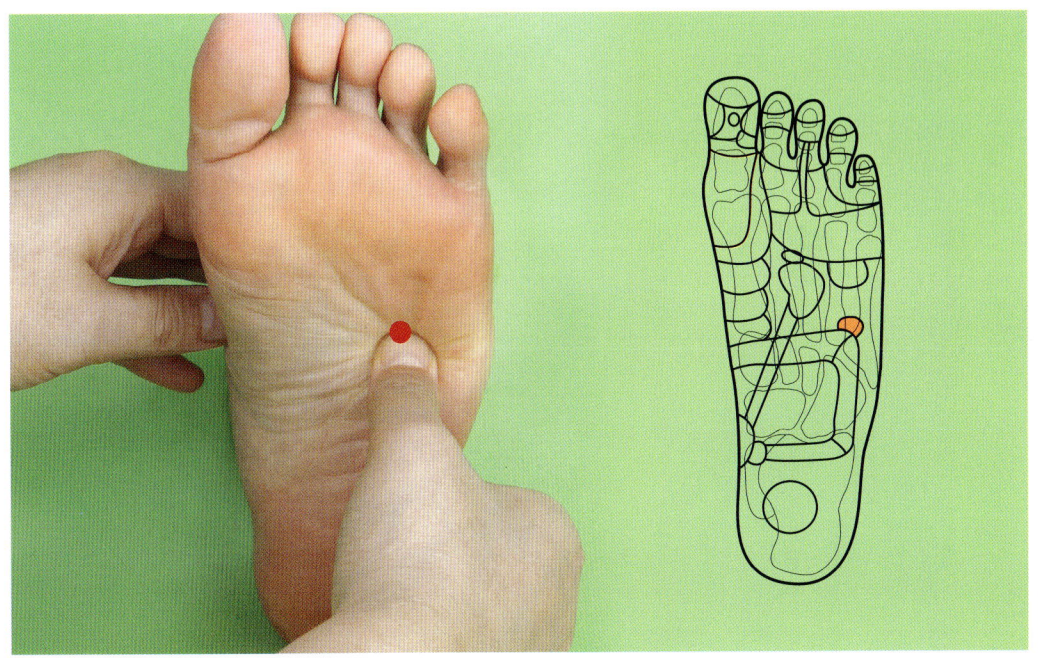

비장(L)

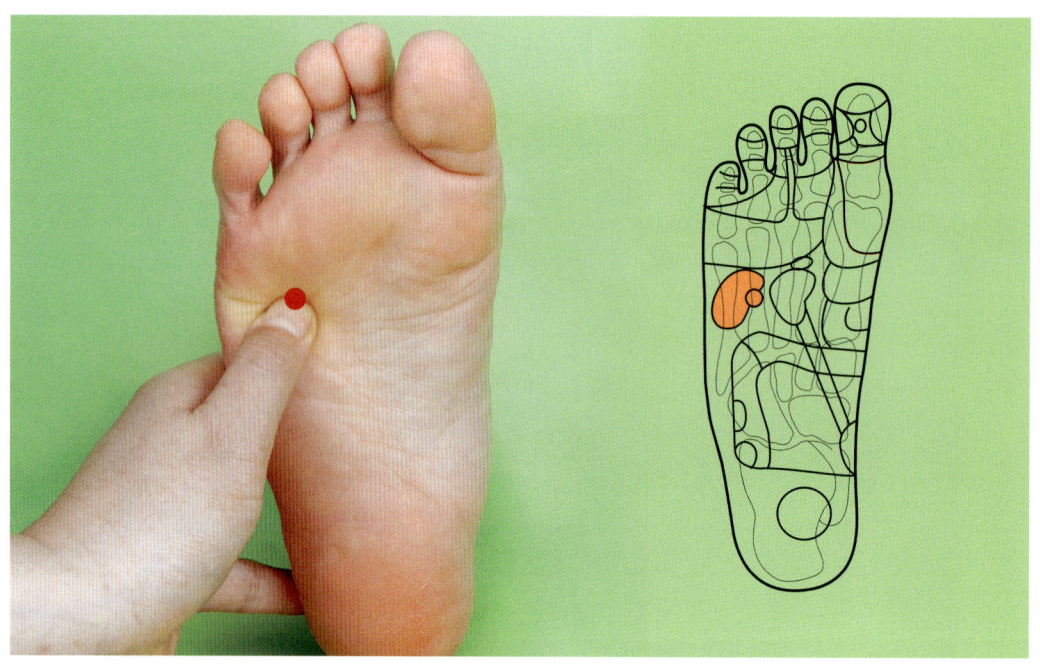

간, 담(R)

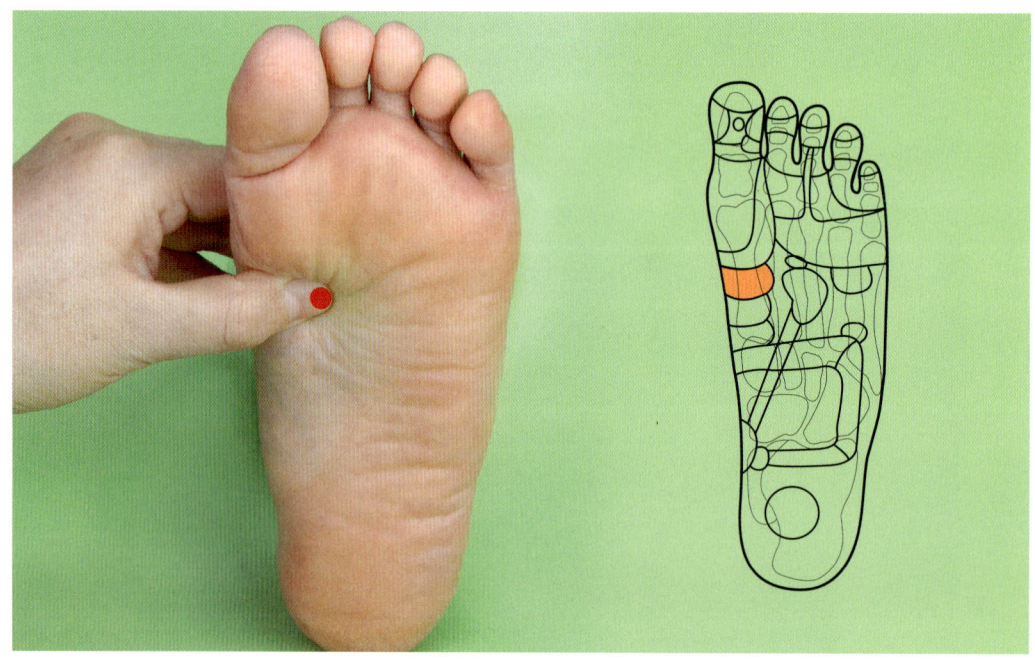

위

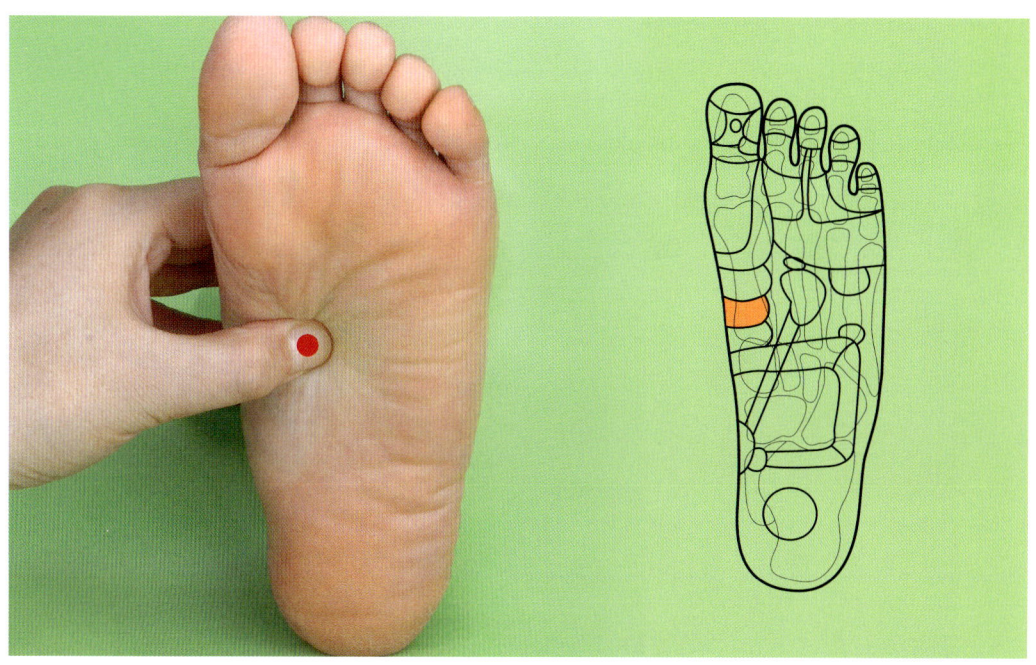

췌장

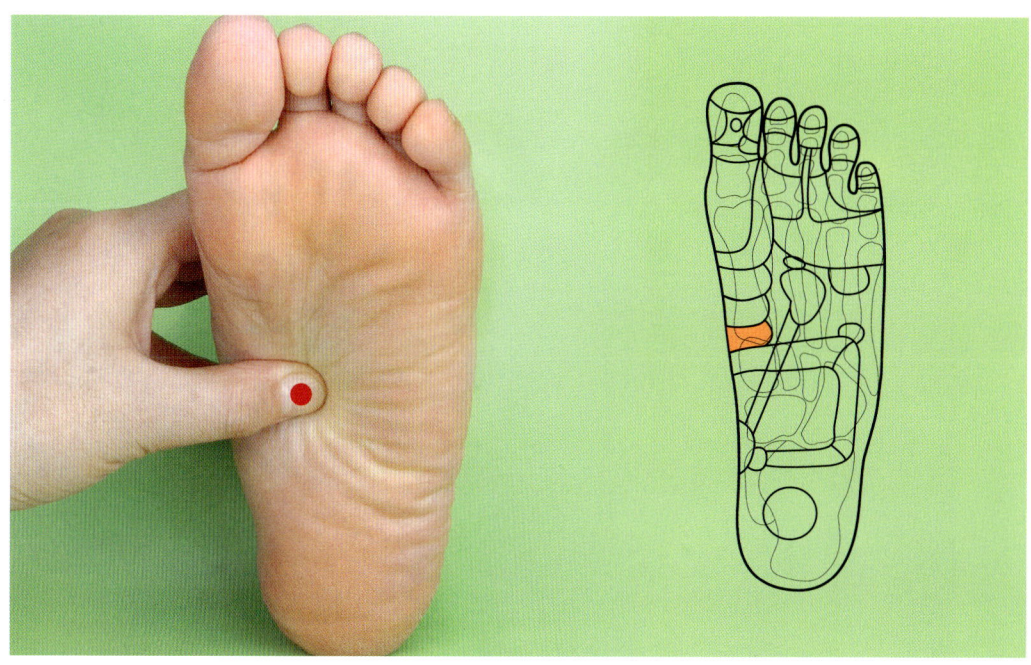

십이지장

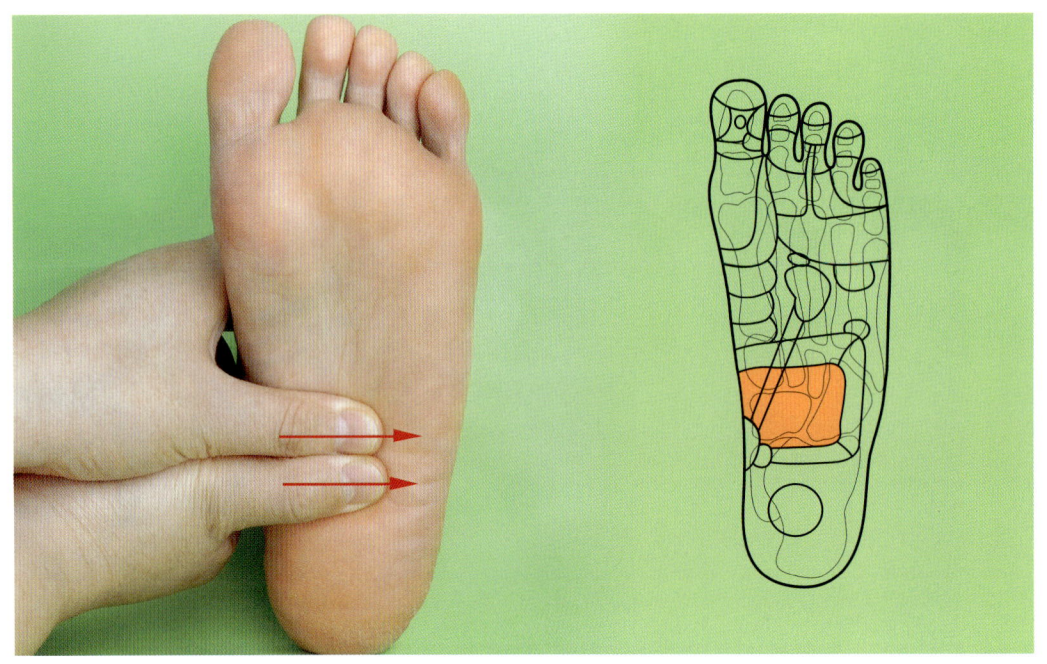

소장

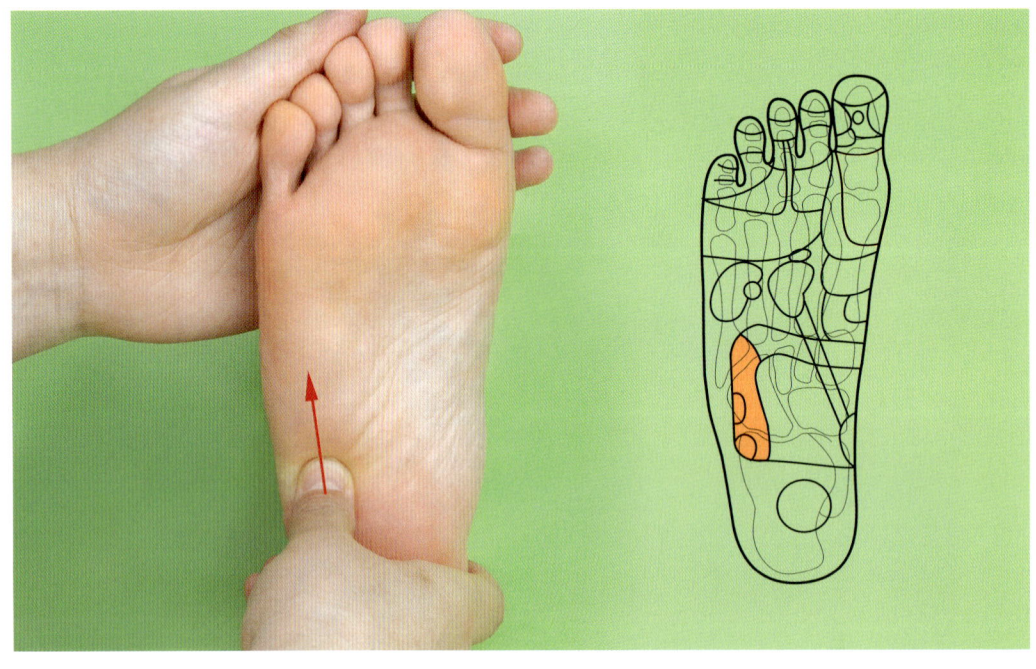

상행 결장(R)

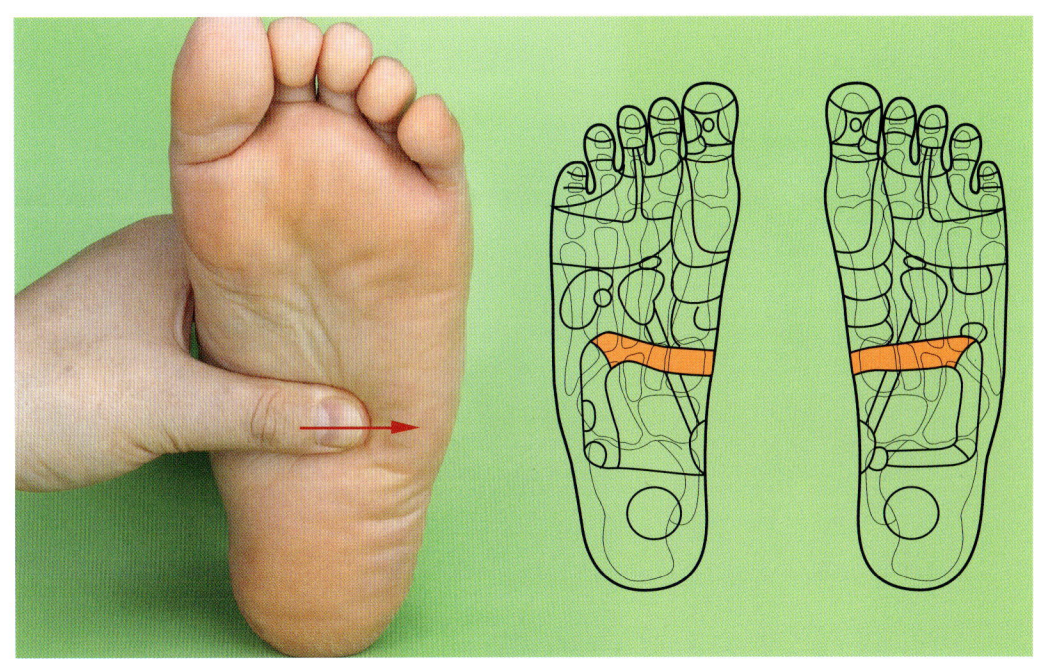

횡행 결장

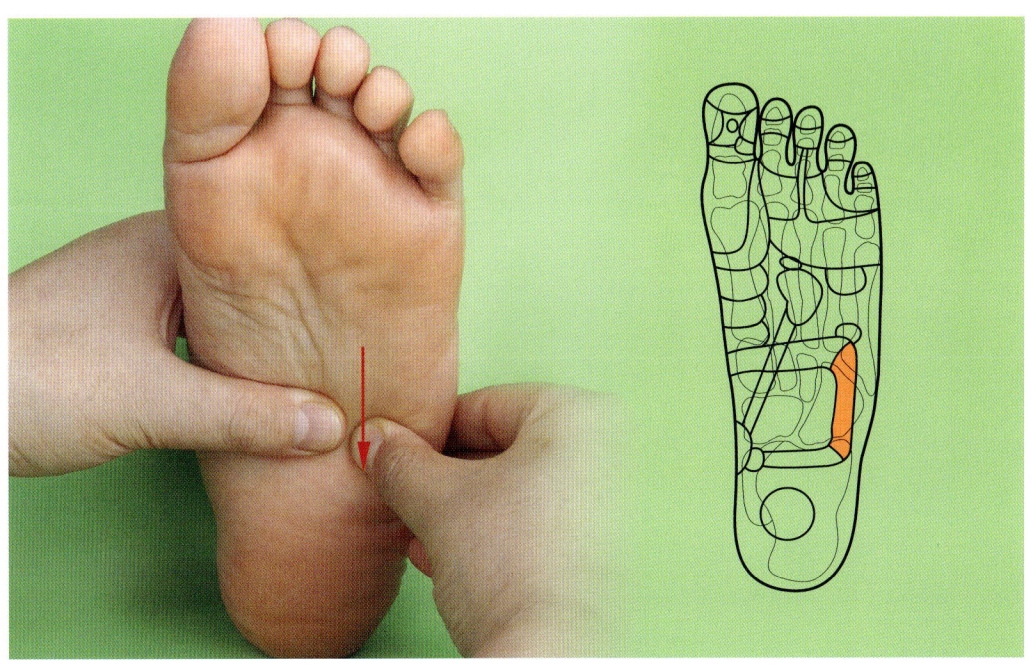

하행 결장(L)

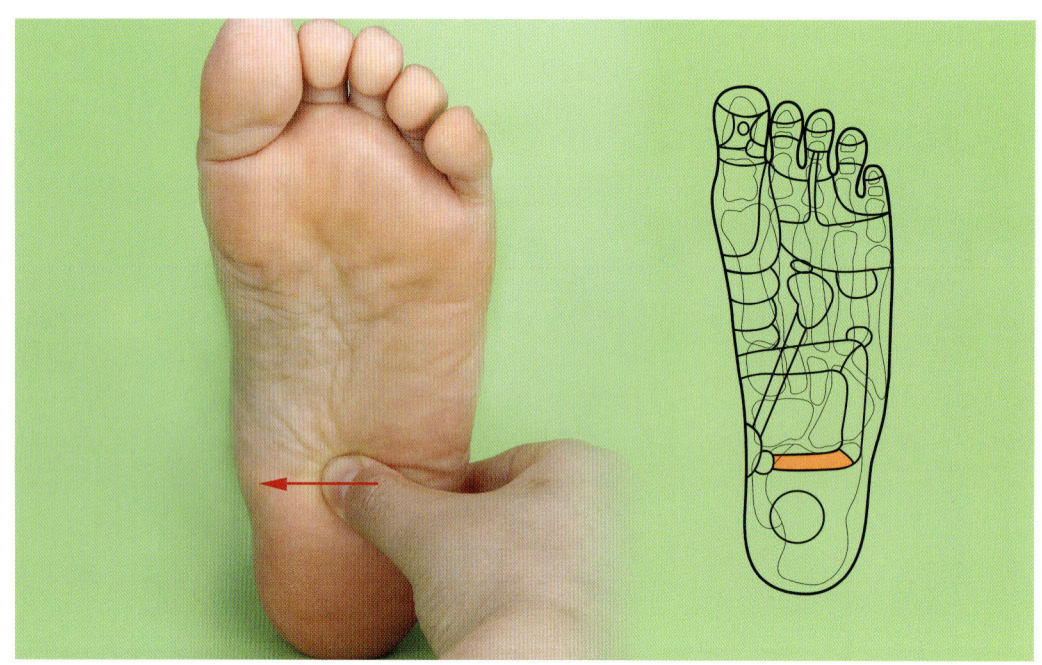

직장

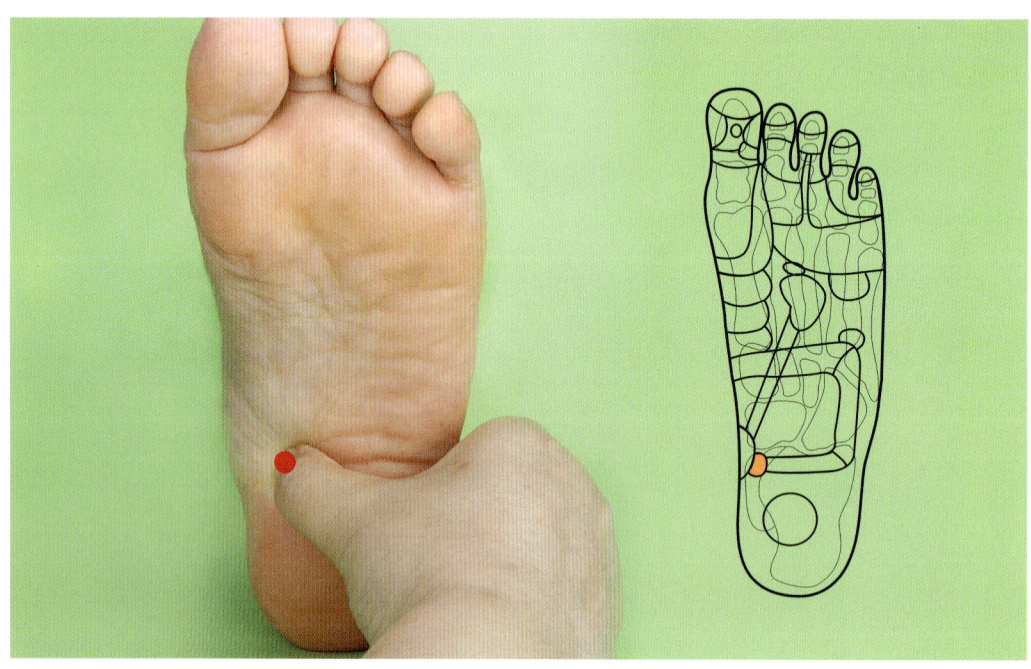

항문

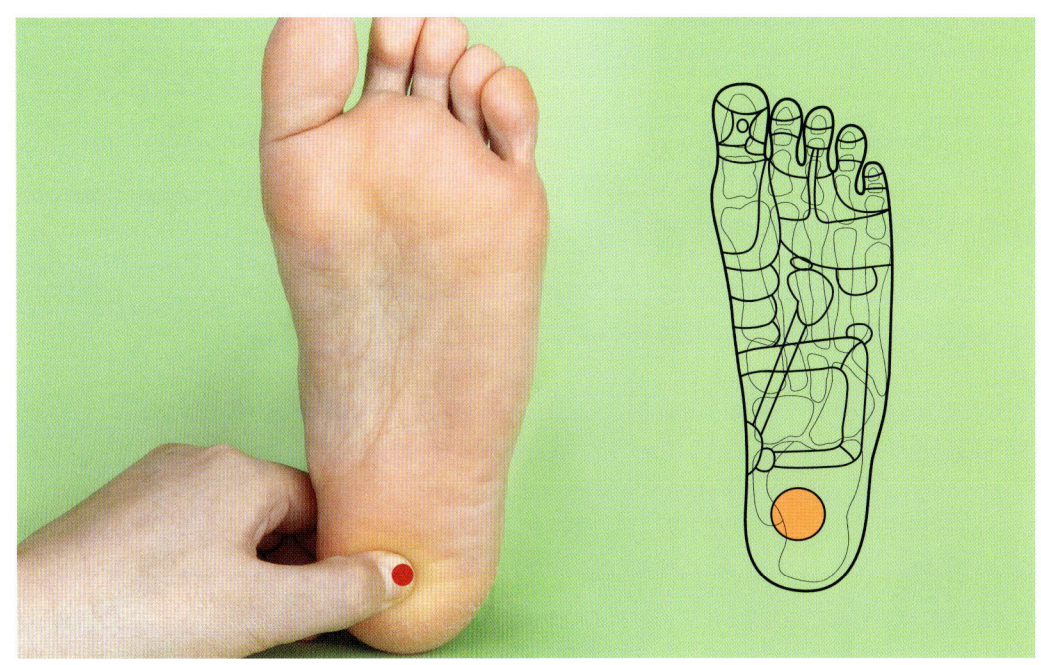

생식선

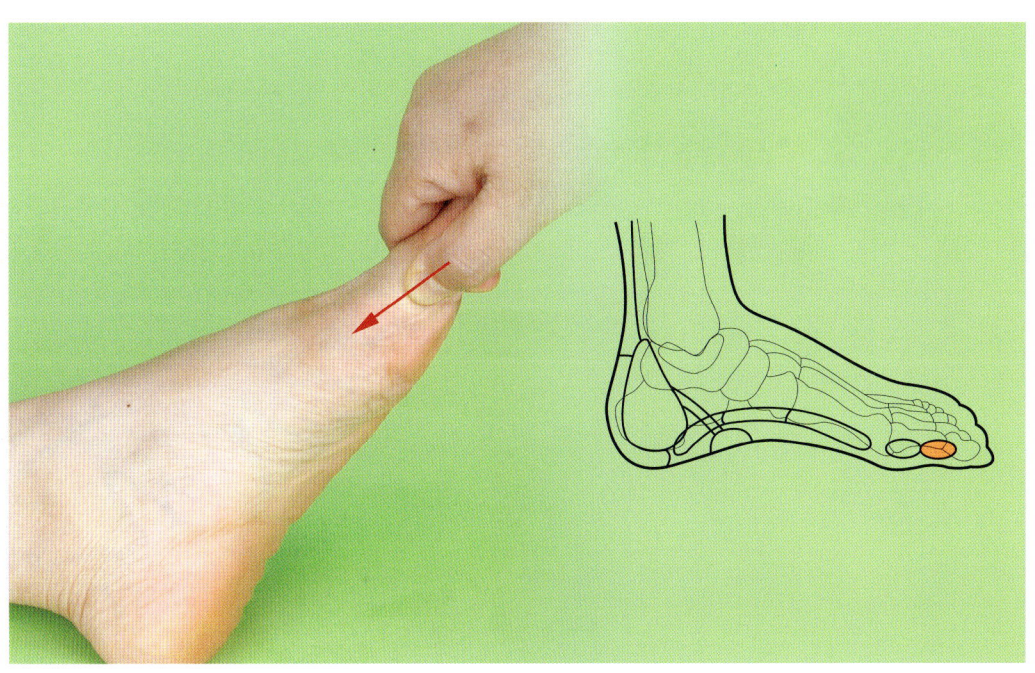

경추

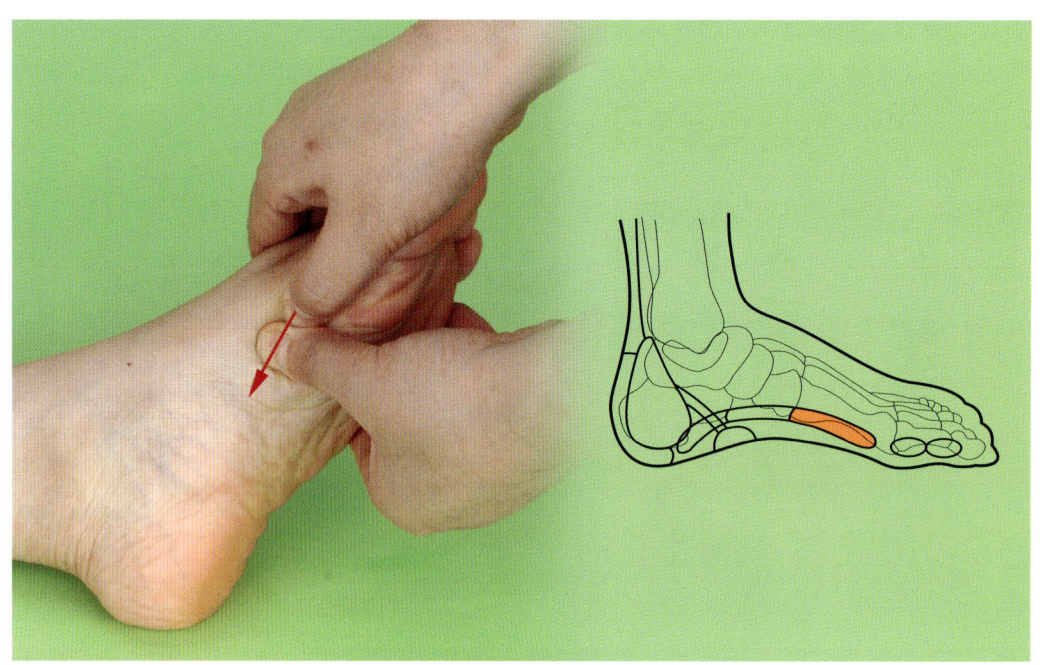

흉추

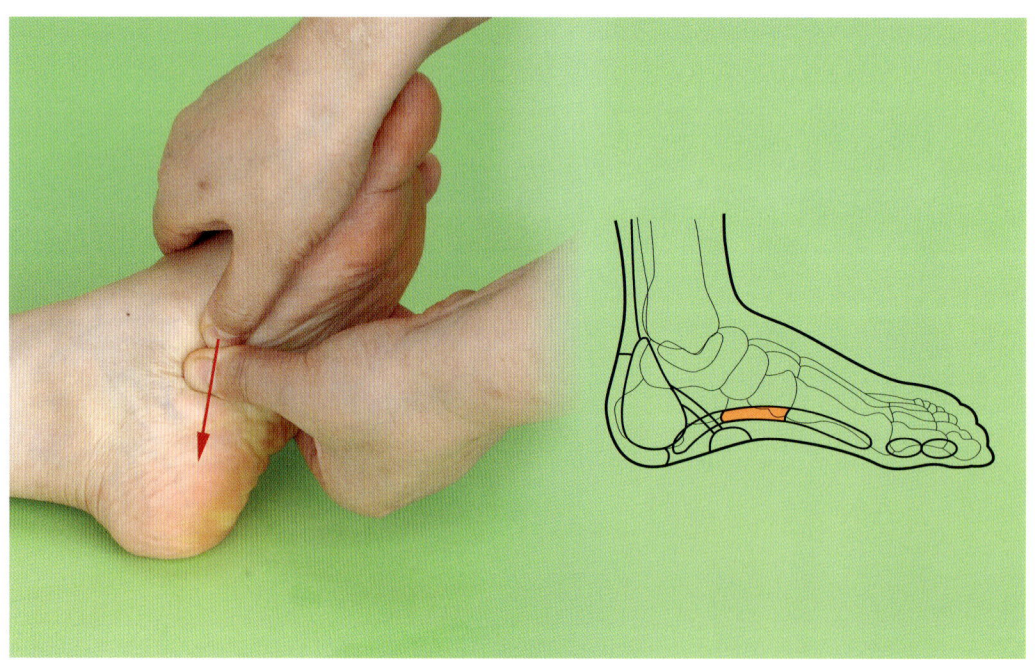

요추

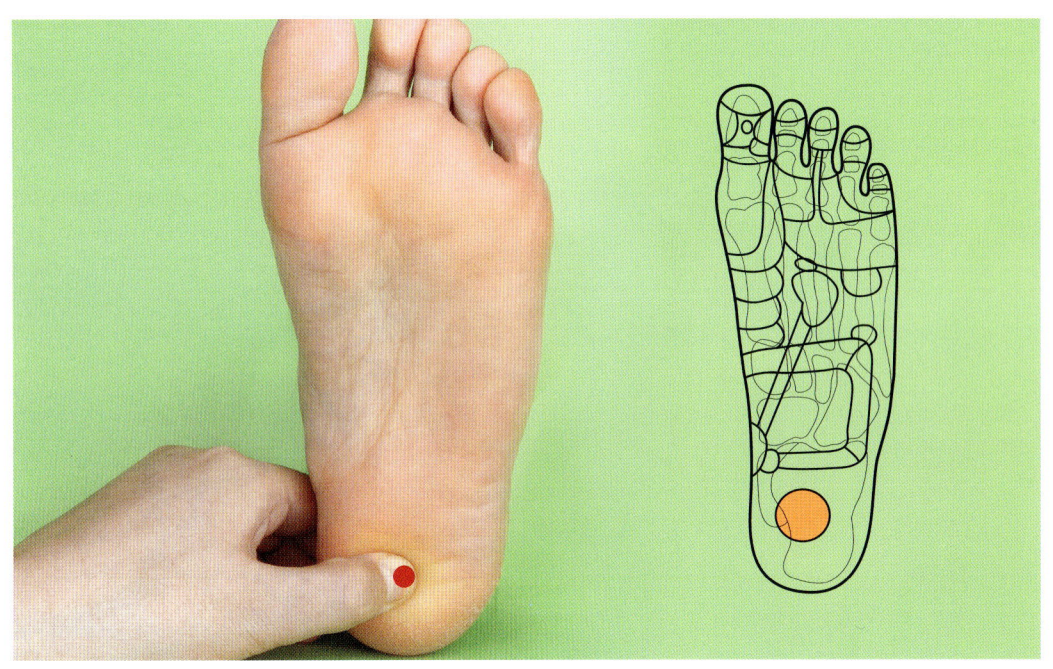

생식선

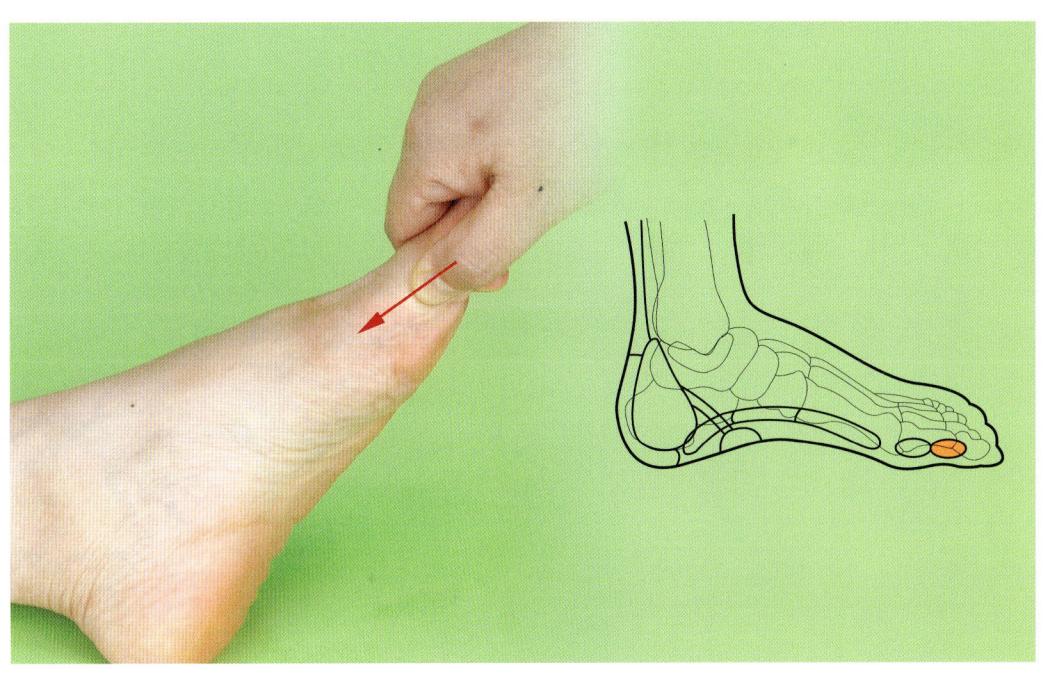

경추

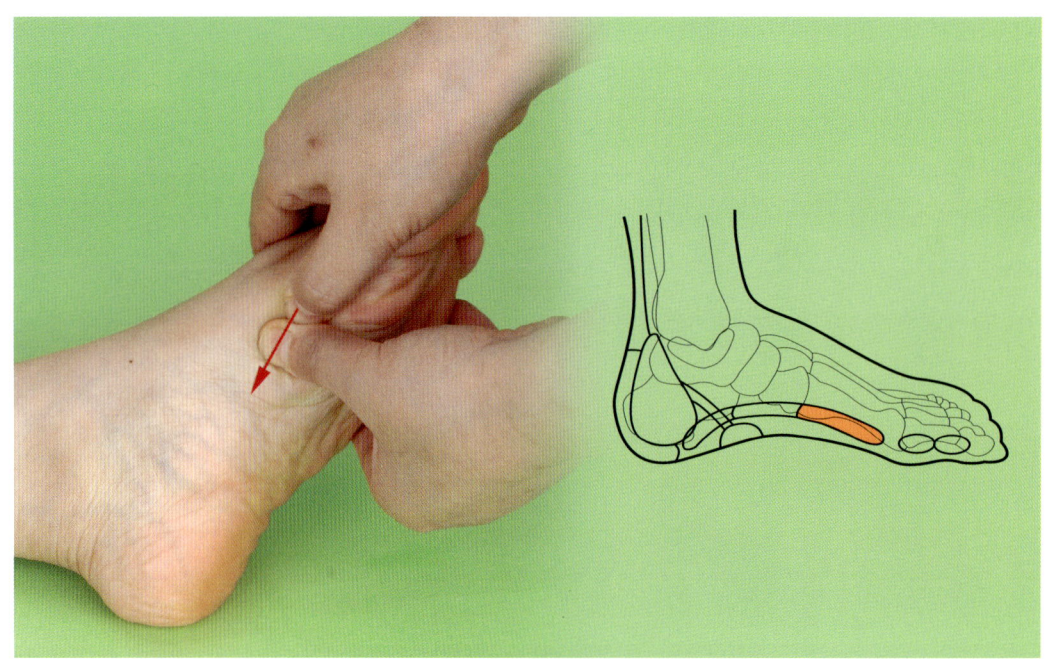

흉추

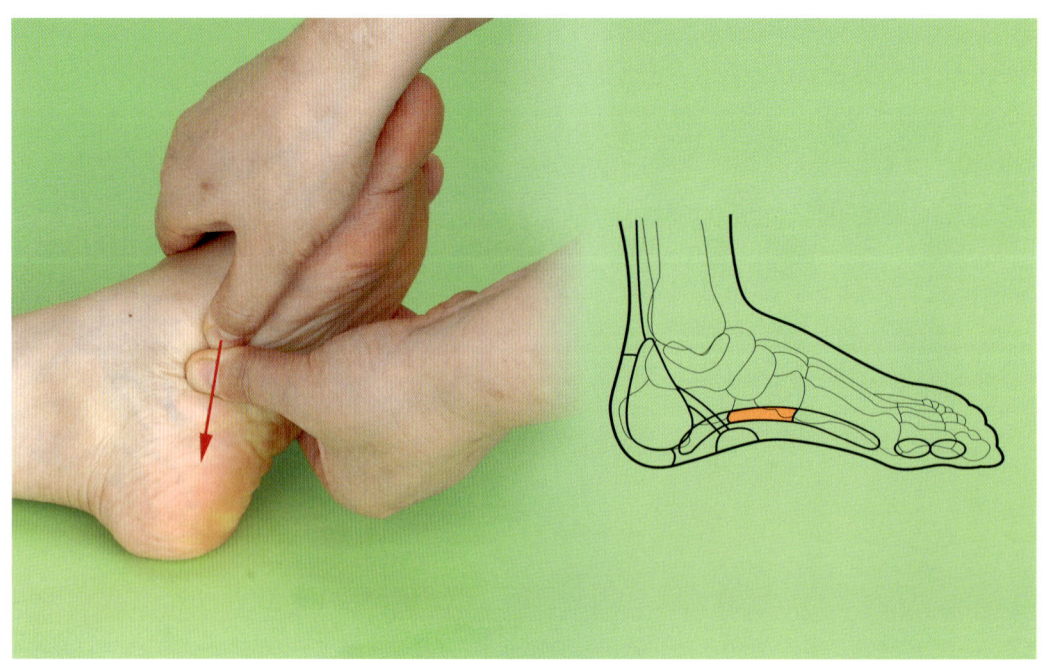

요추

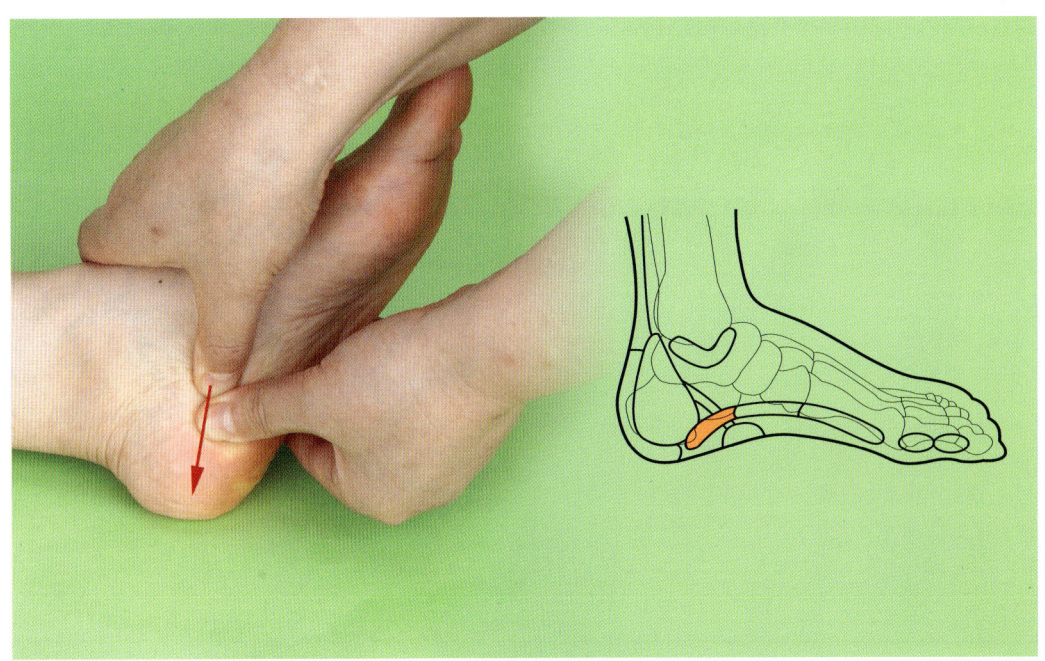

천골, 미골

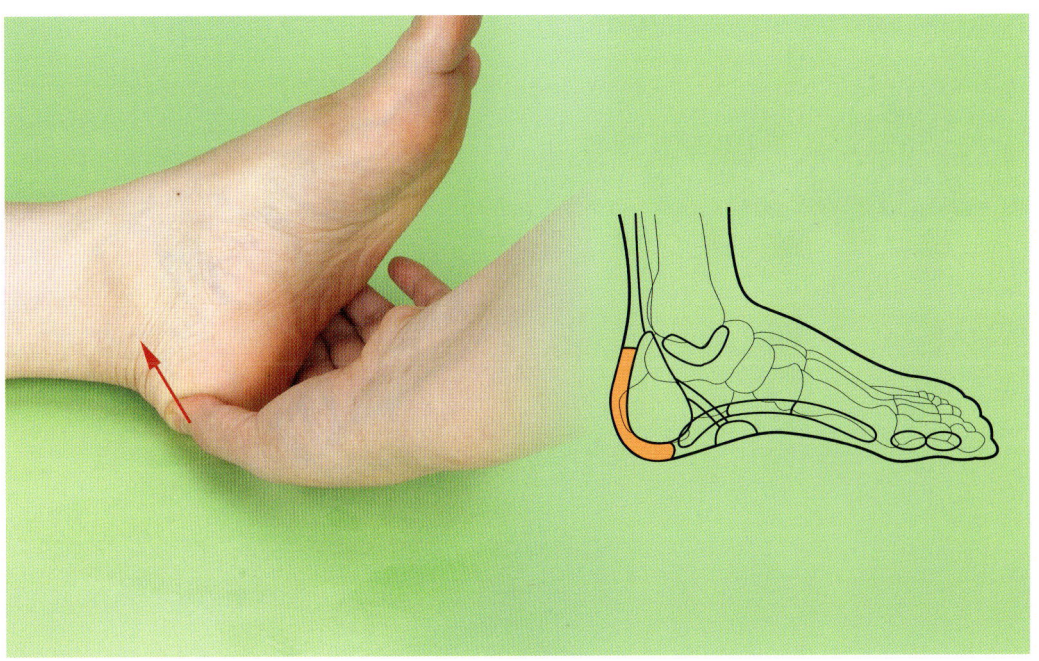

내미골

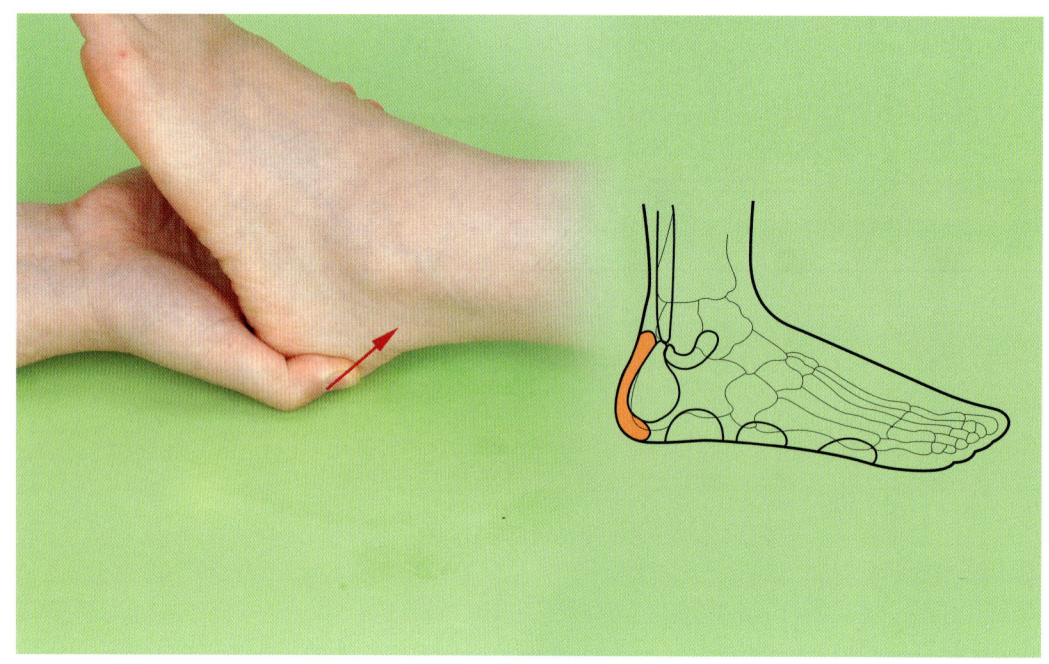

외미골

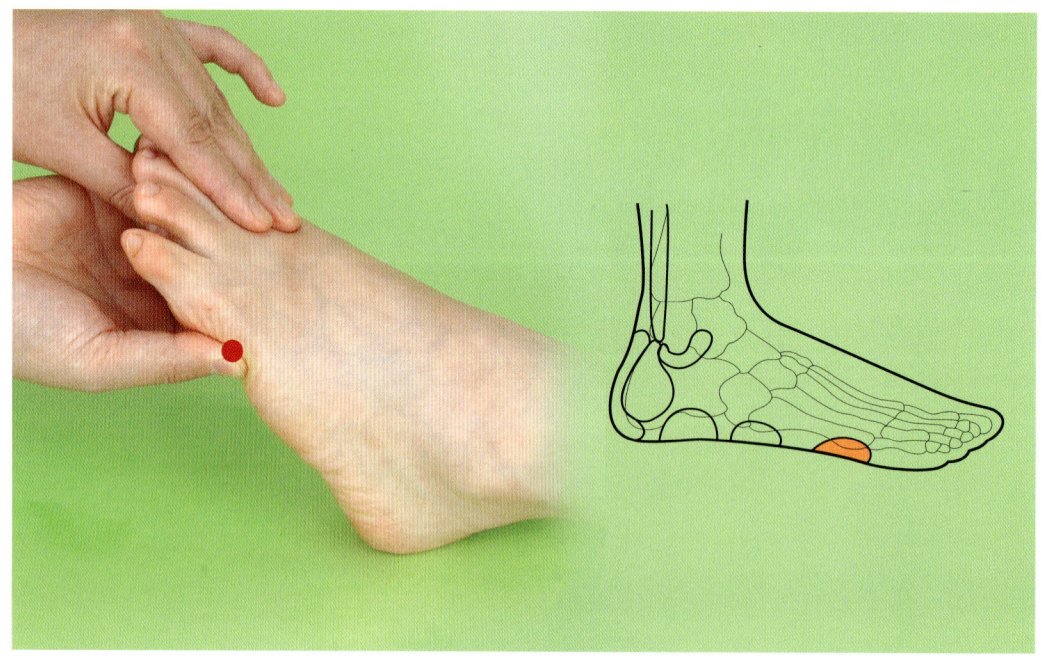

어깨 관절

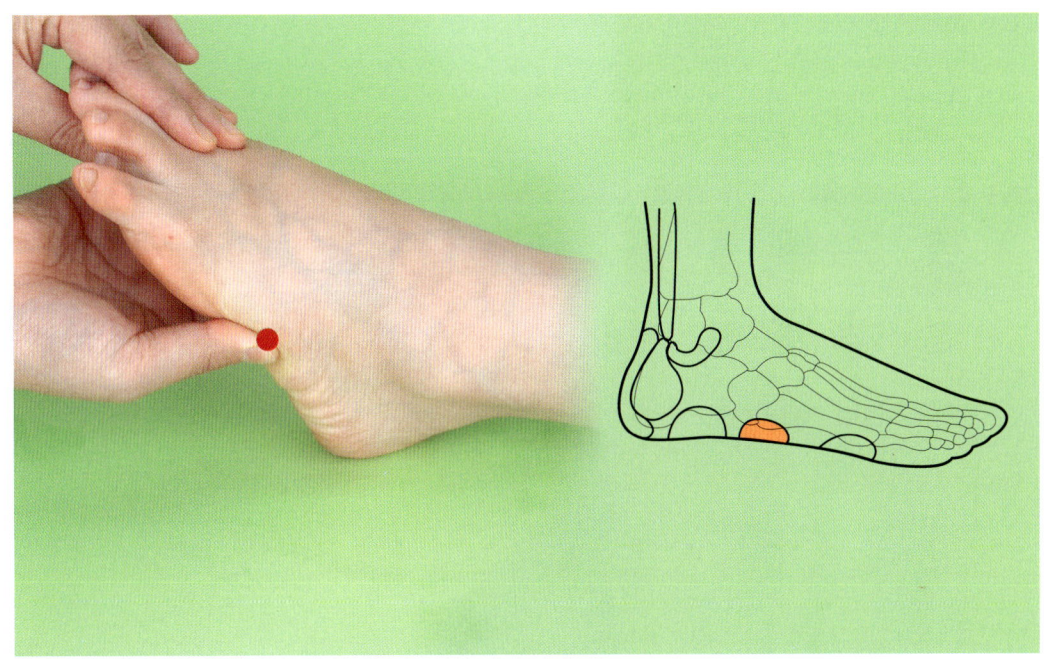

팔꿈치 관절

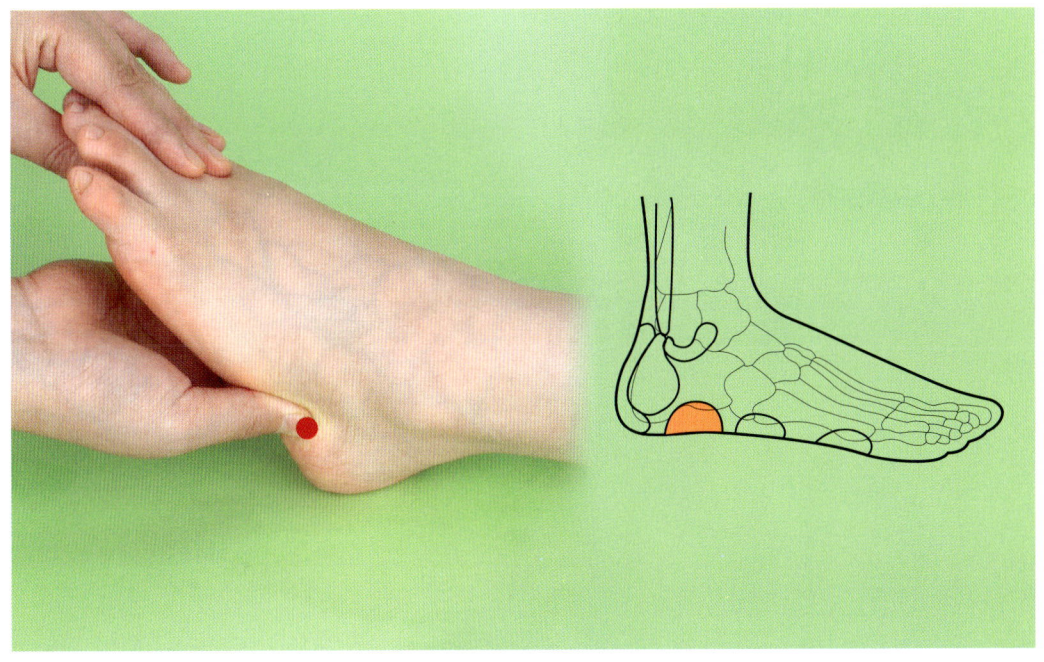

무릎 관절

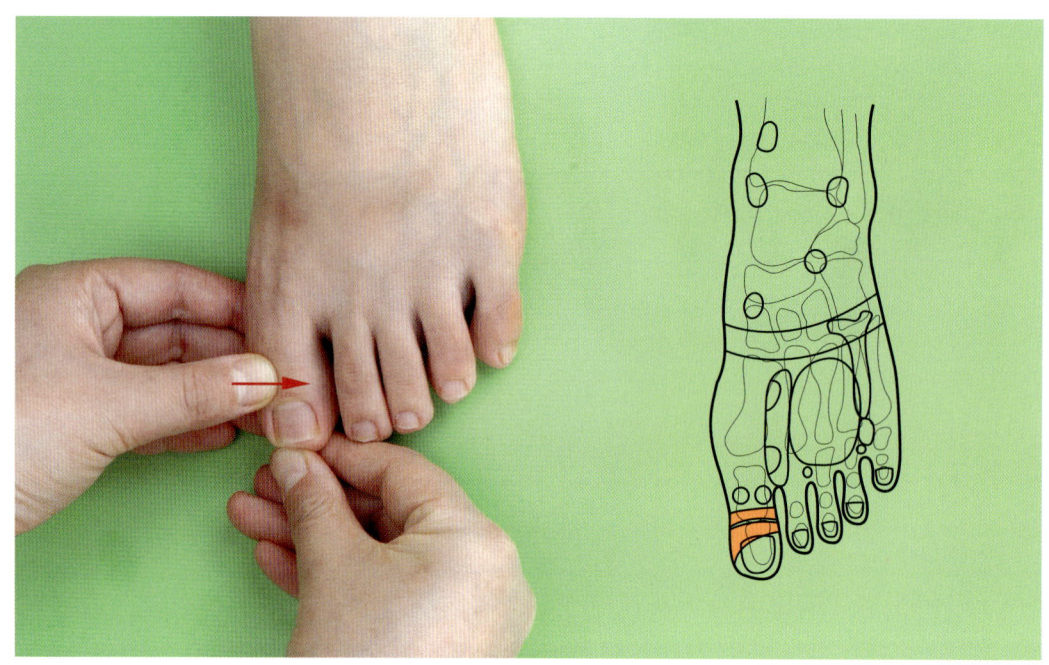

위턱, 아래턱

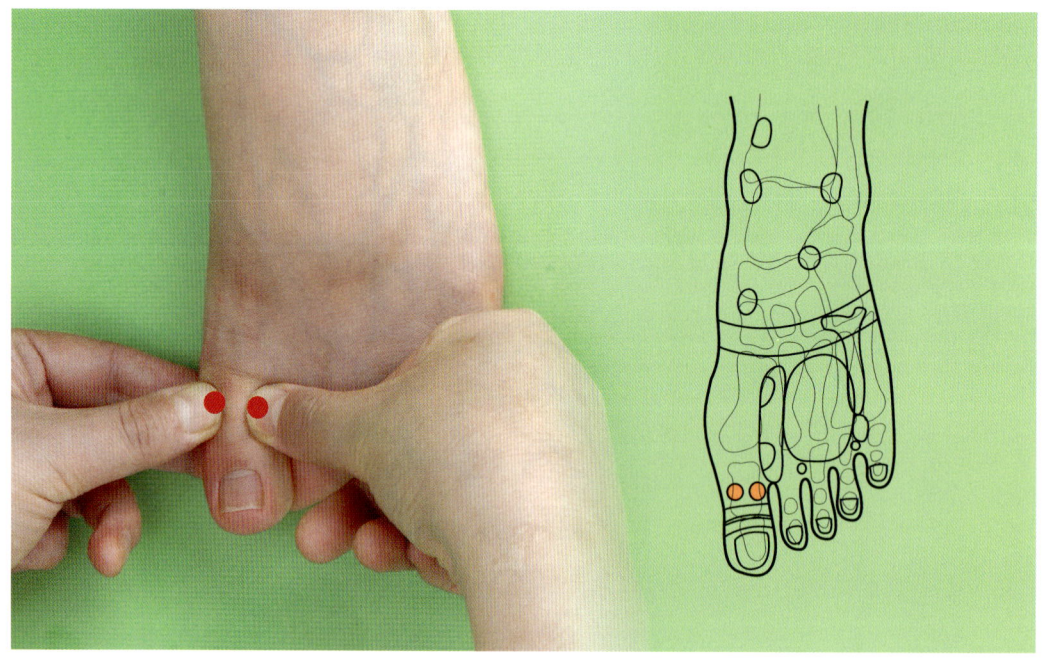

편도선

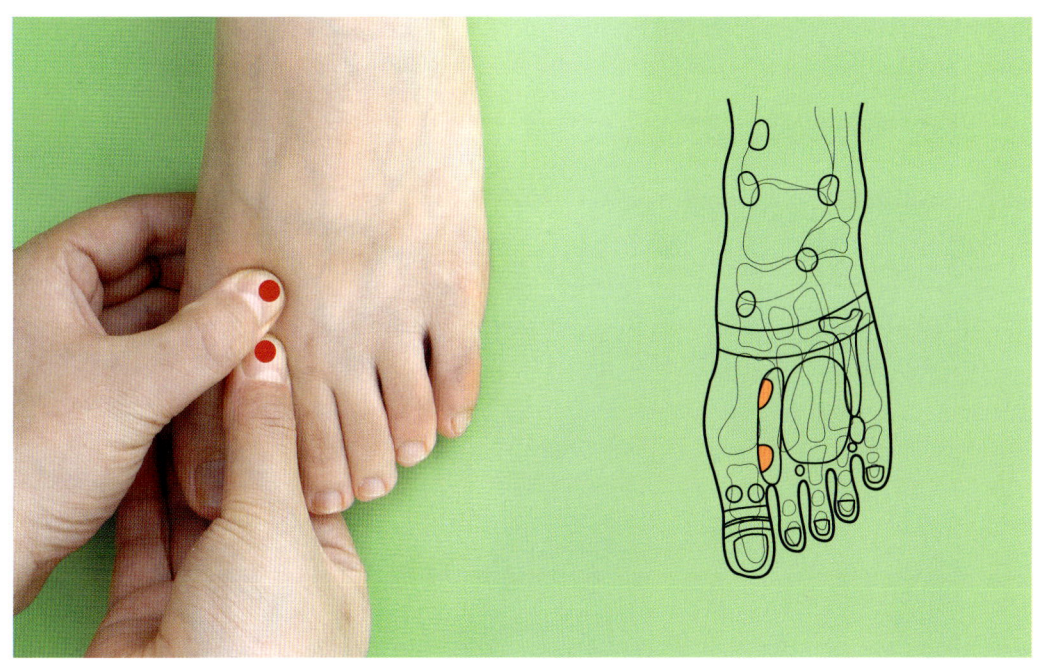

성대 / 인후 / 기관

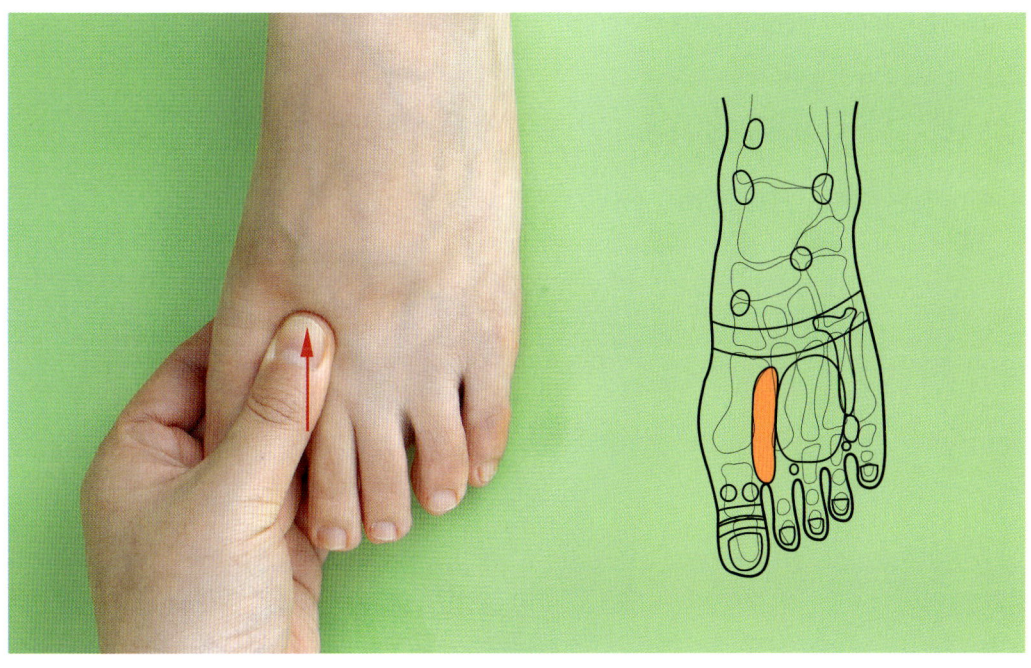

흉부 림프

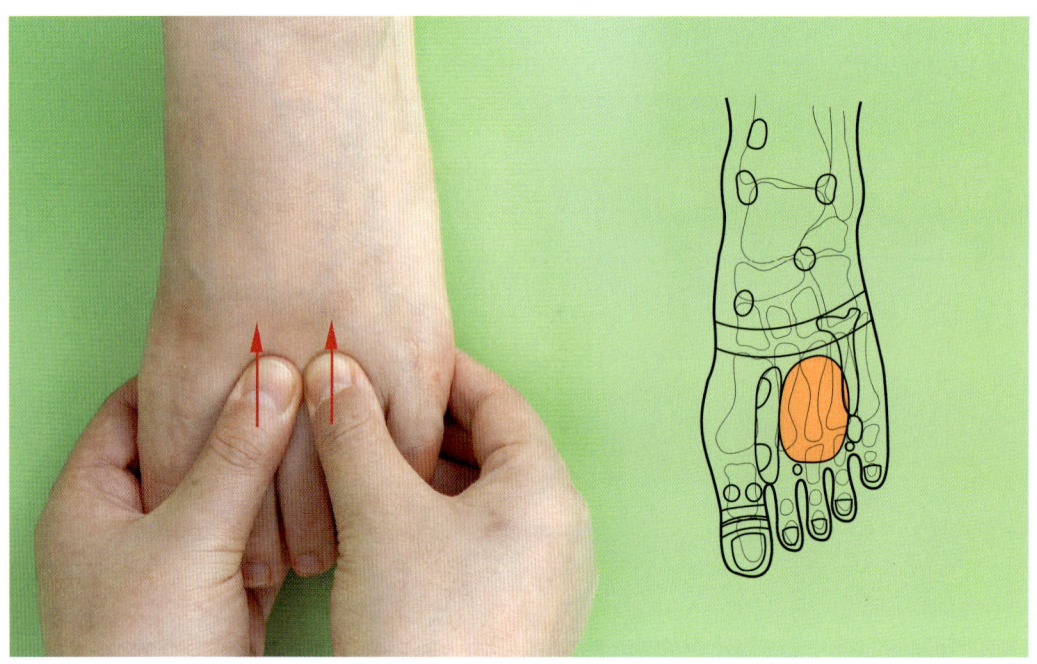

흉부(유방)

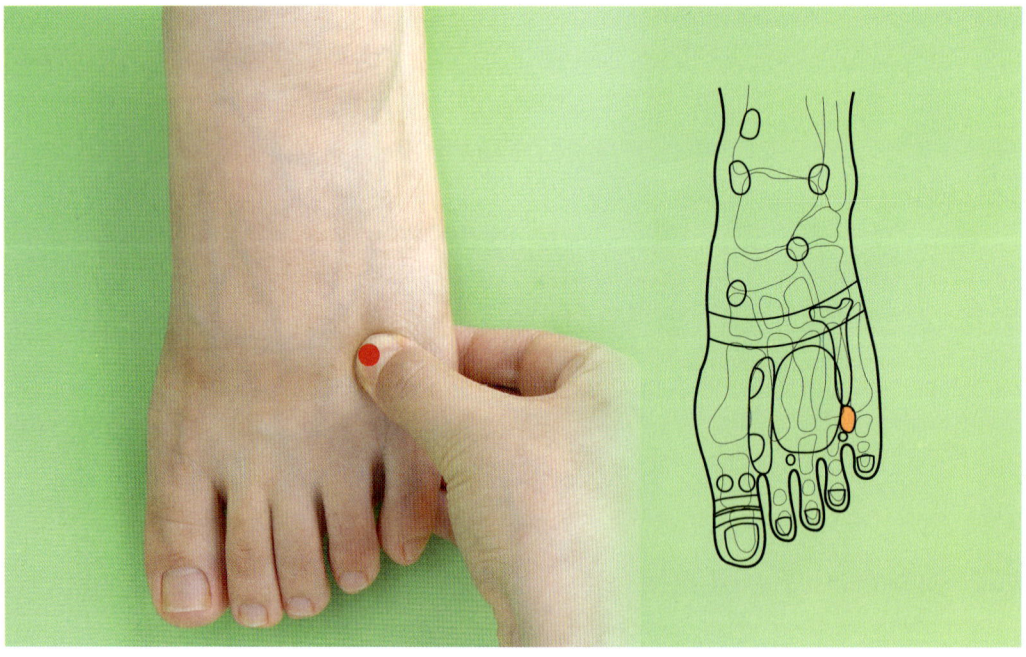

평형기관

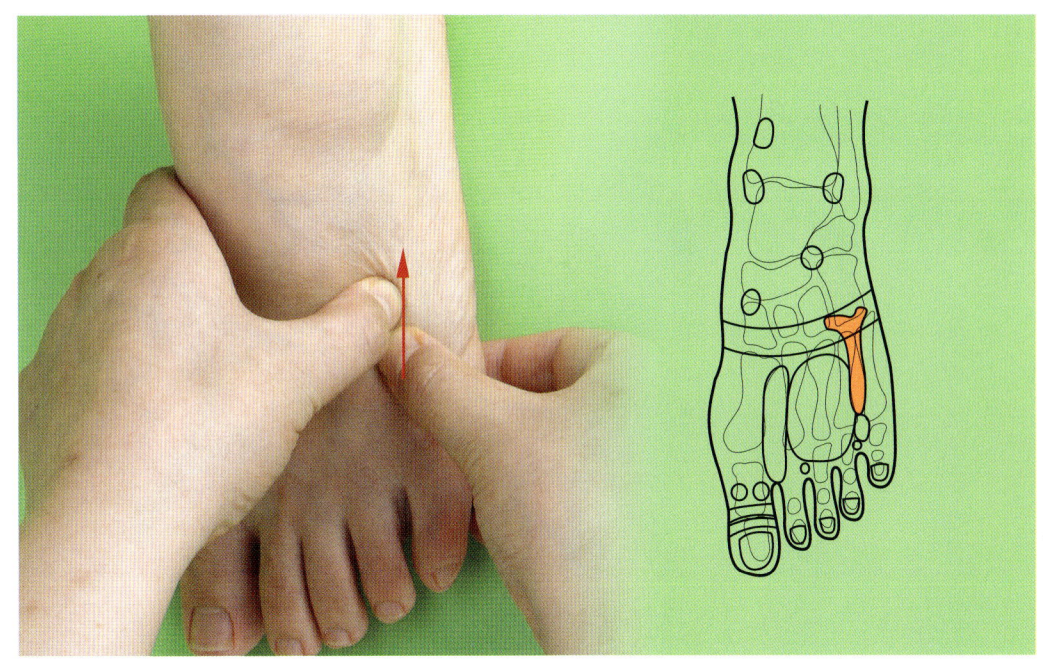

견갑골

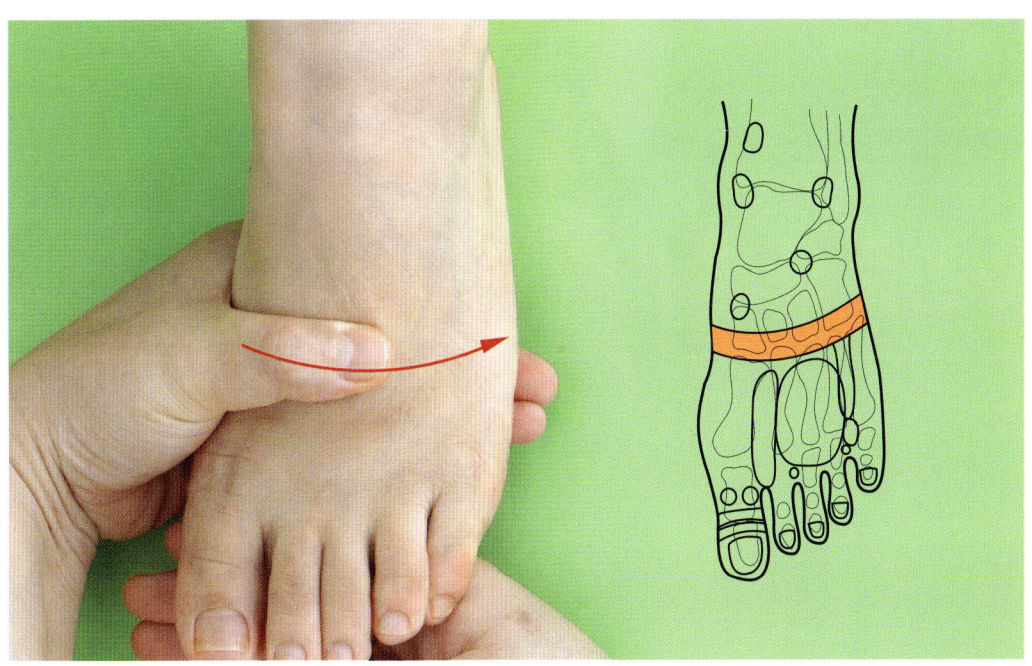

횡경막

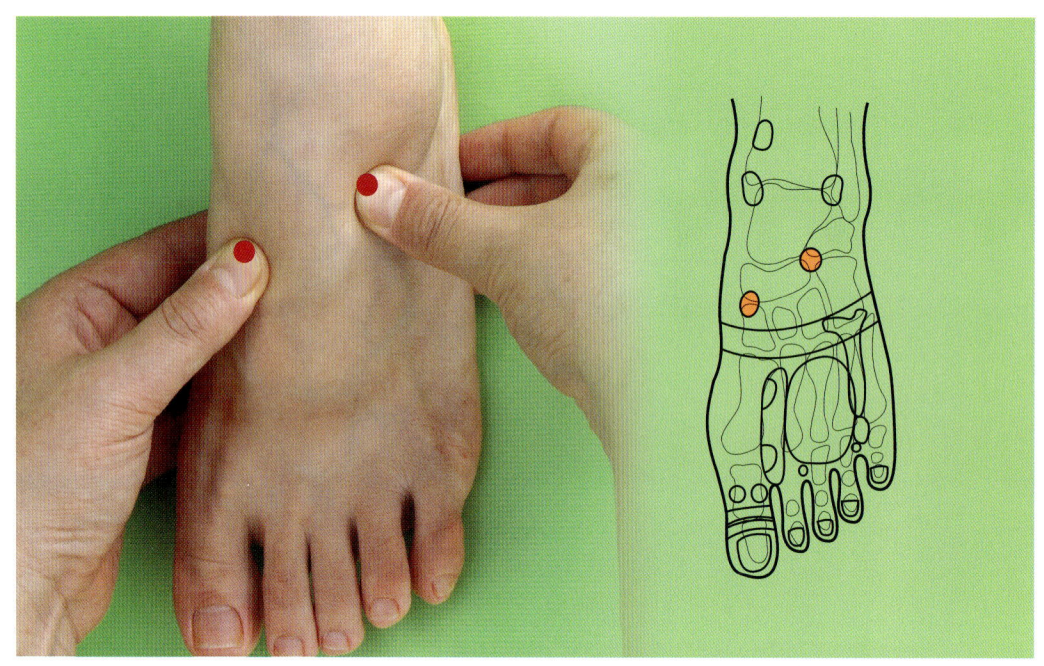

늑골근

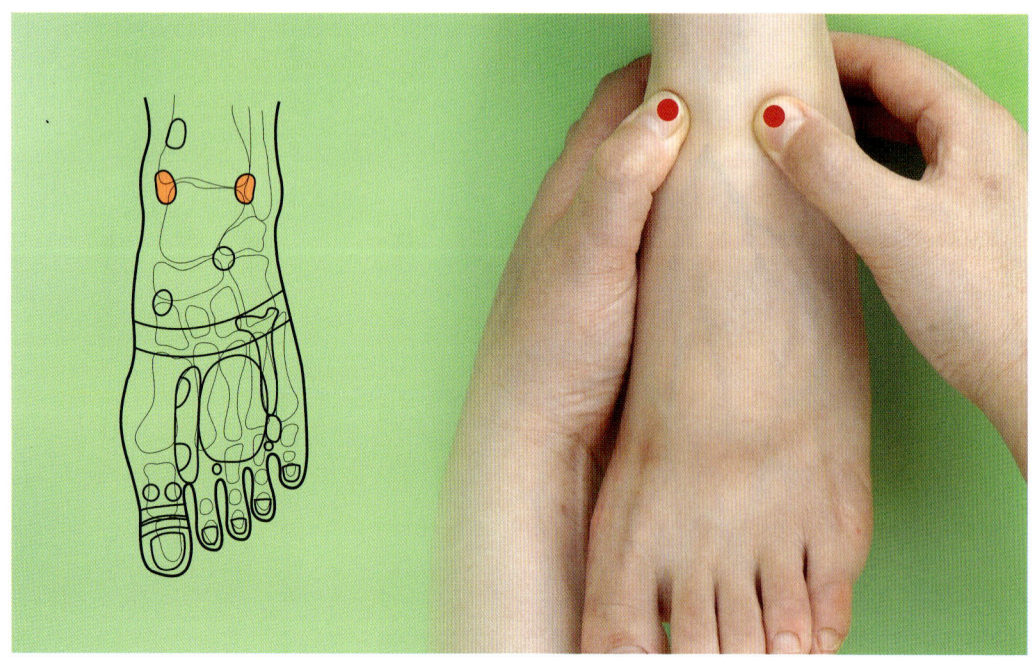

상반신 림프, 하반신 림프

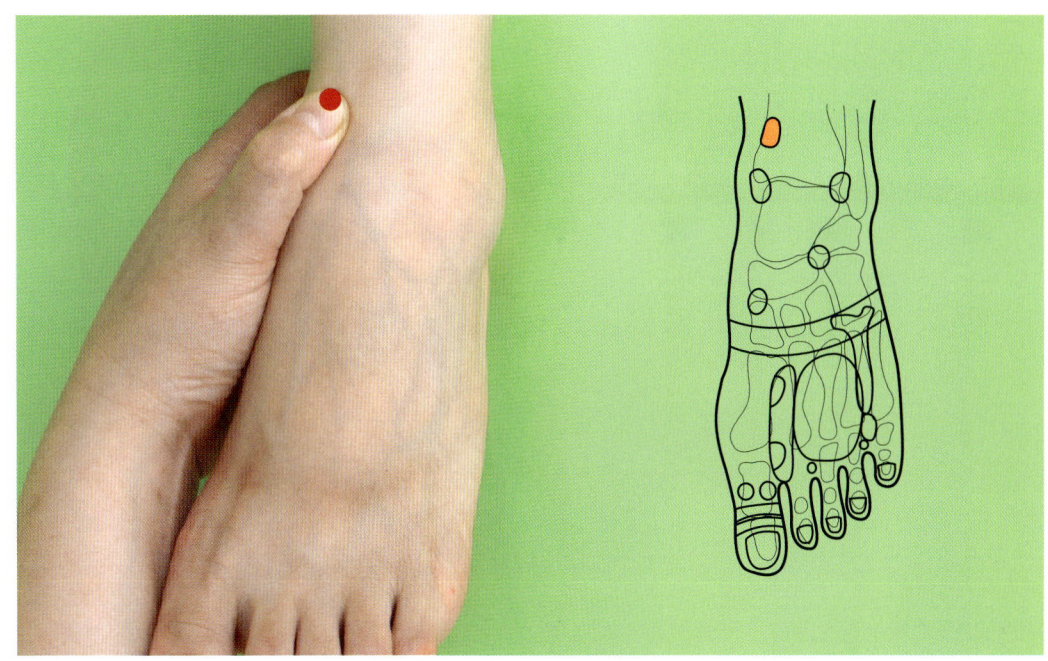

서혜부

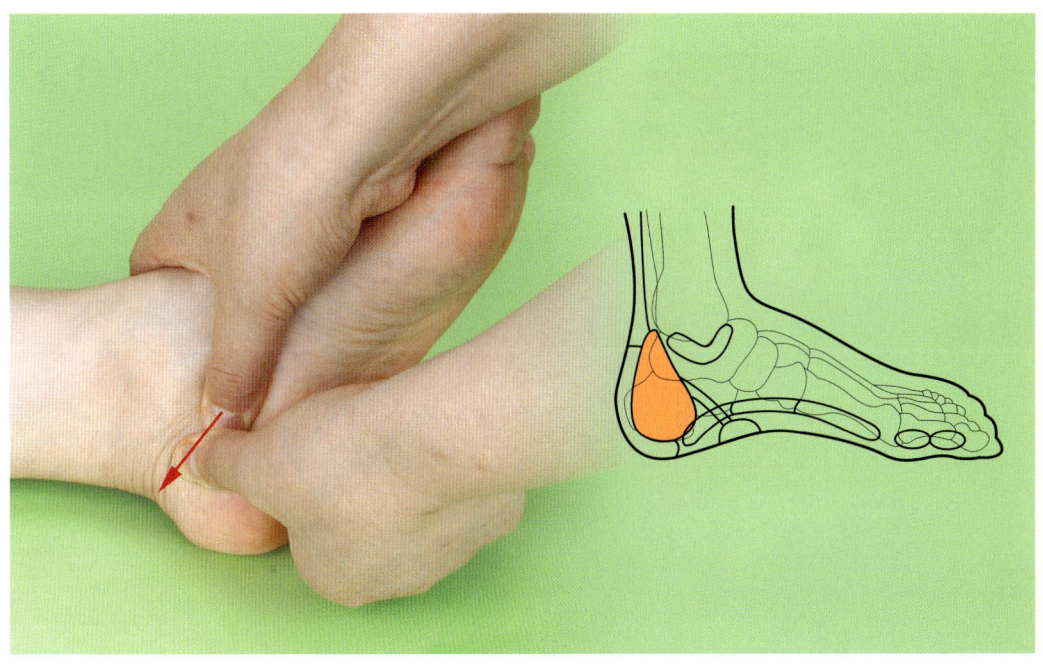

자궁 / 전립선

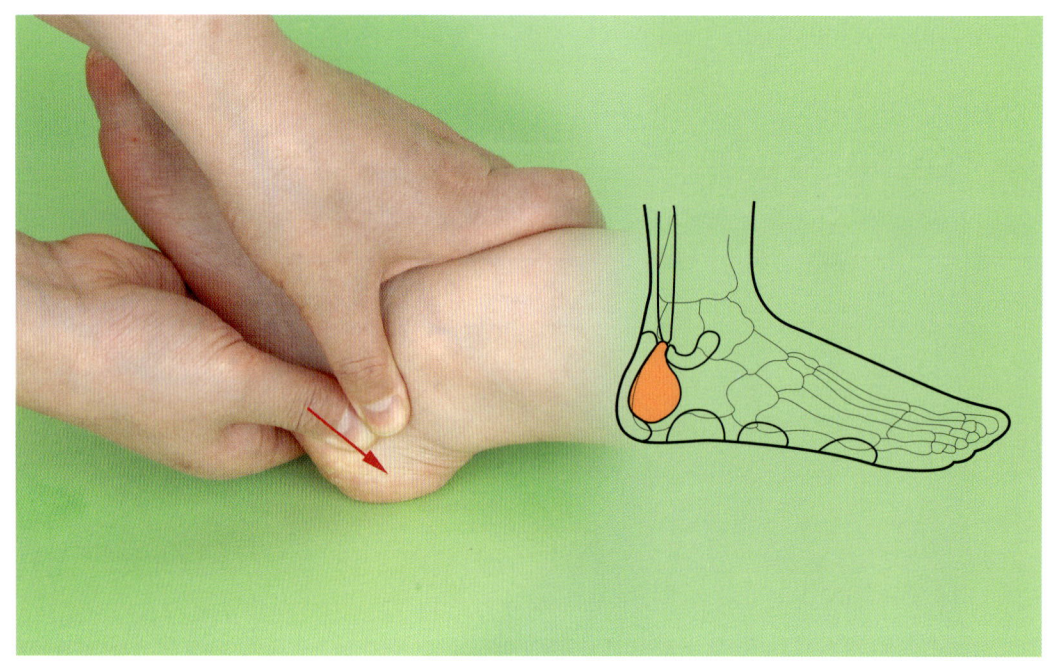

난소 / 고환

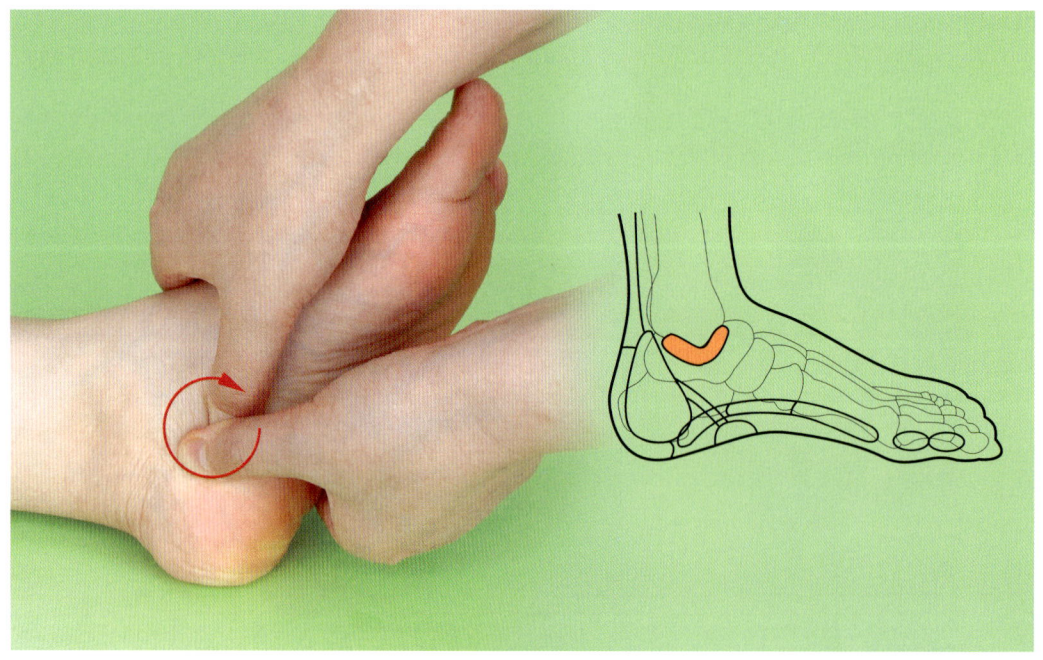

고관절(안)

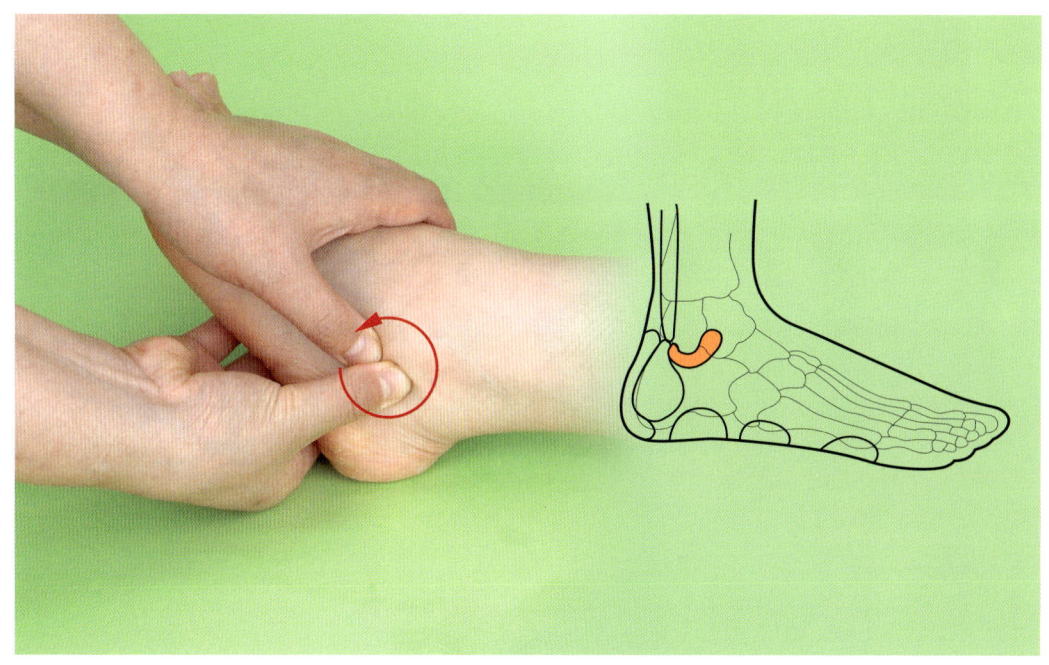

고관절(밖)

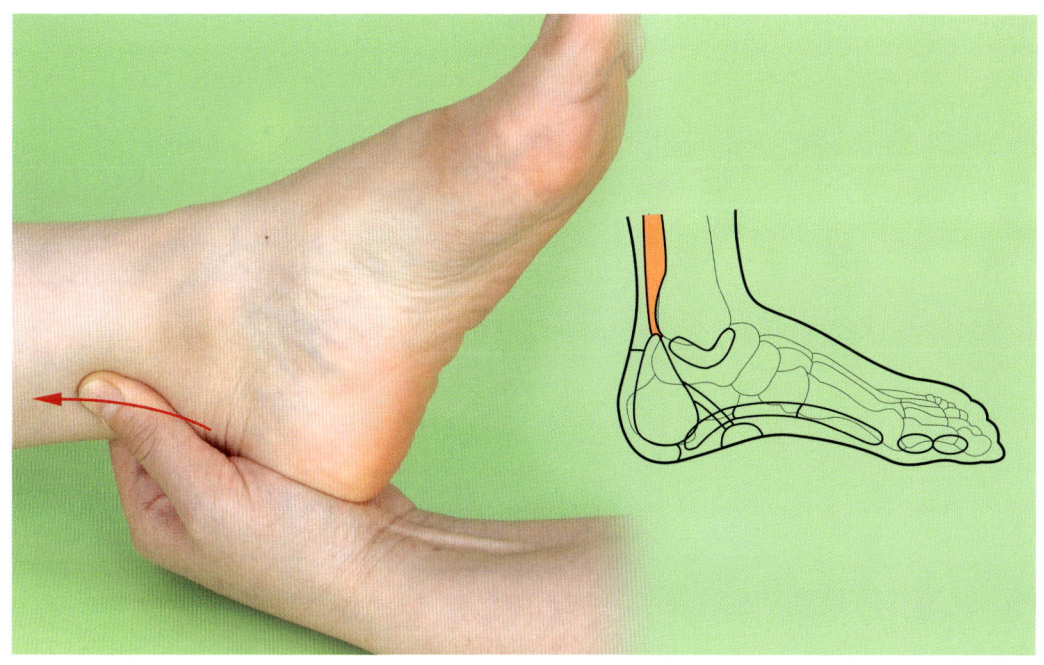

대퇴신경

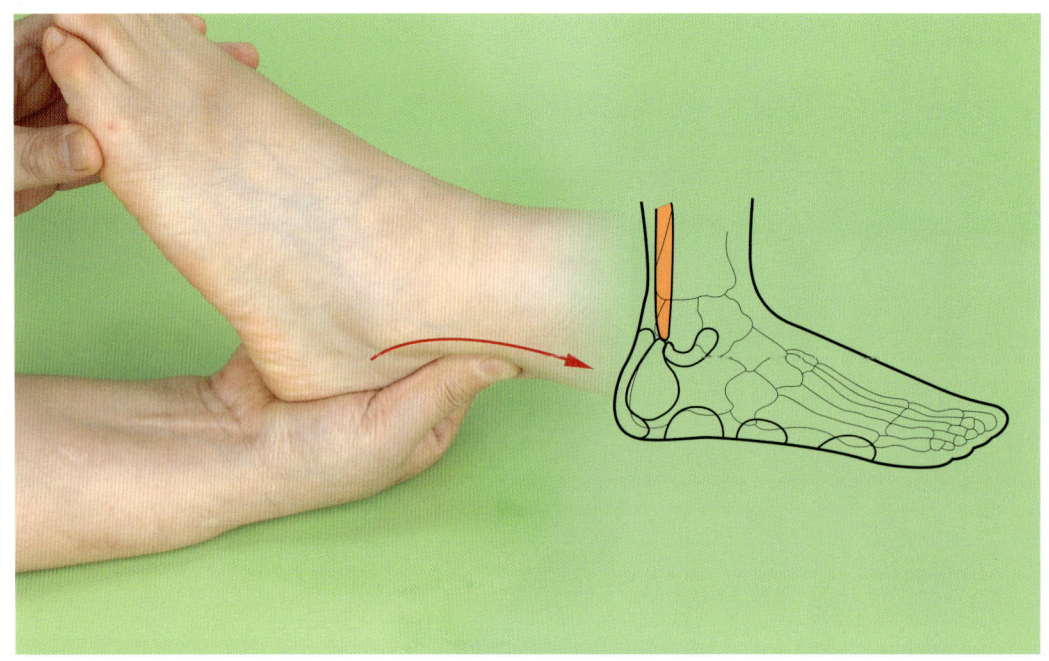

비골신경

# 발 건강에 도움이 되는 아로마

■ **발의 부종**

　제라늄 4, 라벤더 3, 로즈마리 3, 베이스 오일 10mL

　레몬글라스 3, 라벤더 4, 쥬니퍼 3, 베이스 오일 10mL

　진저 3, 사이프러스 4, 라벤더 3, 베이스 오일 10mL

■ **발의 경련**

　제라늄 3, 라벤더 4, 사이프러스 3, 베이스 오일 10mL

　로즈마리 4, 라벤더 3, 마조람 3, 베이스 오일 10mL

■ **족욕 시**(발을 담글 수 있는 용기에 아로마를 1~2방울 떨어뜨려 10분 정도 담근다.)

　릴랙스를 원할 때(잠이 안올 때)는 라벤더, 무좀 예방에는 티트리, 레몬글라스, 발에 열이 날 때는 유칼립투스, 발에 땀이 날 때는 사이프러스를 사용한다.

■ **정맥류를 예방할 때**

• **마사지 시** : 제라늄 4, 사이프러스 6, 베이스 오일 10mL

• **족욕 시** : 무릎까지 담글 수 있는 2개의 용기를 준비한다.

• 한쪽 용기에 찬물을 담아 라벤더 2~4방울을 떨어뜨리고, 다른 용기에는 따뜻한 물을 담아 제라늄 2~4방울을 떨어뜨린다.

• 찬물의 용기에 5분 정도 발을 담근다. 발을 옮겨 따뜻한 물에 5분 정도 있는다.

• 이때 찬물에서는 혈관이 수축되고, 따뜻한 물에서는 확장되어 혈액순환을 돕는다.

## ▶▶ 카모마일 (Chamomile)

- **Matricaria recutica, syn. M. chamomilla**

- **추출부위** : 꽃
- **휘발성** : 보통이다.
- **원산지** : 영국, 프랑스, 헝가리, 불가리아, 유고슬라비아
- **성분** : 에스테르(ester), 아줄렌(azulene), 알코올(alcohol), 모노테르펜(monoterpene)
- **특성** : 카모마일 오일은 어린아이들에게도 사용할만큼 독성이 적으며 다양한 치료에 사용된다. 특히 피부를 진정시키는 데 효과적이다.

- **효과**

### ①신경계

- 불안감, 스트레스, 의기소침(침울할 때), 짜증, 화를 진정시킨다.
- 두통, 신경통을 완화시킨다.
- 불면증을 이겨내는 데 도움을 준다.

### ②피부

- 민감성 피부와 건성 피부에 좋다. (특히, 아토피성 피부에 좋다.)
- 여드름, 습진, 화상, 작은 상처 등에 좋다.
- 염증을 약화시킨다.

### ③소화계

- 설사, 변비, 소화불량, 더부룩함, 복통을 부드럽게 달래 준다.
- 식성을 균형있게 조절한다.

### ④근육계

- 무리한 육체 노동으로 생긴 근육통과 근육경련을 진정시킨다.
- 류머티즘으로 인한 염증과 통증, 관절염의 통증

을 감소시킨다.

⑤ 생식계

• 불규칙한 생리, 심한 생리통, 생리량이 적거나 많을 때 도움을 준다.

• 생리전증후군과 폐경기 증상을 완화시킨다.

<br>

☀ 아로마 테라피 흡입법

아로마 향은 흡입을 통해서 폐로 들어가 혈액에 용해되어 신체 각 기관에 퍼지게 된다.

• 램프확산법 : 불면증, 우울증, 생리전 긴장 증후군에 효과적인 방법이다.

• 습식흡입법 : 감기나 호흡기 질환에 효과적인 방법이다.

• 건식흡입법 : 향유를 손수건이나 티슈에 한두 방울 떨어뜨려 흡입하는 방법이다. 간단히 할 수 있어 생활에 편리한 방법이다.

☀ 스프레이 분사법

향유를 증류수나 알코올에 희석하여 펌프로 분사하는 방법이다. 사용할 때마다 잘 흔들어 사용해야 한다.

## ▶▶ 클라리 세이지(Clary Sage)

### ■ Salvia sclarea

- **추출부위** : 꽃이 피는 윗부분
- **추출방법** : 증류법
- **휘발성** : 빠르다.
- **원산지** : 스페인, 프랑스, 러시아
- **성분** : 에스테르(ester), 알코올(alcohol)
- **특성** : 클라리 세이지 오일은 긴장을 완화시키고 활기를 돋우며 상쾌함을 주는 오일로 강력한 효력이 있고, 향기에 취하게 할 수도 있다. 향기롭고 오감을 자극하는 아로마이다.

### ■ 효과

#### ①신경계

- 근심, 긴장, 정신적 피로, 일반적인 무기력 증상에 도움을 준다.
- 숙면을 취하도록 도움을 준다.
- 화를 잘 내고 심술궂은 어린 아이에게 도움이 된다.

#### ②호흡계

- 성대의 통증과 염증을 진정시킨다.

#### ③피부

- 부스럼, 종기 등 모든 종류의 피부염증을 감소시킨다.
- 곪거나 피부의 수분을 유지하는 데 도움을 준다.

#### ④순환계

- 고혈압을 낮춘다.

#### ⑤생식계

- 생리통과 생리전증후근을 줄여준다.
- 생리로 인한 흥분을 진정시킨다.

- 생리주기를 규칙적으로 맞춰준다.
- 부어오른 유방(젖가슴)을 풀어준다.
- 얼굴이 붉어지고 화끈거리는 것을 예방해 준다.

**\* 주의사항**

오일을 사용한 후에 졸음을 주의하며 가능한 저녁시간에 사용하는 것이 좋다.
술과 함께 사용해서는 안되며 장거리 운전 전에 사용해서는 안된다.
임신 중에 사용을 피한다.

## 🌸 아로마 테라피 시 주의할 점

- 농도가 너무 짙거나 오랜 시간 냄새를 맡을 경우 두통을 유발한다.
- 의사의 처방 없이 정유를 먹지 않는다. (알레르기나 피부에 부작용이 나타남)
- 임산부의 경우 전문가의 상담이 꼭 필요하다.
- 최근에 수술을 받았거나 암이 있는 경우 주의한다.

## 🌸 포도씨 오일 (grape seed oil)

포도씨에서는 고품질의 오일이 추출되며 식이요법 등으로 많이 알려져 있다. 거의 색상이 없거나 엷은 초록색으로 모든 피부에 적합하고 쉽게 흡수되며 끈적임이 없어 매끄럽고 윤기가 난다. 보통 스위트 아몬드, 아보카도, 살구씨 오일 등과 섞어 사용하는 경우가 많으며 마사지 오일이나 목욕 오일을 만들 때 좋다.

## ▶▶ 사이프러스(Cypress)

### ■ Cupressus sempervirens

- 추출부위 : 잔가지, 침엽수의 잎
- 추출방법 : 증류법
- 휘발성 : 보통이다.
- 원산지 : 지중해
- 성분 : 모노테르펜(monoterpene), 알코올(alcohol)
- 특성 : 사이프러스 오일은 주로 순환계와 혈관이나 도관(액체나 기체를 통하게 하는 관) 등의 관에 도움을 준다. 또 이 오일은 출혈을 멈추게 하는 특성이 있다. 약간의 노란색을 띠는 나무 아로마이다.

### ■ 효과

#### ① 신경계

- 기분을 가라앉히고 마음을 안정시킨다.
- 슬픈 마음을 밝아지게 도와 준다.
- 불면증에 좋다.

#### ② 호흡계

- 경련성의 기침과 후두염을 진정시킨다.

#### ③ 피부

- 지성피부의 피지 생산을 조절하는 데 유용하다.
- 땀을 억제시켜 준다.
- 습진을 진정시킬 수 있다.

#### ④ 소화계

- 갑작스런 설사를 진정시켜 준다.

#### ⑤ 순환계

- 순환의 정체와 세포질을 진정시켜 준다.

- 정맥류 상태, 치질, 순환계의 경련, 동상, 결절된 모세관에 아주 좋다.

⑥ 근육계
- 경련이 일어나는 것을 감소시켜 주고, 류머티즘에 의한 염증을 줄여준다.

⑦ 생식계
- 출혈을 멈추도록 도와준다.
- 고통스런 생리통과 폐경 그리고 치질에 도움을 준다.
- 여성 음문의 세포조직을 진정시키고, 출혈 양을 조절한다. (특히, 분만 후에 좋다.)

\* 주의사항
고혈압으로 오랫동안 치료를 받는 경우에는 사용을 금한다.

## 아몬드 오일(Almond Oil)

캐리어 오일 중의 하나인 스위트 아몬드 오일은 피부에 가장 좋은 오일이라고 알려져 왔으며 가장 즐겨 쓰인다.

아몬드 오일은 많은 영양을 공급하여 피부를 부드럽고 젊게 유지시켜 주는 성분을 가지고 있다. 옅은 노란색으로 약간 끈적거리고 기름기가 아주 많다. 복숭아씨, 살구씨, 헤이즐넛 오일과 화학적으로 비슷해 이들을 구별하기가 어렵다. 이들 오일의 장점은 다른 것들에 비해 산화되는 경향이 적은 것이다.

습진성 피부나 염증이 있는 피부, 트고 거칠어진 피부에 특히 좋다.

## ▶▶ 제라늄(Geranuim)

■ Pelargonium graveolens

- **추출부위** : 잎 부분
- **추출방법** : 증류법
- **휘발성** : 보통이다.
- **원산지** : 이집트, 중국, 프랑스, 알제리, 마다가스타르(아프리카 동남부의 섬), 모로코, 러시아
- **성분** : 알코올(alcohol), 에스테르(ester), 케톤(ketone), 모노테르펜(monoterpene)

- **특성** : 제라늄 오일은 두루두루 좋은 향유이다.

이 오일은 신체를 정화시키는 데 효과적이며 정신을 맑게 한다. 향기로운 아로마이며 보통 녹색을 띤 노란색이다.


■ 효과

① 신경계

- 스트레스에 도움을 주고 의기소침과 불안감을 완화시킨다.

② 호흡계

- 감기와 유행성 감기에 대한 면역력을 키우는 데 도움을 준다.
- 목과 입안의 감염에 진정효과가 있다.
- 구강 세척과 양치에 사용한다.

③ 피부

- 피부의 상태를 조화롭게 정화시킨다.
- 지방의 분비 호르몬을 정상화시킨다.
- 염증을 약화시킨다. (여드름, 건성습진, 머릿니, 비듬, 단순포진, 임산부의 복부 임신선)

④ 소화계

- 입병, 설사, 가스 찬 상태에 도움을 준다.

⑤순환계

• 불필요한 물질의 배설을 돕는다.

• 순환의 정체와 세포질의 활성에 도움을 준다.

• 하반신 비만에 좋다.

⑥생식계

• 생리전증후군, 폐경기증후군, 질감염, 불임증에 도움을 준다.

---

### 🌼 호호바(Jojoba Oil)

호호바는 황금 빛 액체 왁스 타입의 오일이다.

이 오일은 쉽게 산화되지 않고 열 안정성도 좋아 변질되지 않으므로 보존 기간이 길어 수년이 지나도 화학적 조성에 큰 변화가 없을 정도이다.

아주 차가운 곳이나 냉장고 안에 두면 고체가 되지만 섭씨 10도만 되면 곧 액체가 된다.

호호바 오일의 구조는 피부의 피지와 거의 유사해서 다른 오일들보다 쉽게 피부에 흡수된다. 호호바 씨는 원래 야생하는 관목에서 얻어졌지만 1979년 이래로 상업적으로 경작돼 오고 있다. 호호바는 땅이 사막화되는 것을 막는 목적으로 심어지기도 한다.

특히, 지방을 녹이는 성질이 있기 때문에 지방 분해 오일로 많이 쓰이고, 여드름 피부에도 좋다.

## ▶▶ 쥬니퍼 (Juniper)

### ▪ Juniperus communis

- **추출부위** : 익은 장과(말린 씨, 알의 낱알)
- **추출방법** : 증류법
- **휘발성** : 보통이다.
- **원산지** : 유럽, 북아메리카, 북아시아, 남아프리카
- **성분** : 모노테르펜(monoterpene), 세쿼이스테르펜(sequister-pene)
- **특성** : 쥬니퍼 오일은 주로 방부와 이뇨의 특성이 있다. 이 오일은 무색이고 오랫동안 어둡고 **빽빽**한 데서 자란다. 신선하게 증류했을 경우에 빛깔이 엷은 노란색이다. 이 아로마는 신선하고 사이프러스와 같은 과의 나무 아로마이다. (잎이 좀 더 날카롭고 뾰족하다.)

### ▪ 효과

#### ① 신경계

- 근심, 걱정, 불면증, 정신적인 피로를 이겨내는 데 좋다.

#### ② 피부

- 여드름, 지성피부, 지성헤어, 비듬, 진물 나는 습진에 도움이 된다.

#### ③ 소화계

- 소화불량, 더부룩함, 설사 복통을 진정시킨다.

#### ④ 순환계

- 저혈압에 좋다.
- 신체를 정화시키고 순환의 정체, 세포질, 정맥류의 상태, 치질을 진정시킨다.
- 신장을 강화시킨다.

• 방광염을 완화시킨다.

⑤ 근육계

• 근육통과 류머티즘에 도움이 된다.

⑥ 생식계

• 불규칙하고 통증이 심한 생리통에 도움을 준다.
• 생리 중 유방(젖가슴)이 부풀어 오르거나 부은 경우에 아주 좋다.

＊ 주의사항

임신 후 5개월까지 사용을 피한다.
신장병의 경우에는 혈류에 흡수되면 오일은 신장을 더 강하게 자극할 수 있다.

아로마 테라피 목욕법

• 전신목욕법 : 마사지를 통해 피부로 향유가 흡수되는 경로와 증기 흡입으로 뇌와 폐로 향유가 침투하는 모든 경로를 단번에 할 수 있는 방법으로 이용되는 것이 목욕법이다. 부인과 질환, 폐경기 질환, 생리전 긴장 증후군, 알레르기 질환 등에 사용된다. 향유가 급속히 피부와 인체로 침투하기 때문에 주 4회를 초과하지 않는다.
• 좌욕법 : 부인과 질환이나 항문 질환에 효과적이다.
• 족욕법 : 목욕법과 같은 원리의 효과가 기대된다. 족욕법은 목욕법의 효과에 무좀이나 발의 피부 질환에도 효과를 기대할 수 있는 장점이 있다.

## ▶▶ 라벤더 (Lavender)

- Lavandula angustifolia, syn. L. officinalis, L. vera

- **추출부위** : 꽃이 피는 윗부분
- **추출방법** : 증류법
- **휘발성** : 보통이다.
- **원산지** : 프랑스, 영국, 태즈메니아(호주 남동부의 섬), 유고슬라비아
- **성분** : 에스테르(ester), 모노테르펜(monoterpene), 산화물(oxide), 세퀴이스테르펜(sequisterpene)
- **특성** : 라벤더 오일은 균형과 육체적, 정신적 조화를 이뤄 건강을 가져오거나 정상으로 회복시키는 효과가 있다. 이 오일은 무해하고 진하며 꽃이 많은 아로마이다.

- 효과

①신경계

- 스트레스, 불안감, 의기소침, 일반적인 무기력에 효과적이며, 신경안정에 좋다.
- 불면증, 두통, 편두통에 좋다.

②호흡계

- 감기, 유행성 감기, 정맥두염(비염), 목감염에 좋다.

③피부

- 여드름, 습진, 비듬, 신경성 탈모, 머릿니, 일사병, 벌레물림에 좋고, 종기(부스럼)를 진정시킨다.
- 운동선수의 피곤한 발과 대상포진을 진정시키고, 마시지 오일로도 좋다.
- 세포의 성장을 촉진하고 아물지 않는 상처 자국을 최소화하는 데 도움을 주며, 화상과 임산부 복부의 임신선에 효과적이다.
- 회춘 효과가 있다.

④소화계

- 편하지 않은 호흡, 입병, 소화불량, 더부룩함(가스 찰 때), 뱃멀미, 위장염에 도움을 준다.

⑤순환계

- 중추신경을 진정시키고 자율신경의 활동을 방해하여 혈압을 낮춘다.
- 심장의 두근거림을 줄인다.
- 림프계를 통해 불필요한 물질의 배설을 돕고 순환의 정체를 완화시킨다.

⑥근육계

- 접질림, 통증, 류머티즘으로 인한 근육에 도움을 준다.

⑦생식계

- 생리주기를 규칙적으로 맞춰주고, 생리전증후군과 폐경기 증상에 좋다.
- 진균의 감염을 완화시킨다.

> **🌸 아로마 테라피(aroma therapy)의 어원**
>
> 그리스어 향신료(spice)에서 파생된 말로, 오늘날 아로마(aroma)는 향을 의미하며, 테라피(therapy)는 치료의 개념을 가진 트리트먼트(treatment)라는 뜻을 가진 합성어이다.

## ▶▶ 마조람(Marjoram)

- Origanum marjorana, syn. M. hortensis

- 추출부위 : 잎 부분, 꽃이 피는 부분
- 추출방법 : 증류법
- 휘발성 : 보통이다.
- 원산지 : 헝가리, 이집트, 스페인, 프랑스, 독일, 포르투갈
- 성분 : 알코올(alcohol), 모노테르펜(monoterpene)
- 특성 : 마조람 오일은 육체적으로나 정신적으로 모두에게 위안을 주고 마음을 편안하게 하는 매우 따뜻한 오일이다. 또한 심장과 위를 따뜻하게 하고 자율신경계통에 중심적인 역할을 한다. 이 오일은 기분이 침울할 때 즐겁게 해주는 부드럽고 연한 아로마이다.

- 효과

① 신경계

- 걱정과 긴장상태, 일반적인 무력증, 불면증, 짜증, 병적흥분(성적흥분, 강박적인 자위행위)에 좋다.
- 슬픔, 외로움, 거부감과 파악하기 어려운 감정으로 고통받는 경우에 도움을 준다.
- 두통, 편두통을 진정시킨다.
- 한숨을 잘 쉬는 사람들에게 좋다.

② 호흡계

- 기관지염과 천식을 완화시킨다.

③ 순환계

- 고혈압을 낮추는 데 좋다.
- 부교감신경을 자극하여 교감신경을 낮추고 혈관을 확장시킨다.

④ 소화계

- 변비, 소화불량, 더부룩함(가스 찰 때), 복통을 진정시키는 데 좋다.

⑤근육계

- 근육경련, 발작(경련), 각종 통증, 신경통, 접질림, 긴장, 류머티즘, 관절염을 진정시킨다.
- 안면경련에 좋다.

⑥생식계

- 생리통에 효과적이다.

＊주의사항

　임신 후 5개월까지는 사용을 피한다.

---

🌼 정유(essential oil)의 3가지 작용

- 약리작용(pharmacological process) : 정유가 혈류를 통해 흡수되어 호르몬과 효소계통 등과 반응해 생기는 화학 변화에 의한 것을 말한다.
- 생리작용(physiological process) : 오일이 인체에 흡수되어 반응하는 진정작용, 상승작용이 나타나는 것을 말한다.
- 심리작용(phychological process) : 오일을 후각으로 흡입했을 경우 개개인에게 나타나는 냄새의 반응을 말한다.

🌼 정유(essential oil)의 추출 방법

- 수증기 증류법(steam distillation) : 정유의 80% 이상이 증류법을 이용한다. (수증기화 되려면 입자가 가볍고 고와야 한다.)
- 압착법(wand expression) : 감귤류, 열매 등이 압착법을 이용한다. (입자가 크므로 피부 표면에 오래 머무르며 보관기간이 짧다.)
- 용매 추출법(solvent extraction) : 꽃을 이용한 용매제로 헥산(hexane), 벤젠(benzene), 알코올(alcohol) 등 탄화수소계열을 사용한다. (향이 강하고 색깔이 진하며 낮은 온도에서 고체화되는 경향이 있다. 매우 고가인 물질이어서 다른 합성물질과 섞이는 것을 유의해야 한다.)

## ▶▶ 로즈마리 (Rosemary)

### ■ Rosmarinus officinalis

- **추출부위** : 꽃이 피는 윗부분
- **추출방법** : 증류법
- **휘발성** : 보통이다.
- **원산지** : 스페인, 프랑스, 유고슬라비아, 일본
- **성분** : 모노테르펜(monoterpene), 케톤(ketone)
- **특성** : 로즈마리 오일은 강한 방부 작용을 하며, 자극을 주는 특성이 있다. 이 오일은 육체와 정신의 균형을 도와 주고 강한 진통제이며 부드러운 이완을 해준다.

### ■ 효과

①신경계
- 집중력과 기억력을 좋게 해준다.
- 머리를 맑게 해준다.
- 두통과 편두통, 일상적인 피로를 진정시키는 데 도움을 준다.

②호흡계
- 기침, 감기, 유행성 감기에 진정효과가 있다.

③피부
- 비듬과 탈모를 방지해 준다.

④소화계
- 소화불량, 가스 참, 변비, 대장염, 위장염, 복통을 도와준다.
- 간에 기운을 북돋아 준다.

⑤순환계
- 혈압상승을 도와주며 순환을 향상시키고 림프액의 밀도를 줄여준다.

- 순환의 정체, 세포질, 정맥류 상태를 진정시킨다.

⑥ 근육계

- 일반적인 아픔과 통증, 접질림, 관절염을 진정시킨다.

⑦ 생식계

- 생리주기가 규칙적으로 되도록 도와준다.

＊ 주의사항

임신 후 5개월까지는 사용을 금한다.
고혈압 환자는 혈압을 상승시키는 효과가 있으므로 사용을 금한다.

## 아로마 이야기

4000년 전 이집트 시대로부터 황실과 귀족들이 애용해 왔고, 예수님 탄생 시 동방 박사들이 유향(프랭킨센스)과 몰약을 선물하였다. 이처럼 동서양 고금을 막론하고 최고의 경의와 사랑을 표시하는 방법으로 아로마가 사용되고 있었다.

최근 미국과 유럽, 일본 등지에서 천연향을 이용한 아로마의 사용법이 큰 인기를 끌고 있으며, 필수품으로서 삶의 질을 윤택하게 하는 생활의 일부분으로 사랑을 받고 있다.

## ▶▶ 샌달우드(Sandalwood)

### ▪ Santalum album

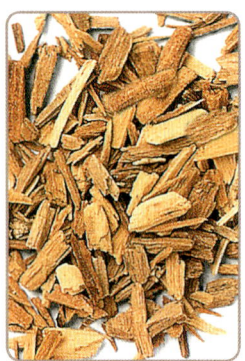

- **추출부위** : 나무
- **추출방법** : 증류법
- **휘발성** : 느리다.
- **원산지** : 인도, 인도네시아
- **성분** : 알코올(alcohol), 세퀴이스테르펜(sequisterpene)
- **특성** : 샌달우드 오일은 진정시키는 작용과 안정시키는 작용이 매우 뛰어나다. 또한 방부 효과가 좋고 진한 나무와 같은 냄새를 가졌다.

### ▪ 효과

#### ① 신경계

- 불안감, 긴장, 기분상승을 진정시키는 데 도움을 준다.
- 과거로부터 마음의 상태를 자유롭게 하는 효과가 있다.
- 불면증과 명상에 아주 좋다.

#### ② 호흡계

- 가슴 깊은 곳에서 나오는 기침으로 인한 아픔, 목의 통증, 후두염을 진정시킨다.
- 기관지염과 천식을 진정시킨다.

#### ③ 피부

- 건조하고 곱거나 주름진 피부를 부드럽게 한다.
- 건성비듬과 습진에 도움을 준다.
- 햇빛에 그을림으로 인한 염증, 신경을 건드리는 발진, 두드러기, 기저귀발진, 알레르기 상태를 완화시킨다.

#### ④ 소화계

- 설사에 도움을 준다.

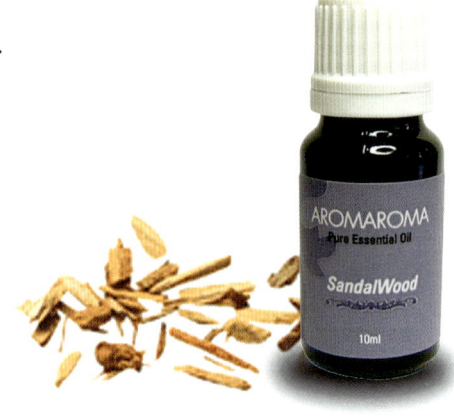

- 구토, 복통, 딸꾹질을 완화시킨다.
- 가슴앓이, 뱃멀미, 아침에 생기는 멀미증상(어지러움)을 진정시킨다.

⑤ 순환계
- 치질로 인한 가려움증, 정맥류에 도움을 준다.
- 방광염을 진정시킨다.

⑥ 생식계
- 생리전증후군과 폐경기 증상에 도움을 준다.

---

### 🌼 스트레스를 받아서 나타나는 증상

- 1단계 : 피곤하고 성급해지며, 두통과 불면증이 생긴다. (점차 감정적인 변화가 시작된다.)
- 2단계 : 우울해지고 근심이 생기며, 근육통에서 만성통증으로 변한다. (무관심이나 무력증이 시작된다.)
- 3단계 : 대인공포증, 폐쇄공포증이 생기고 절망적이며 반복적인 실수를 계속한다. (바이러스 감염, 박테리아 침입이 시작된다.)
- 4단계 : 심장, 고혈압, 궤양, 관절염 등이 생기고 설명할 수 없는 통증이나 오한을 느낀다.

## ▶▶ 유칼립투스(Eucalyptus)

### ■ Eucalyptus globulus

- **추출부위** : 잎 부분
- **추출방법** : 증류법
- **휘발성** : 빠르다.
- **원산지** : 태즈메니아(호주 동남부의 섬), 중국, 스페인, 캘리포니아
- **성분** : 산화물(oxide), 모노테르펜(monoterpene)
- **특성** : 유칼립투스 오일은 바이러스성 감염과 광범위한 세포성, 박테리아 질환에 효과적인 천연방부제이다.
  이것은 종합적으로 몸을 차게 하는 효과가 있으며 열을 내리는 데 도움을 준다.

### ■ 효과

①신경계

- 정신을 맑게 하고 기운을 북돋우거나 나른함을 막아준다.

②호흡계

- 혼잡에 의해 생기는 두통, 정맥두염(비염), 감기, 유행성 감기, 목의 감염을 예방한다.
- 천식에 의한 갑갑하고 마른 기침을 완화시킨다.

③피부

- 부스럼, 종기, 뾰루지, 머릿니, 단순포진의 치료에 효과적이다.

④순환계

- 신장을 강하게 하고 기운을 준다.
- 방광염을 완화시킨다.

⑤근육계

- 팽창하는 것을 줄여주고 근육통, 류머티즘을 완화시킨다.

정유가 너무 높은 농도로 혈류 속에 흡수되면 신장을 자극할 수 있다. (일정량의 희석을 유지할 것)

### 🌼 유칼립투스 사용방법

- 황사 때(마스크 착용 시) : 티슈에 페퍼민트와 유칼립투스를 각각 1방울씩 떨어뜨리고 새 티슈 한 장을 겹친 후 마스크를 착용한다. (오일이 피부에 직접 닿지 않도록 주의한다.)
- 콧물이 흐를때 : 티슈에 페퍼민트와 유칼립투스를 각각 1방울씩 떨어뜨리고 새 티슈 한 장을 더 겹친 후 마스크를 착용한다. 콧물이 흐르도록 하고, 새 티슈를 갈아주며 사용한다. 잠시 후 콧물이 멈추면 시원함을 느낄 수 있다. (오일이 직접 피부에 닿지 않도록 주의한다.)
- 근육에 염증이 생겼을 때 : 찬물에 유칼립투스를 2~3방울 정도 떨어뜨려 섞은 후 타월을 적셔 문제 부위에 올려 놓는다. 1~3분 간격으로 타월을 바꿔준다. (10~15분 정도)

## ▶▶ 페퍼민트(Peppermint)

### ■ Mentha piperita

- **추출부위** : 잎 부분
- **추출방법** : 증류법
- **휘발성** : 중
- **원산지** : 아메리카, 유럽, 중국
- **성분** : 알코올(alcohol), 케톤(ketone), 모노테르펜(monoter-pene)
- **특성** : 페퍼민트 오일은 치료 특성이 주로 소화계와 관련이 있지만, 육체와 정신 건강의 전반에 걸쳐 에너지를 준다.
  이 오일은 방충제에 좋고 깨끗하며 정신을 상쾌하게 하고 원기를 회복시킨다.

### ■ 효과

#### ①신경계

- 신체에 기운을 주고 특히 정신적 충격에 대한 치료가 좋다.
- 신경통에 좋고 일반적인 무기력증, 두통, 편두통을 진정시킨다.

#### ②호흡계

- 정맥을 줄이는 데 효과적이다.
- 기침, 정맥두염(비염), 목감염, 감기, 유행성 감기, 천식, 기관지염을 진정시킨다.

#### ③피부

- 몸을 차게 하고 노폐물을 제거한다.
- 가려운 피부를 진정시킨다.

#### ④소화계

- 위산과다, 가슴앓이, 설사, 소화불량, 더부룩함(가스 찰 때)을 진정시킨다.
- 차멀미와 뱃멀미에 가장 효과적이다. (좋지 않은

호흡을 막아준다.)

⑤순환계

• 정맥류 상태와 치질에 좋다.

⑥생식계

• 생리 주기를 규칙적으로 맞춰준다.

• 얼굴이 붉어지고 화끈거리는 것을 예방해 준다.

＊ 주의사항

간질이나 다른 신경계통 장애로 치료를 받는 경우는 사용을 피한다.

페퍼민트 오일은 과도하게 농축해서 사용하면 가려움을 유발한다. (권장하는 희석량을 유지한다.)

---

### 🌼 페퍼민트 사용방법

• 취침 시(코가 막혀 답답할 때) : 티슈에 페퍼민트 2~3방울을 떨어뜨려 베개 옆에 놓는다.

• 운전할 때(졸음이 오거나 눈이 피곤할 때) : 티슈에 페퍼민트 2~3방울을 떨어뜨려 운전석 옆에 놓는다.

• 족욕할 때(발이 피곤하고 무거울 때) : 여름에는 찬물에 페퍼민트 2~3방울을 섞어 15분 정도 발을 담근다. 겨울에는 따뜻한 물에 페퍼민트 2~3방울을 섞어 15분 정도 발을 담근다.

• 멀미를 할 때 : 티슈 등에 페퍼민트 2~3방울을 떨어뜨려 수시로 흡입한다.

• 어깨 통증과 근육통일 때 : 페퍼민트 1방울을 어깨 및 뒷목에 발라준다.

## ▶▶ 티트리 (Tea Tree)

### ■ Melaleuca alternifolia

- 추출부위 : 잎
- 추출방법 : 증류법
- 휘발성 : 빠르다.
- 원산지 : 태즈메니아(호주 동남부의 섬)
- 성분 : 알코올(alcohol), 모노테르펜(monoterpene), 산화물 (oxide), 세퀴이스테르펜(sequisterpene)
- 특성 : 티트리 오일은 여러 면으로 널리 사용되는 살균제로 살균력이 12시간 동안 지속될 만큼 강력한 방부제이다. 또한 박테리아, 바이러스 등의 살균작용에 매우 뛰어나며, 거의 물빛같이 투명할 정도로 옅은 초록색을 띠고 있다.

### ■ 효과

#### ① 호흡계

- 비염, 감기, 유행성 감기에 좋다.
- 목의 통증, 편도선염, 치주염(잇몸)을 완화시킨다.
- 기관지염, 폐속 깊이에서 나오는 기침 등을 진정시킨다.
- 양치, 입가심 등에 사용하면 좋다.

#### ② 피부

- 부스럼(종기)과 뾰루지(발진)를 진정시킨다.
- 햇빛에 그을린 피부를 진정시킨다.
- 감염에 노출된 피부를 보호하고 피부가 재생되도록 해준다.
- 발톱무좀, 파고드는 발톱의 감염을 완화시켜 준다.

③소화계

- 입병을 진정시킨다.
- 설사와 위장병을 진정시킨다.

④생식계

- 좌욕, 관수욕 등에 좋다.
- 질의 감염, 가려움에 좋다.

## 🌼 티트리 사용방법

- 생식기가 가려울 때 (여자의 경우 질염, 남자의 경우 습진) : 그릇에 따뜻한 물을 붓고 티트리를 1~2방울 떨어뜨려 잘 섞은 다음 좌욕을 한다.
- 발에 무좀이 있을 때 : 발톱무좀이 있을 때는 하루에 2번 아침, 저녁으로 발톱에 티트리를 1방울씩 떨어뜨린다. 스킨무좀이 있을 때는 겨울에는 따뜻한 물(여름에는 찬물)에 티트리를 2~3방울 정도 떨어뜨리고, 10~15분 정도 족욕을 한다.
- 여드름 피부일 때 : 얼굴 부위에는 증류수 100mL에 티트리 10방울 정도를 섞어서 스킨으로 쓴다. 등 부위에는 증류수 100mL에 티트리 10방울 정도를 섞은 후 거즈를 적셔 올려 놓는다. (10~15분 정도)
- 상처가 났거나 베였을 때 : 소독약으로 직접 피부에 티트리 1방울 정도를 사용한다.
- 목이 아플 때 : 물 1컵(100cc 정도)에 티트리를 1방울 섞어 가글을 한다.

## 🌼 마사지법

마사지법은 아로마 오일이 피부를 통해 흡수되는 방법인데, 가장 효과적으로 아로마 오일을 즐길 수 있는 방법이다. 단, 반드시 베이스 오일과 희석하여 사용해야 한다.

이렇게 마시지를 하여 촉각 센서를 자극해 대뇌의 엔돌핀을 촉진시킨다.

피부 질환, 정신적 스트레스 해소, 호흡기 질환, 소화기 질환, 부인과 질환 등에 유용하다.

# * 아로마를 효과적으로 쓰는 방법

- **아로마 흡입기를 사용하면 좋은 경우**
  - 코가 막히거나 콧물이 나올 때
  - 비염 및 천식
  - 축농증으로 두통이 심할 때
  - 호흡이 불편하여 집중력이 떨어지는 수험생
  - 스트레스로 인해 머리가 무거울 때
  - 환경오염으로 인한 바이러스 예방

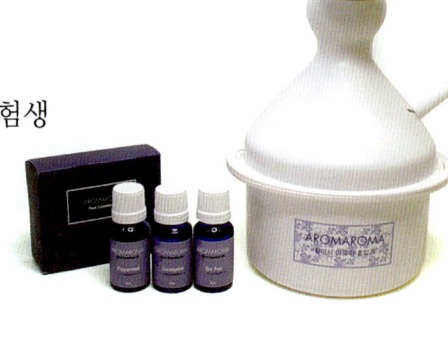

- **흡입기를 사용 시 이용하는 아로마**
  - 페퍼민트(Peppermint)
  - 유칼립투스(Eucalyptus)
  - 티트리(Tea Tree)

- **흡입기 사용법**
  흡입하기 편리하게 제작된 용기(예 : 황미서 아로마 흡입기)에 뜨거운 물을 넣고,
  2~3개의 아로마를 각각 1방울씩 떨어뜨린 후 수증기를 이용하여 약 10~15분
  정도 코로 깊이 흡입한다.

※ 참고자료 : http://www.aromaroma.co.kr

※ 참고문헌
- 감수 안도 유키오 / 역자 이종은, 『인체의 신비』, 고려원미디어,
  1995
- 노민희 외, 『인체해부학』(개정판), 정담, 2001

※ 문의사항 : 02) 794-8551

황미서의 GPT

# 발 건강 케어

2008년 2월 15일 1판 1쇄
2009년 4월 15일 1판 2쇄

지은이 : 황미서
펴낸이 : 남상호

펴낸곳 : 도서출판 **예신**
www.yesin.co.kr

140-896 서울시 용산구 효창동 5-104
전화 : 704-4233 / 팩스 : 715-3536
등록 : 2002. 4. 18, 제03-01365호

**값 20,000원**

ISBN : 978-89-5649-058-8

# General Podiatry Technic